花生抗土壤紧实胁迫理论与实践

沈 浦 王才斌 王月福 等 著

中国农业科学技术出版社

图书在版编目（CIP）数据

花生抗土壤紧实胁迫理论与实践 / 沈浦等著. —北京：中国农业科学技术出版社，2020. 8

ISBN 978-7-5116-4953-9

Ⅰ. ①花… Ⅱ. ①沈… Ⅲ. ①花生－土壤－研究 Ⅳ. ①S565.206

中国版本图书馆 CIP 数据核字（2020）第 156724 号

责任编辑 周　朋　徐　毅
责任校对 马广洋
出 版 者 中国农业科学技术出版社
北京市中关村南大街12号　　邮编：100081
电　　话 （010）82106643（编辑室）（010）82109702（发行部）
（010）82109709（读者服务部）
传　　真 （010）82106650
网　　址 http: // www.castp.cn
经 销 者 各地新华书店
印 刷 者 北京建宏印刷有限公司
开　　本 787mm × 1 092mm　1/16
印　　张 13.25
字　　数 323千字
版　　次 2020年8月第1版　　2020年8月第1次印刷
定　　价 128.00元

《花生抗土壤紧实胁迫理论与实践》

著者名单

主　著： 沈　浦　王才斌　王月福　吴正锋　孙学武　郑永美

副主著： 司贤宗　邹晓霞　柳开楼　张智猛　张继光　丁　红　于天一
王　通　吴　曼　李新国　杨吉顺　王春晓　施松梅　刘　路

著　者：（按姓氏笔画排序）

丁　红　于天一　王　通　王才斌　王月福　王廷利　王春晓
尹　亮　冯　昊　司　彤　司贤宗　刘　芳　刘　路　刘　璇
孙全喜　孙秀山　孙学武　李　亮　李文军　李亚贞　李尚霞
李海兰　李新国　杨吉顺　杨伟强　杨丽玉　吴　艳　吴　曼
吴正锋　何新华　邹晓霞　沈　浦　张　振　张佳蕾　张冠初
张继光　张智猛　陈殿绪　罗　盛　郑永美　郑亚萍　单世华
赵红军　柳开楼　施松梅　秦斐斐　聂彦霞　索炎炎　徐　扬
高华援　郭　峰　黄太庆　黄尚书　焦　坤　慈敦伟　戴良香

前　言

花生是全球范围内重要的食用油脂和优质植物蛋白来源，是亚洲、非洲、美洲众多国家的主要油料作物、经济作物和食用作物。我国适宜发展花生生产的地域广阔，黄河流域、长江流域、东南沿海、黄土高原、东北等地区都有种植花生的传统，年均种植面积460万hm^2以上、年产量超过1 700万t，面积居全球第二位、总产量居世界第一位。花生营养价值高、经济效益好，是为数不多的具有明显国际竞争力的出口农产品。加快推进花生高产高效优质理论突破与技术应用，有助于保障食用油脂安全，增强花生产品的市场竞争力及增加农民收入。

我国花生田复种指数较高、土壤肥力水平总体较低。且农业机械化应用普及、化肥施用过量、灌溉排水不规范和农田管理粗放等因素，容易造成土壤板结、容重增大现象，影响花生根系生长及其对水分、养分的吸收利用，花生果针下扎及荚果发育在高紧实土壤中难以较好完成，进而影响花生的生长发育及产量品质。土壤紧实胁迫正成为制约花生产量和品质提升的主要障碍性因素之一。

近十几年来，国内外有关土壤紧实胁迫对包括花生在内的作物的影响研究取得了重大进展，尤其在土壤紧实胁迫的作物响应机制、抗土壤紧实胁迫品种的筛选、高效栽培措施消减土壤紧实胁迫作用等方面开展了大量创新性工作，取得了显著的进展。及时梳理和总结这些最新的研究成果，有利于推动花生栽培理论与技术的不断发展。

山东省花生研究所联合国内有关高校、科研院所及农技推广单位从事花生科研和推广的人员，结合各自的研究成果，著成本书。本书共分九章。第一章介绍我国花生栽培生产发展现状；第二章介绍土壤紧实研究概况与总体变化特征；第三章介绍花生田土壤紧实胁迫的危害与消减；第四章介绍花生营养与生理生态对土壤紧实胁迫的响应特征；第五章介绍花生田外源调节物质对土壤紧实胁迫的消减作用；第六章介绍花生田耕作措施对土壤紧实胁迫的消减作用；第七章介绍花生田其他常用措施对土壤紧实胁迫的消减作用；第八章介绍花生抗土壤紧实胁迫的品种筛选与利用；第九章介绍新型高效抗土壤紧实胁迫栽培技术应用前景。

本书的写作和出版得到国家自然科学基金（41501330、31571617）、国家重点研发计划项目（2018YFD0201000）、山东省重大科技创新工程项目（2019JZZY010702）、农业农村部农业技术试验示范与服务支持项目（101821301064072003）、山东省农业科学院科技创新工程项目（CXGC2018B05）的资助；在写作、校对和出版等过程中得到了部分单位的支持，许多课题组成员、研究生及试验基点有关工作人员做了大量工作，在此一并致谢。

本书虽经过多次讨论、修改，限于著者的水平和精力，仍难免存在不足和纰漏之处，为使之更趋完善，恳请广大读者和同仁批评指正。

著　者

2020年8月

目　录

第一章　我国花生栽培生产发展现状

花生主要栽培分布于亚洲、非洲和美洲。2018年，亚洲、非洲、美洲的花生种植面积分别为1 147万hm^2、1 566万hm^2、137万hm^2，共占全球花生总种植面积的99.9%①。中国、印度、美国、印度尼西亚、塞内加尔、苏丹、尼日利亚和阿根廷等是花生生产大国，其中印度是花生种植面积最大的国家。我国是花生的生产、消费和出口大国，种植面积居全球第二位，总产量居第一位。花生营养价值高、经济效益好，是为数不多的具有明显竞争优势的出口创汇农产品，在国民经济发展、种植业结构调整及对外贸易中占有十分重要地位（万书波等，2019）。

第一节　花生生产发展历史和现状

一、花生的起源及栽培历史

花生是豆科落花生属植物，分栽培种和野生种。栽培种花生为一年生双子叶草本植物，而野生种花生往往是多年生草本植物。因其地上开花，地下结实，故名落花生，又名落地松、万寿果、长生果等（万书波，2003）。

（一）花生的起源

目前普遍认为，花生的起源地位于南美洲的热带地区，然而国内已有的文物资料和相关考古研究表明，中国也是花生的起源地之一。在桂林的考古发掘中曾发现距今15 000多年的花生化石，其表面有清晰的网状纹络，且果粒较小，存在明显的原始性。通过检验分析发现，此花生化石同南美洲野生花生十分相似，与现代国内栽培育种的花生有大量共同特征。在浙江钱山漾原始社会遗址中，发现了两粒已碳化的花生种子，经碳14法测定其距今4 700年左右，说明中国在新石器时期就已存在花生，这比在南美洲发现的年代最久远的花生遗物要早1 000多年。这对花生发源地及其在全球的传播过程也提出了新的科学认识。中国也是最早记载花生栽培的国家，汉代《三辅黄图》中就有花生别名“千岁子”的

---

① 数据来源：http://www.fao.org/faostat/en/#data/QC。

记载，远早于1535年西班牙人奥维耶多撰写的《西印度通史》。当前，很多学者认为中国栽培的花生是由国外引进的，但对具体引进时间看法不同。有国外学者认为花生是在16世纪中期从中国的东南沿海引进中国，在哥伦布发现新大陆之后。然而，根据中国古代农业书籍和地方志记载，以及早期栽培的花生种类记录，可以确定花生是在1492年哥伦布发现南美洲之前传入中国的。中国著名植物学家胡先啸认为，在哥伦布发现新大陆之前，南美洲的原住民从太平洋西岸顺洋流到达太平洋岛屿，从而给东南亚带来了南美洲经济作物，这些作物后经东南海岸进入国内。这一推论与中国古代农书的记载相符。

（二）我国花生栽培生产历史

1.新中国成立之前花生栽培生产概况

1880年以前，我国花生的种植和生产经历了一个非常缓慢的发展过程，规模化种植一直处于半空白状态。直到19世纪末，我国才开始大规模种植花生，种植面积不断扩大，并向规模化和商品化发展。20世纪20年代，中国花生种植面积达40多万hm^2，主要集中在沿海地区。其中种植面积最大的是山东省，占全国50%以上。到1930年前后，国内花生总种植面积达到53万hm^2。1947年，全国花生种植面积达133.9万hm^2，种植区域主要集中在山东、河北、广东、四川和河南。在此时，更加先进的花生生产技术改进了落后的花生栽培措施，如山东的“台子垄”栽培法、河北的种子精选法、浙江的晒种催芽法、河南的集中施肥法等。山东丘陵地区开始引进并广泛种植直立丛生的美国大花生。这种植物形态的花生栽培技术要求低、收获方便，优于原有的蔓生花生，山东成为当时花生种植面积最集中和最大的地区，然后该品种逐渐扩散到全国大部分的花生产区。

2.新中国花生栽培生产的发展历程

新中国成立70余年来，花生栽培生产经历了恢复发展、徘徊、大发展和稳定持续发展4个时期。花生生产在总体上升的趋势中也呈现了一定程度的起伏（万书波，2003）。

（1）花生栽培生产恢复发展时期（1949—1956年）

新中国成立后，为了更好地指导广大农民的生产工作，国家出台了一系列相关政策，以促进花生生产的发展。政务院在1953年和1954年连续两年要求将油料作物的生产加入各地农业生产计划的制订中，同时进行了合理的价格规范，对高产农户予以奖励。在花生密集种植区，增加食用油生产线，广泛应用农村土榨法，使花生在种植地就能加工成花生油，既解决了当地对食用油和花生饼粕的需要，又降低了花生运输成本。这些政策有效调动和激发了农民种植花生的积极性，全国花生种植面积达到258.6万hm^2，单产达到1 290kg/hm^2，总产量达到333.6万t。

在此期间，我国十分重视花生栽培生产技术的研究与推广，对花生主要产区深入开展工作，研究花生种植密度和根瘤菌，收集各地花生种质资源并进行分类。这些工作有效地促进了我国花生栽培生产的恢复和发展。

（2）花生栽培生产徘徊时期（1957—1977年）

20世纪60年代，花生产量经历了大幅度的下降和停滞，花生种植面积迅速缩减。1960年，我国花生种植面积仅为134.5万hm^2，单位面积产量持续下滑，仅为600kg/hm^2，总产量仅为80.7万t，降至新中国成立后的最低点。这加剧了国内油脂供不应求的情况。1963—1966年，国家对农业结构进行调整，花生生产出现小幅度恢复发展，种植面积比1960年增加30.5%，单产比1960年增加74.6%。1966年花生平均产量达到1 207.5kg/hm^2，总产量达到231.5万t。

在此期间，全国花生科研水平也不断发展，一些优良的品种及栽培技术得到了应用和推广。如良种和清棵蹲苗栽培技术，在花生北方产区农家品种伏花生品种中得到广泛应用；狮头企花生良种也在南方产区得到广泛种植。

（3）花生栽培生产发展期（1978—1990年）

随着党的十一届三中全会的成功召开，农村普遍实行土地联产承包责任制，激发了农民种植包括花生在内的作物的积极性。同时，花生栽培生产技术层面的改进也日新月异，花生生产迈入一个新阶段。1980年后，花生的种植面积迅速扩大，1981年达到247万hm^2。与新中国成立初期相比，花生单位面积产量提高97%，总产量提高200%左右。

这一时期，选育并广泛种植的花生品种有海花1号、鲁花9号、花37、豫花1号等。新的生产技术如地膜覆盖栽培技术、配方施肥技术的应用推广，为花生生产发展提供了新动力，我国花生产业也由此进入了持续稳定的发展期。

（4）花生栽培生产现状（1990年至今）

1990年以来，国家宏观政策全面推进，农业生产结构不断调整，高产高效优质新品种和栽培加工技术等一系列重要科技成果涌现，不断推进花生生产和产业长足发展。1996—2000年，花生平均栽培面积超过400万hm^2；到2003年，全国花生栽培面积达到500万hm^2。但近十几年来，花生种植面积有所下降，2004—2018年平均种植面积为440万hm^2。面积下降的原因主要有两点：一是花生单茬栽培的经济效益下降，导致部分农户将农田用于连作栽培小麦玉米；二是在此期间粮食作物良种补贴政策的实行，导致农户将花生田改种粮食作物。然而，这一时期花生的单产水平仍是不断提升，1990年单产为2 191kg/hm^2，2003年单产为2 654kg/hm^2，2018年更是达到了3 751kg/hm^2，突破原有单产最高纪录（国家统计局，2019）。与此同时，我国花生总产量也不断取得突破，1990年为636.8万t，2003年为1 342万t，2018年达到1 733.2万t。

二、我国花生种植分布

花生是我国四大油料作物之一，分布广泛，在我国大部分地区都有栽培，主产区分布于华北平原、渤海湾沿岸、华南沿海和四川盆地等，以长江为界分为南北两大花生产区。根据气候条件、土壤条件、栽培制度的不同，我国花生可分为以下7个产区（万书波，2003；国家统计局，2019）。

（一）黄河流域花生产区

黄河流域花生产区可分为山东丘陵亚区、华北平原亚区、黄淮平原亚区和陕豫晋盆地亚区4个亚区。包括全部山东、天津地区，大部分北京、河北、河南地区，江苏北部、安徽北部地区，以及山西南部地区和陕西中部地区。这些花生栽培区总体有适宜的气候因素和优越的土地条件。花生栽培用地以丘陵沙砾土、沿河冲积土及沙壤土居多，此产区的种植面积、总产量、提供商品量和出口量均位于全国首位。尤其是栽培面积和总产量，可达全国的50%以上。栽培制度多为一年一熟和两年三熟制，随着生产条件的改善，近年来一年两熟制应用广泛，尤其在河南省和山东省的部分地区，80%以上面积都采用麦套花生和夏直播花生技术以提高产量。

（二）长江流域花生产区

长江流域花生产区可分为长江中下游平原丘陵亚区、长江中下游丘陵亚区、四川盆地亚区、秦巴山地亚区4个亚区。分布于湖北、浙江、上海、河南南部、重庆西部、陕西西部、甘肃东南部、福建西北部，以及大部分四川、湖南、江西、安徽、江苏地区。其中四川嘉陵江以西的绵阳—成都—宜宾地区一线，湖南的涟源—邵阳—道县一线，江西的赣江流域地区，淮南冲积土地区和湖北的东北低山丘陵地区为主要栽植地。此区域自然环境优越，对于花生的生长发育极为有利。酸性土壤、紫色土、黄壤、沙土和沙砾土为此产区内花生种植的主要土壤。对于栽培制度而言，此区域内丘陵地和冲积砂土多栽培春花生，南部地区有少量秋花生，采用为一年一熟或两年三熟制，南部及水肥条件好的地区多进行套种或采用夏直播花生。此产区的花生栽培面积和总产量占全国的15%左右。

（三）东南沿海花生产区

东南沿海花生产区位于我国东南沿海，主要包括广东、台湾、海南地区，广西、福建大部分地区，以及江西南部地区。这一区域有着我国花生种植最悠久的历史，花生主要种植地分布于沿海、河流冲积地区以及丘陵地区，也有较少量分布于广西的西北部和福建的戴云山等地。东南沿海热量条件优越，水资源充足，红壤、黄壤及河流沿岸的冲积沙土为该区域主要类型栽培土壤。此区域栽培制度多样，其中主要为一年两熟、三熟和两年五熟的春秋花生，海南省也有冬花生栽培。此产区的花生种植面积和总产占全国的1/5左右，而单产较低。

（四）云贵高原花生产区

云贵高原花生产区位于云贵高原和横断山脉，包括贵州、云南全省，四川西南部、湖南西部，广西北部乐业至全州一线以及西藏察隅地区。此产区花生栽培田地分布零散，面积较大的区域包括云南的红河州、文山州、西双版纳州、普洱市以及贵州的铜仁市。由于高原山地的广泛分布，此区域内海拔差异较大，有显著的气候垂直特性，多数地区热量条件对花生来说不够充足，尤其是在花生对热量需求大的开花结实期间，月平均气温低于

24℃，因此，此区域花生单产不高。红壤和黄壤为此区域花生栽培的主要土壤类型，且多为酸性较强的沙质土壤。此产区不同季节水资源分布不同，有干湿季之分。一年一熟为此产区花生主要栽培制度，两年三熟或一年两熟的地区较少，可春秋两作花生的地区有元江、芒市、元谋、西双版纳和河口等。这一产区的花生种植面积和总产量占全国的2%左右。

（五）黄土高原花生产区

黄土高原花生产区主要分布于黄土高原地区，包括山西中北部、甘肃东南部、陕西北部、河北北部，以及小部分宁夏地区。此产区海拔高，热量条件差，多选择地势较低的位置进行花生栽培。粉沙土为该地域主要花生栽培用土，由于其孔隙度大，难以保持田间水土，故此产区花生单位面积产量不高。一年一熟为此产区主要栽培制度。这一产区的花生种植面积和总产量不到全国的0.5%。

（六）东北花生产区

东北花生产区主要包括东北三省的大部分地区以及河北燕山东段以北地区。栽培田地主要分布在辽宁东部、辽宁西部丘陵以及辽宁西北等地，一般选择海拔低于200m的丘陵地和风地进行种植。此地区热量条件差，故通常选择早熟花生品种种植，一年一熟或两年三熟为该产区花生主要的栽培制度。这一产区的花生种植面积和总产量占全国的4%左右。

（七）西北花生产区

西北花生产区分布于我国西北部，主要包括新疆，甘肃景泰、民勤、山丹以北，内蒙古的西北部以及宁夏的中北部地区。花生栽培常选择盆地边缘及地势低缓的地区，如河流沿岸。此区域深居内陆，绝大部分地区属干旱荒漠气候，沙土为花生种植的主要土壤。内陆型气候导致此地区仅靠降水量难以保证花生正常生长发育，需要进行人工灌溉，因此单产较低。随着灌溉技术的发展与推广，新疆等地花生种植面积略有增加。此产区多栽培一年一熟的春花生。这一产区的花生种植面积和总产量均低于全国的1%。

三、花生产业发展现状

花生产业是指花生从田间种植、加工、运输到市场销售的整个相关联的过程（万书波等，2005）。对于花生田间种植过程而言，栽培技术的提高、优良品种的选育、有效的病虫害防治以及机械收获等先进技术的应用，不仅保证了当年花生产量的提高，也促进了整个花生产业的进步。深加工也是提高花生经济效益的重要手段，这一过程不仅增加了花生产品的附加值，也提高了花生的市场竞争力，有利于整个花生产业的发展与进步。目前花生加工产品主要包括花生油及粕类等花生制品，以及简单处理后直接进行销售的花生。花生从产品走向商品还需要一个转化的过程，主要包括花生的运输及市场销售等贸易活动，这是花生作为商品获得最终价值的重要形式。花生产业链可分为上中下游3个部分，其中上游包括花生的种植和简单加工过程，中游包括花生的加工及深加工过程，下游则指花生制品的市场销售环节。

近年来，我国花生产业不断发展，取得了丰富的成果，主要体现在3个层面。首先是技术层面。我国在花生新品种选育、先进栽培技术研发以及病虫害防治等领域进展迅速，大量专用型新品种花生被选育，适用于新品种的栽培制度与田间管理技术也持续跟进，极大程度上提高了我国花生单位面积产量和全国总产量。其次，就花生产业内的全球影响力而言，我国已成为全球第一大花生生产国，花生总产量及出口量均位于全球首位，单产也处于前列水平，花生及其制品为我国外贸出口作出了卓越贡献。最后，我国花生产业链已日趋成熟，从种植、管理、收获，到收购、销售等各个环节衔接紧密，规模化生产逐渐形成，其中黄淮、东南沿海、长江流域3个花生主产区种植相对集中，尤以山东、河南面积较大。

（一）我国花生生产现状

中国是全球产量最高的花生生产国，2000—2018年花生的年均种植面积为452.1万hm^2，居第二位，仅次于印度。但我国花生单产高，2018年单位面积产量为3 751kg/hm^2，花生总产量达1 733.2万t，总产量居世界第一位。我国花生历年种植面积与产量见图1-1。

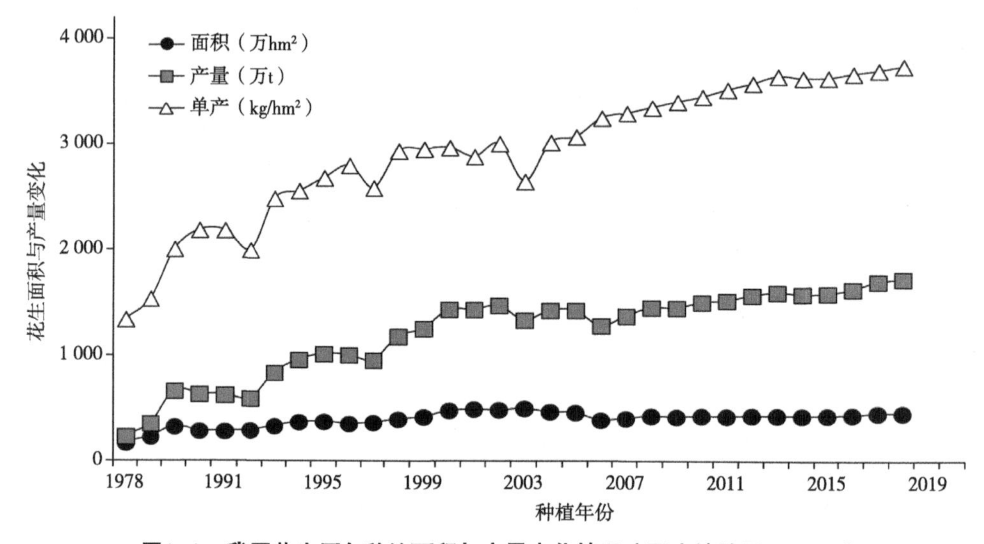

图1-1　我国花生历年种植面积与产量变化情况（国家统计局，2019）

外部条件如气候条件、土壤条件、水利条件、耕作制度和栽培技术等都会对花生生产造成影响，因此我国不同花生产区间发展极不平衡，不同省份之间相比，花生产量也有较大差异。从国家统计局的数据来看，我国花生种植面积比较大的省份依次是河南、山东、吉林、广东、辽宁、河北和四川，2017年分别为115.2万hm^2、70.9万hm^2、33.3万hm^2、31.9万hm^2、27.2万hm^2、26.7万hm^2、26.1万hm^2，其他省份种植面积较小；单产水平较高的省份有新疆、安徽、河南、山东、江苏、河北等，其单产分别为5 137kg/hm^2、4 951kg/hm^2、4 599kg/hm^2、4 421kg/hm^2、3 946kg/hm^2、3 876kg/hm^2，而内蒙古、云南、贵州、重庆等地的花生单产水平较低。此外，同一地区不同年份之间的种植面积和单产水平也存在一定的差异。我国各省份2017年花生播种面积和产量分布比例见图1-2。

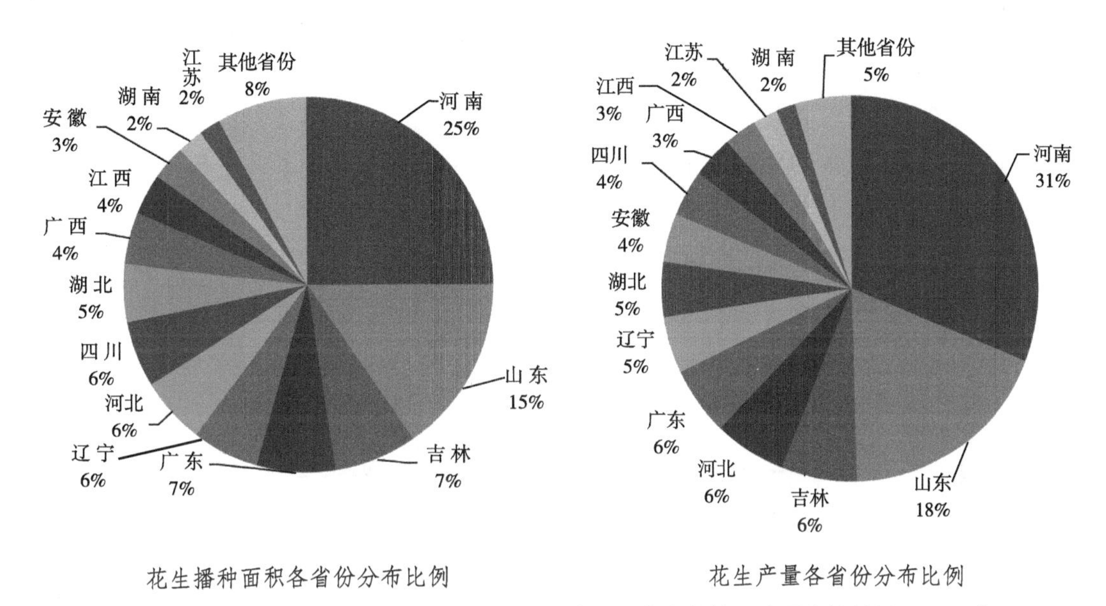

图1-2　我国各省份2017年花生播种面积和产量分布比例情况（国家统计局，2019）

（二）我国花生加工利用现状

花生不仅具有很高的经济价值，其营养价值也不容忽视。花生籽仁油脂和蛋白质含量分别为38%～60%和22%～30%。随着我国花生产量不断提高，花生产品加工技术快速发展，市场上花生制品的种类也在不断增加。据统计，我国有55%的花生用于榨油，30%用于食用，由此可见目前花生加工的主流方向仍是榨油。但近年来，由于花生中含有大量高品质植物蛋白，对于改善我国蛋白质资源的匮乏状况有积极意义，因而花生食品也逐渐成为流行的健康食品，这使我国花生用于食用的比例不断增长。市场上常见的花生加工制品主要包括花生油、花生酱、风味花生制品以及花生蛋白制品。虽然我国是全球最大的花生油生产国，但出口的花生油较少，这是因为国民对花生油的需求量较大。随着玉米胚芽油、葵花籽油等新兴油脂产品的出现，我国用于榨油的花生比例也随之下降。

（三）我国花生出口贸易现状

原料花生及其制品在我国农产品出口中占有重要地位，也是我国对外出口的主要商品之一，畅销多个国家。20世纪80年代以来，全球花生年贸易量达110万t以上（以籽仁计）。进入20世纪90年代以后，我国一跃成为全球最大的花生出口国，花生产量已居首位。随着改革开放、加入世贸组织和经济全球化等重大事件的推进，我国花生因质优价廉又属劳动密集型产品，国际竞争力进一步加强，成为我国为数不多的净出口农作物品种之一。2002年，我国原料花生的出口量达到历史峰值，随后开始降低至稳定，2013—2016年我国原料花生（带壳花生与花生仁）的出口量一直相对稳定，之后两年原料花生出口量持续增长。随着我国花生加工技术的不断提高，油炸花生仁、花生酱、烤花生果等花生制品的出口量持续增长。这既反映了国际市场对加工花生的需求，也体现出我国花生产业化进程发展迅速。

虽然近年来花生出口量略有降低，但我国仍然是全球主要花生出口国，而且我国花生出口结构正在不断调整，由之前以出口原料花生为主逐渐转变为原料花生与花生制品出口并重。我国花生制品不仅出口量不断递增，出口范围也在逐渐拓宽，由最初仅向东南亚地区销售，逐渐发展到出口到欧美等发达国家，这主要是因为我国花生及其制品的品质日趋优良，深受各国人民喜爱。

第二节　花生栽培技术进展与展望

花生栽培技术的研究与推广在我国花生生产发展中起到了至关重要的作用。花生栽培实践中，利用合理的栽培技术措施不仅可提高产量、改善品质，还可减少花生生产全过程中生产资料的投入，降低花生生产成本，以实现花生生产的可持续发展（卢山等，2011；王凯等，2018）。

一、花生栽培技术进展

我国花生生产依然是传统农业粗放式管理，水、肥、药等生产资料浪费严重、利用效率低下（张福锁等，2008；陈桂芬等，2013；王才斌等，2017）。过量施用化肥会造成田间土壤板结、肥力退化等问题；而过量施用农药会带来农药残留，影响花生品质和安全。与此同时，机械化程度不高已成为制约花生规模化生产的主要因素，且随着农村劳动力的加快转移，农业劳动力成本也逐年增高。因此，先进栽培技术的研究与推广应用对我国花生产业的可持续发展具有重要意义。

（一）单粒精播节本高效栽培技术

长期以来，为保证出苗率，花生生产中多采用一穴双粒（或多粒）的栽培方式，而同穴双株之间距离过窄导致植株间竞争加剧，个体发育受限，单株生产力难以得到充分发挥，“大小苗”和“缺苗断垄”现象频发，群体整齐度差。至生育中后期，田间郁蔽严重、小气候恶化，导致群体光合能力下降及叶片早衰，在高水肥条件下还易导致植株徒长倒伏，限制了花生产量进一步提高。而且这种双（多）粒穴播种，用种量大，全国每年用于做种的花生就约占总产量的10%，也大大增加了农户种植成本。花生单粒精播在减少穴播粒数的同时增加穴数，不仅节约了用种量，而且有利于实现花生的机械化操作，是一项行之有效的节种、高产和高效的栽培技术。目前，有关学者对单粒精播适宜密度、施肥量、品种及增产机理等开展了大量研究（郭峰等，2008；钟瑞春等，2012；张佳蕾等，2014、2018a；万书波等，2016；商娜等，2016；Liang et al.，2020；杨吉顺等，2020）。"十五"以来，山东省农业科学院对花生单粒精播增产原理和关键技术进行了系统研究，提出"单粒精播、健壮个体、优化群体"技术思路，集成了单粒精播高产栽培技术体系。单粒精播能够保障花生苗全、苗齐、苗匀、苗壮，提高幼苗素质，易构建理想株型，还能够显著提高群体质量和经济系数，有效解决花生生产中存在的花多不齐、针多不实、果多不饱的主要问题，充分挖掘花生高产潜力，同时节约用种。对进一步提高我国花生生产水平，增加农民收入，具有十分重要意义。

单粒精播的增产原理如下。

1.单株生产力增加

生育前期，单粒精播有利于培育花生健苗，主要表现为根系长度、表面积及体积增加，根冠比高（冯烨等，2013a）；主茎、侧枝及叶片生长快，有利于提早封垄，并增加了光合面积（张佳蕾等，2015、2016）。生育后期，能够提高叶片抗氧化酶活性、降低膜脂过氧化产物丙二醛（MDA）的含量（冯烨等，2013b），延缓根系干重下降的速度，延长有效光合时间；增加了单株有效结果数，促进了光合产物及营养元素向荚果转运，做到了"源足、流畅、库强"（梁晓艳等，2016）。

2.合理群体结构的构建

单粒精播的植株均匀分布，缓解了株间竞争，保证结实范围不重叠，根系尽量不交叉，单株生产力得到充分发挥；个体生长发育差异小，植株高度及单株结果数基本一致，群体整齐度极大提高（张佳蕾等，2018b）。单粒精播改善了冠层不同层次的受光条件，增加了下层的透光率，延缓了下部叶片的衰老和脱落，减少了漏光损失，有效提高了光能利用率。单粒精播还能提高冠层温度和二氧化碳浓度，降低相对湿度，在生育后期作用显著（梁晓艳等，2015）。

单粒精播技术于2011—2017年连续7年被列为山东省农业主推技术，作为国家农业行业标准（NY/T 2404—2013）已颁布，2015—2017年连续3年被列为农业部主推技术。春花生单粒精播高产攻关2014—2016年，连续3年突破实收11 250kg/hm^2，2015年创造实收11 739kg/hm^{2}的花生高产纪录。该技术较常规播种栽培平均增产8%以上，每亩[①]可节约荚果种子5kg，节种20%，亩增效210～280元（平均亩产按500kg计），增产增效十分显著，推广应用前景广阔。

---

① 1亩≈667m^2；15亩=1hm^2。全书同

（二）水肥一体化栽培技术

长期以来，花生生产中一般采用播种前一次性基施的施肥方式，养分供应与花生需肥规律不协调，肥料投入量大、利用率低，而且前期肥量大造成花生生育前期生长过旺、中期徒长倒伏及后期脱肥早衰等现象。水分是肥效发挥的重要辅助因子，水肥一体化是近年来基于滴灌系统发展而成的高效水肥施用技术，可以根据作物的生长发育规律及不同生育期对肥料的需求，定时、定量地提供水分和养分，既能满足花生对营养的需求，又可最大限度地减少肥料在土壤中的残留与流失，提高肥料利用率，降低成本，提高效益。同时使花生地上与地下协调生长，促进果多、果饱，增产作用显著（夏桂敏等，2016；苏君伟等，2012）。

滴灌技术于20世纪60年代起源于以色列。至1999年，该国80%以上的灌溉农田已经应用滴灌技术。美国、澳大利亚、南非等地陆续开展了这方面的研究和应用。该项技术于20世纪70年代初期引进我国，90年代随着我国科技、经济的发展，在国家的重视和支持下，新疆进行了大田棉花膜下滴灌试验并取得成功。目前已研究出了棉花、玉米、蔬菜、瓜类、园艺花卉、果树、烤烟等作物膜下滴灌技术。水肥一体化技术在花生上的应用目前处于加快起步阶段。

（三）机械化轻简栽培技术

机械化是衡量一个国家农业发展水平的重要标志。目前花生耕种收综合机械化率远低于小麦、玉米等主要粮食作物。2016年，我国花生耕种收综合机械化水平仅为52.14%，其中耕作、播种、收获三个环节分别为72.61%、43.10%、33.91%，仍有较大的提升空间（王建鹏，2017）。由于机械化水平较低，花生生产不仅耗费大量的人力资源，导致花生种植效益下降，也成为制约我国花生产业发展的主要瓶颈。

花生生产机械化是指花生生产中的耕整地、播种、田间管理、收获、干燥与贮藏、脱壳等生产环节实现机械化，是花生研究的热点（顾峰玮等，2010；吕小莲等，2012；万书波等，2017；胡向涛，2019）。播种机械是目前花生生产中应用最好的，可以实现起垄、施肥、播种、喷药、铺膜、膜上压土一次性作业完成，作业质量较好，且机械成本低，普及率较高。花生收获机械化技术是指在花生收获过程中使用机械完成挖掘、传送、泥土分离、铺放、摘果、分离清选生产农艺过程的技术。花生收获机械有联合收获机和挖掘、摘果分段式收获机。联合收获机实现了挖掘、泥土分离、输送、摘果、清选、集果等多项作业，功能较齐全，但收获质量除受机械本身性能影响外，同时还受土壤环境、品种特性、收获时期等其他因素影响，作业质量稳定性较差，加之机械费用较高，因此普及率较低（迟晓元等，2018；史正芳等，2019）。而挖掘、摘果分段式收获机械是当前应用较多且较为普及的收获方式。实现花生机械化种植可减少人力的投入，从而相应地减少花生生产成本。中国农业科学院南京机械化研究所研发出防缠绕柔性摘果和鲜秧水平喂入垂直摘果技术、仿形限深铲拔起秧、振动自平衡、双滚轮击振及侧泄土技术和无阻滞双风系一体筛大小杂并除清选技术。有效解决了摘果作业秧膜缠绕、摘净率低、破损率和落埋果高及联合收获清选作业挂膜挂秧、筛面堵塞和清洁度差等问题（王伯凯等，2012；胡志超等，2012；游兆延等，2015；吕小莲等，2015）。青岛农业大学创新了挖掘铲与链（带）组合夹持式、“L”形链式分离输送等多项机械化收获技术，实现了分段轻简化与多环节联合收获作业，克服了挖掘作业漏果多、果土分离难及摘果损失率高等问题（王东伟等，2013；徐继康等，2014；柴恒辉等，2014；于文娟等，2016；杨然兵等，2016）。事实上，花生种植在相当多的地区仍然属传统劳动密集型农业，机械化轻简栽培技术具有传统劳动密集型农业所无法比拟的优势，是花生未来优质高效栽培的必由之路。

（四）抗逆胁迫栽培技术

花生为地上开花地下结果的作物，其栽培条件尤其是土壤条件对花生产量的影响重大。近年来，粮油争地矛盾突出，全国有相当一部分花生种植在障碍性土壤上，常年遭受干旱、盐碱、酸化及土壤紧实等逆境胁迫，平均减产20%以上。其中酸化土壤由于pH值较低，不仅含有较多的交换性酸和铝，能够直接伤害花生根系，而且更是降低了交换性钙的有效性，抑制了花生对钙的吸收，导致荚果空瘪，甚至绝产（廖伯寿等，2000；于天一等，2018）。而盐碱土的高pH值会导致金属离子和磷酸根离子的沉淀，进而破坏根系细胞结构，降低大量营养元素的有效性。较高浓度的钠离子会使细胞膜通透性增强、造成氧化损伤（廖婕等，2020），导致花生前期种子萌发延迟、幼苗弱小，生育后期易早衰，荚果不饱满，减产严重（张智猛等，2013；慈敦伟等，2018；田家明等，2019）。花生在遭遇干旱时，根系发育受到抑制、植株矮化、叶片水势降低、气孔关闭、光合速率显著降低，渗透物质增加，抗氧化酶活性下降，减产明显（厉广辉等，2014；张俊等，2015；张智猛等，2019）。近年来，国内外学者在花生抗逆栽培理论（王瑾等，2014；戴良香等，2019）、抗逆品种筛选（于天一等，2018；任婧瑶等，2019）及关键技术（郑学博等，2016；赵海军等，2016；王建国等，2018）等方面进行了大量研究，其中山东省农业科学院历经19年攻关，在花生抗逆栽培方面取得了重大突破，针对不同土壤生产条件，集成优化单粒精播核心技术，配套钙肥调控和“三防三促”共性关键技术，建立了花生抗逆高产栽培技术体系。

受长期以旋代耕、机械碾压及有机肥投入减少等因素影响，土壤紧实板结，容重增大现象日益突出。土壤紧实胁迫不仅导致根系下扎受阻，耕作层与心土层之间的连通变差（郑丽萍等，2006；孙蓓等，2013），土壤通透性及微生物活度下降，抑制了作物对养分和水分的吸收（Li et al.，2004；张国红等，2006）。花生是地下结果作物，其果针下扎、膨大及荚果充实在高紧实胁迫条件下难以较好完成，减产明显（沈浦等，2017；崔洁亚等，2017）。目前，深翻耕是缓解花生紧实胁迫最行之有效的途径，Shen等（2016，2019）研究表明，深耕主要疏松了深层土壤（10～30cm），其中20～30cm土层容重较传统浅耕处理降低11.9%～27.1%，10～20cm和20～30cm土层根系干重分别平均增加25.9%

和18.0%，荚果氮累积量和氮回收率分别增加8.3%～18.8%和5.3%～19.6%，荚果产量平均最高增产27.2%。实现了耕地质量、产量和养分效率的同步提升。增施有机肥、秸秆及生物炭（biochar）等有机物料也是疏松土壤、改善紧实度的重要方法。赵继浩等（2019）研究发现，小麦秸秆还田降低了下茬花生田土壤容重，增加了大粒径团聚体的质量比例和团聚体稳定性，提高了土壤总孔隙度和毛管孔隙度，增加了微生物数量。战秀梅等（2015）认为与秸秆及猪厩肥相比，生物炭主要提高了棕壤毛管孔隙度，对总孔隙度及容重的作用较小。而司贤宗等（2015）研究表明，施用秸秆灰分、生物炭和腐植酸均能降低花生田土壤容重和硬度，对花生的增产效果表现为秸秆灰分>生物炭>腐植酸。另外，掺沙改黏、合理水肥管理及种植耐紧实胁迫的品种也是缓解土壤紧实胁迫的有效途径。

二、花生栽培技术展望

发展花生产业是增强我国油料产业竞争力的重要举措，更是我国农业供给侧结构性改革的重要内容。如何提升花生产量和品质、降低成本、增加效益、保障生产安全、提高花生附加值是我国花生栽培可持续发展的主要目标。

（一）加快花生收获机械化步伐，实现高效轻简化栽培

近年来，随着花生覆膜播种机播种效率和播种质量的改进，播种机已在我国多数花生产区应用、推广，普及率较高，不但节约了时间和人力，还显著提高了经济效益。但目前，我国花生收获的机械化水平较低，仅占1/3左右，多数产区收获时依然依靠人工，不仅费时费力，而且用工成本较高。要实现花生机械化收获需从以下几个方面入手。

（1）提高花生收获机械的适应性和稳定性。当前机型收获作业时受花生品种、土壤类型、墒情及种植方式等因素影响较大，需深入研究花生机械化收获技术指标的最佳范围，研制适应不同花生产区的收获机械（李娜等，2019）。

（2）农艺与农机配套是发展农业机械化的必由之路。我国花生不同产区种植方式呈现多样化分布，部分地区种植模式不适合联合收获机作业，亟须花生产区建立相关机制，保证花生标准化、规范化种植，为花生收获实现机械化奠定基础（王伯凯等，2011）。其中筛选适宜机械化收获的品种是花生机收的必要条件，机械化收获对花生品种有一定要求，如果柄强度大、结果集中、果壳结实、株型紧凑及株高一致等（姬素云，2017；迟晓元等，2018）。

（二）加大单粒精播栽培技术的推广应用

花生单粒精播节本高效栽培技术是山东省主推技术，并得到了山东省财政部门的资金支持。但该技术在部分地区推广缓慢，主要有以下几方面原因。

（1）单粒精播对种子纯度及活力要求高，对种子挑选不够严格时，往往影响出苗率。

（2）目前市面上的花生播种机多适用于传统双粒播种，其性能及种植规格不适应单

粒精播，播种质量较差。

（3）单粒精播对土壤肥力要求较高，低肥力条件下花生单株生产潜力难以充分发挥，因此目前旱薄地等低产田上，单粒精播条件下花生产量和经济效益不突出。

针对上述问题，今后应从以下几个方面进行研究。

（1）筛选结果集中、籽仁整齐度高、养分吸收能力强和利用率高的高产品种，不仅能够减轻种子挑选的难度，还能够扩大单粒精播技术的适用范围。

（2）研发适宜单粒精播的播种机械，提高播种质量。

（3）建立适用于不同土壤类型及肥力水平的单粒精播花生标准化种植技术。

（三）减肥、减药，实现经济效益、生态环境和产品质量安全协调一致

我国花生产量位居全球前列，但投入远高于其他主产国，在一定程度上，花生高产是基于大量的生产资料投入，化肥和农药尤为突出，这给生态环境和产品质量安全带来不利的影响，直接影响农业可持续发展和食品安全。

近年来，我国花生生产中农药、化肥等的过量使用，造成我国出口花生中有害化学物质残留，成为制约我国花生出口的关键。过量和不平衡施肥已成为花生持续增产、增效和生态安全的主要障碍因素之一。减少花生生产中的化肥施用量，提高化肥利用效率，可从以下几点入手。

（1）优化施肥结构。施肥应遵循减大量、增有机、补钙微的基本原则，即减少大量元素（氮、磷、钾）的施用，增施有机肥，补充钙肥和微量元素。另外，可根据当地生产实际情况，有选择地施用一些功能肥料，如连作土壤在冬耕时增施石灰氮，能显著减少土壤中病源、虫卵数量。播种前施用生物菌肥，可平衡土壤微生物种群，提高土壤肥力。

（2）改进施肥方式。目前，我国花生生产中化肥施用深度偏浅，一般在20cm以内，部分地区甚至将化肥通过播种机施肥器随播种一次性施在垄中间5～10cm土层内，这种施肥方式不仅导致肥料利用率低，且易造成烂果减产。

（3）研发应用适合花生的专用缓（控）释肥。加大根据花生生育期间氮素需求规律而设计的专用缓（控）释肥的研发与应用力度，实现“供需同步”。

（4）实现水肥一体化管理。通过膜下滴灌实现水肥一体化管理是一项节水节肥的高效生产模式。我国花生生产虽然以“雨养”为主，但很多花生田具有灌溉条件，水肥一体化具有一定的应用空间。因此，应在研究建立花生水肥一体化关键技术的基础上，制定技术标准，在有条件的产区进行示范和推广。

另外，我国花生生产中用药量高于世界平均水平，农药使用也存在较大问题。我国花生生产受农村分散经营和农民自身文化程度、技术水平的限制，盲目用药和滥用农药的现象普遍存在。病虫害防治设施落后，“跑、冒、滴、漏”现象严重，大量药液淋入土壤，造成农药残留和生态环境的污染，同时也加大了农药的施用量。农药使用知识缺乏，用药不规范，造成浪费和环境污染。

针对以上问题，今后花生生产中应做好以下几方面工作。

（1）以现有高效防治技术为核心，建立花生农药减量化技术体系。

（2）创新花生病虫害防控技术。加强病虫害物理和生物防治、农药精准使用和低毒化替代、助剂减量等技术研究，建立生物农药的应用与绿色防控技术体系。

（3）加强政府监管，制定花生农药减量化技术标准，限制花生生产中使用的农药种类。

（四）采用适宜抗逆栽培技术，改良障碍性土壤，促进花生产业发展

近年来我国食用植物油的消费量以每年10%以上的幅度增加，供需矛盾呈加剧之势。花生是我国第二大油料作物，其籽仁含油率高达50%以上，是我国提高食用油自给率最具优势的品种，在保障我国食用油安全方面具有产业优势。随着粮食作物种植面积的逐渐扩大，油料作物与粮食作物争地的矛盾日益突出。在充分挖掘花生高产田高产潜力的同时，加大中低产田特别是障碍性土壤的改造与利用，对于调整种植结构、增加农民收入、保障食用油安全具有重要意义。

障碍性土壤主要是指酸化、盐碱、紧实、贫瘠、沙化、干旱等低产土壤。当前随着现代工农业的发展、农业机械化的普及推广、化学肥料的大量施用、有机肥料施用量的减少、土壤干旱、不合理灌溉和种植制度以及农田粗放管理等，土壤酸化或盐渍化，土壤紧实板结、容重增大，障碍性土壤面积越来越大。这些土壤有机质含量低、土壤板结紧实、容重大、有害离子含量高，而且氮磷钾等植物生长必需的元素含量低，不利于花生根系在土壤中的生长，造成花生产量的降低。目前我国仅盐碱地面积就达2亿亩，占国内耕地总面积的10%左右。黄河三角洲每年约有5%的农耕地因土壤次生盐渍化而撂荒。国家科技部已经启动了国家黄河三角洲开发战略和“渤海粮仓”科技示范工程，就是为了利用土壤改良技术提高作物的抗盐碱能力，实现绿色高效生产。如何运用栽培手段有效改良障碍性土壤，提高花生产量是当前农业科研工作者的重要研究方向。当前，花生科研人员已经总结出针对不同障碍性土壤的栽培技术规程，例如，盐碱地栽培技术规程、酸性土壤栽培技术规程、高效耕作栽培技术、连作栽培技术规程等，这些障碍性土壤栽培技术规程的推广有利于我国花生生产的发展。

土壤紧实胁迫已成为花生产量增加的重要限制性因子，而目前国内外对花生抗土壤紧实胁迫的研究还处于初步阶段，理论研究相对零散，也没有形成相对完善的技术体系（沈浦等，2015）。对花生抗土壤紧实胁迫的研究应从以下几个方面进行。

（1）明确土壤紧实胁迫对花生生长发育的作用机理，探究抗紧实胁迫花生对土壤紧实胁迫的响应机制。

（2）研发有针对性的紧实土壤田间管理措施，降低土壤紧实胁迫对花生造成的危害。

（3）加快抗紧实花生品种筛选和选育工作进程，培育高产优质的抗紧实花生品种。

（4）推进抗紧实胁迫领域先进技术和产品的研发与应用，完善相关技术使用的规程和标准。

参考文献

柴恒辉，杨然兵，尚书旗，2014. 4SHWZ-1800自走型分段式花生收获机的研制[J]. 农机化研究（9）：76-80.

陈桂芬，马丽，陈航，2013. 精准施肥技术的研究现状与发展趋势[J]. 吉林农业大学学报（3）：253-259.

迟晓元，李昊远，陈明娜，等，2018. 76个花生品种（系）果柄强度的研究[J]. 花生学报，47（3）：14-18.

慈敦伟，杨吉顺，丁红，等，2018. 盐胁迫对花生植株形态建成及物质积累的影响[J]. 花生学报，47（1）：11-18.

崔洁亚，侯凯旋，崔晓明，等，2017. 土壤紧实度对花生荚果生长发育的影响[J]. 中国油料作物学报，39（4）：496-501.

戴良香，康涛，慈敦伟，等，2019. 黄河三角洲盐碱地花生根层土壤菌群结构多样性[J]. 生态学报，39（19）：7 169-7 178.

冯烨，郭峰，李宝龙，等，2013a. 单粒精播对花生根系生长、根冠比和产量的影响[J]. 作物学报，39（12）：2 228-2 237.

冯烨，李宝龙，郭峰，等，2013b. 单粒精播对花生活性氧代谢、干物质积累和产量的影响[J]. 山东农业科学，45（8）：42-46.

顾峰玮，胡志超，田立佳，等，2010. 我国花生机械化播种概况与发展思路. 江苏农业科学（3）：462-464.

郭峰，万书波，王才斌，等，2008. 不同类型花生单粒精播生长发育、光合性质的比较研究[J]. 花生学报，37（4）：18-21.

国家统计局，2019. 中国统计年鉴[M]. 北京：中国统计出版社.

胡向涛，2019. 花生机械化收获特点及收获机械市场现状和发展趋势[J]. 农业机械（10）：97-101.

胡志超，王海鸥，彭宝良，等，2012. 半喂入花生摘果装置优化设计与试验[J]. 中国农机化，43（S）：131-136.

姬素云，2017. 河南省花生机械收获推广应用现状及发展建议[J]. 河南农业（27）：38-40.

李娜，姜伟，周进，等，2019. 山东省花生生产全程机械化现状与对策建议[J]. 中国农机化学报，40（10）：42-50，71.

厉广辉，万勇善，刘风珍，等，2014. 苗期干旱及复水条件下不同花生品种的光合特性[J]. 植物生态学报，38（7）：729-739.

梁晓艳，郭峰，张佳蕾，等，2015. 单粒精播对花生冠层微环境、光合特性及产量的影响[J]. 应用生态学报，26（12）：3 700-3 706.

梁晓艳，郭峰，张佳蕾，等，2016. 不同密度单粒精播对花生养分吸收及分配的影响[J]. 中国生态农业学报，24（7）：893-901.

廖伯寿，周蓉，雷永，等，2000. 花生高产种质的耐铝毒能力评价[J]. 中国油料作物学报，22（1）：38-42，45.

廖婕，任慧敏，柳参奎，等，2020. 盐碱胁迫下植物生理和钙信号通路分子机制的研究进展[J]. 分子植物育种，http：//kns.cnki.net/kcms/detail/46.1068.S.20200309.1049.002.html.

卢山，吴佳宝，邱柳，等，2011. 花生高产栽培研究进展及我国南方花生高产途径分析[J]. 湖南农业科学（11）：44-48.

吕小莲，胡志超，张延化，等，2015. 半喂入式花生摘果机的设计与性能测试[J]. 华中农业大学学报，34（3）：124–129.

吕小莲，王海鸥，张会娟，等，2012. 国内花生机械化收获的现状与研究. 农机化研究（6）：245–248.

任婧瑶，王婧，蒋春姬，等，2019. 花生种质苗期耐旱性鉴定与综合评价[J]. 沈阳农业大学学报，50（6）：722–727.

商娜，杨中旭，李秋芝，等，2016. 行距配置和密度对单粒精播花生干物质积累和产量的影响[J]. 山东农业科学，48（9）：40–44.

沈浦，冯昊，罗盛，等，2015. 油料作物对土壤紧实胁迫响应研究进展[J]. 山东农业科学，47（12）：111–114.

沈浦，王才斌，于天一，等，2017. 免耕和翻耕下典型棕壤花生铁营养特性差异[J]. 核农学报，31（9）：1 818–1 826.

史正芳，王兰安，2019. 花生收获机械的发展现状与前景[J]. 山东农机化（2）：25–26.

司贤宗，毛家伟，张翔，等，2015. 耕作方式与土壤调理剂互作对土壤理化性质及花生产量的影响[J]. 河南农业科学，44（11）：41–44.

苏君伟，王慧新，吴占鹏，等，2012. 辽西半干旱区膜下滴灌条件下对花生田土壤微生物量碳、产量及WUE的影响[J]. 花生学报，41（4）：37–41.

孙蓓，马玉莹，雷廷武，等，2013. 农地耕层与犁底层土壤入渗性能的连续测量方法[J]. 农业工程学报，29（4）：118–124.

田家明，张智猛，戴良香，等，2019. 外源钙对盐碱土壤花生荚果生长及籽仁品质的影响[J]. 中国油料作物学报，41（2）：205–210.

万书波，2003. 中国花生栽培学[M]. 上海：上海科学技术出版社.

万书波，2008. 花生品种改良与高产优质栽培[M]. 北京：中国农业出版社.

万书波，吴正锋，王才斌，2017. 花生农艺农机融合轻简栽培现状及发展策略（三）[J]. 农业知识：致富与农资，（7）：17–19.

万书波，曾英松，2016. 花生单粒精播节本增效[N]. 农民日报（种植技术 · 经济作物）.

万书波，张佳蕾，2019. 中国花生产业降本增效新途径探讨[J]. 中国油料作物学报，41（5）：657–662.

万书波，张建成，孙秀山，2005. 中国花生国际市场竞争力分析及花生产业发展对策[J]. 中国农业科技导报，7（2）：25–29.

王伯凯，胡志超，吴努，等，2012. 4HZB–2A花生摘果机的设计与试验[J]. 中国农机化，（1）：111–114.

王伯凯，吴努，胡志超，等，2011. 国内外花生收获机械发展历程与发展思路[J]. 中国农机化，（4）：6–9.

王才斌，吴正锋，孙学武，等，2017. 花生营养生理生态与高效施肥[M]. 北京：中国农业出版社.

王东伟，尚书旗，韩坤，2013. 4HJL–2型花生联合收获机摘果机构的设计与试验[J]. 农业工程学报，29（14）：15–25.

王建国，张昊，李林，等，2018. 施钙与覆膜栽培对缺钙红壤花生干物质生产、熟相、产量构成及品质的影响[J]. 华北农学报，33（4）：131–138.

王建鹏，2017. 我国花生综合机械化率达到52. 14%[N]. 农机化导报，09–18.

王瑾，李玉荣，张嘉楠，等，2014. 花生抗旱性鉴定评价指标的研究[J]. 华北农学报，29（增刊）：162–168.

王凯，吴正锋，郑亚萍，等，2018. 我国花生优质高效栽培技术研究进展与展望[J]. 山东农业科学，50（12）：138–143.

夏桂敏，陈俊秀，迟道才，2016. 膜下滴灌水氮耦合效应对黑花生产量的影响[J]. 中国农村水利水电，401

（3）：7-12.
徐继康，杨然兵，李瑞川，等，2014. 半喂入花生收获机除膜摘果装置设计与试验[J]. 农业机械学报，（S1）：88-93.
杨吉顺，齐林，李尚霞，等，2020. 单粒精播对花生产量、光合特性及干物质积累的影响[J]. 江苏农业科学，48（6）：64-67.
杨然兵，范玉滨，尚书旗，等，2016. 4HBL-2型花生联合收获机复收装置设计与试验[J]. 农业机械学报，47（9）：115-120.
游兆延，胡志超，吴惠昌，等，2015. 土下果实收获机械自动限深装置研制与试验[J]. 江苏农业科学，43（3）：354-357.
于天一，王春晓，张思斌，等，2018. 土壤酸胁迫下不同花生品种（系）钙吸收、分配及钙效率差异[J]. 核农学报，32（4）：751-759.
于文娟，杨然兵，尚书旗，等，2016. 铲筛组合式花生分段收获机的设计与试验[J]. 农机化研究，38（6）：163-166，171.
战秀梅，彭靖，王月，等，2015. 生物炭及炭基肥改良棕壤理化性状及提高花生产量的作用[J]. 植物营养与肥料学报，21（6）：1 633-1 641.
张福锁，王激清，张卫峰，等，2008. 中国主要粮食作物肥料利用率现状与提高途径[J]. 土壤学报，45（5）：915-924.
张国红，张振贤，黄延楠，等，2006. 土壤紧实程度对其某些相关理化性状和土壤酶活性的影响[J]. 土壤通报，37（6）：1 094-1 097.
张佳蕾，郭峰，李新国，等，2014. 花生单粒精播单产11250kg/hm^{2}高产栽培技术[J]. 花生学报，43（4）：46-49.
张佳蕾，郭峰，李新国，等，2018a. 花生单粒精播增产机理研究进展[J]. 山东农业科学，50（6）：177-182.
张佳蕾，郭峰，孟静静，等，2016. 单粒精播对夏直播花生生育生理特性和产量的影响. 中国生态农业学报，24（11）：1 482-1 490.
张佳蕾，郭峰，苗昊翠，等，2018b. 单粒精播对高产花生株间竞争缓解效应研究[J]. 花生学报，47（2）：52-58.
张佳蕾，郭峰，杨佃卿，等，2015. 单粒精播对超高产花生群体结构和产量的影响[J]. 中国农业科学，48（18）：3 757-3 766.
张俊，刘娟，臧秀旺，等，2015. 不同生育时期干旱胁迫对花生产量及代谢调节的影响[J]. 核农学报，29（6）：1 190-1 197.
张智猛，慈敦伟，丁红，等，2013. 花生品种耐盐性指标筛选与综合评价[J]. 应用生态学报，24（12）：3 487-3 494.
张智猛，戴良香，慈敦伟，等，2019. 生育后期干旱胁迫与施氮量对花生产量及氮素吸收利用的影响[J]. 中国油料作物学报，41（4）：614-621.
赵海军，戴良香，张智猛，等，2016. 盐碱地花生种植方式对土壤水盐动态、温度和产量的影响[J]. 灌溉排水学报，35（6）：6-13.
赵继浩，李颖，钱必长，等，2019. 秸秆还田与耕作方式对麦后复种花生田土壤性质和产量的影响[J]. 水土保持学报，33（5）：272-280，287.
郑丽萍，徐海芳，2006. 犁底层土壤入渗参数的空间变异性[J]. 地下水，28（5）：55-56.
郑学博，樊剑波，周静，等，2016. 沼液化肥配施对红壤旱地土壤养分和花生产量的影响[J]. 土壤学报，53（3）：675-684.
钟瑞春，唐秀梅，陆文科，等，2012. 适合旱地单粒精播的高产花生品种筛选[J]. 南方农业学报，43

（12）：1 940–1 944.

LI Q C，ALLEN H L，WOLLUM A G，2004. Microbial biomass and bacterial functional diversity in forest soils：effects of organic matter removal，compaction and vegetation control[J]. Soil Biology and Biochemistry，36：571–579.

LIANG X，GUO F，FENG Y，et al.，2020. Single-seed sowing increased pod yield at a reduced seeding rate by improving root physiological state of *Arachis hypogaea*[J]. Journal of Integrative Agriculture，19（4）：1 019–1 032.

SHEN P，WANG C，WU Z，et al.，2019. Peanut macronutrient absorptions characteristics in response to soil compaction stress in typical brown soils under various tillage systems，Soil Science and Plant Nutrition，65（2）：148–158.

SHEN P，WU Z，WANG C，et al.，2016. Contributions of rational soil tillage to compaction stress in main peanut producing areas of china[J]. Scientific Reports，6（1）：38 629.

第二章　土壤紧实研究概况与总体变化特征

土壤紧实度是土壤对外界垂直穿透力的反抗力，可以反映土壤的空隙状况及土粒间结构力的大小。土壤紧实度影响土壤的通气性、温度、水分、土壤微生物数量与活性、土壤养分转化、作物根系的穿孔和生长及作物对养分的吸收等状况，是一个重要的土壤物理特性指标。土壤紧实胁迫已成为制约我国农作物可持续生产的重要因素之一（沈浦等，2015a）。2011年有研究调查21个土壤剖面发现，0～60cm土层土壤容重分布在1.43～1.77g/cm^3，仅有部分农田土壤容重低于1.50g/cm^3，比1980年土壤普查时增加了8.3%。紧实化过程是土壤本身属性与耕作、管理以及环境因素共同作用的结果，也是土壤质量退化的关键指标之一。因而，明确土壤紧实胁迫的发生、发展过程与影响因素，可为土壤质量的改善及可持续利用提供理论依据和技术支撑。

第一节　国内外土壤紧实变化研究概况

国内外针对土壤紧实变化，开展了大量深入的研究，对消减土壤紧实胁迫危害和维持作物正常生长发育发挥了重要促进作用。本节利用文献信息检索软件及分析软件，以清晰了解土壤紧实研究的总体情况与进展。研究主要用的数据包括两个部分，英文文献信息来源于ISI Web of Science中的SCIE（Science Citation Index Expanded）数据库（2008年1月1日至2020年3月1日），中文文献信息来源于中国知网（CNKI）中的中国学术期刊网络出版总库（1915年1月1日至2020年3月1日）。英文检索式为“主题=（soil compaction）OR标题=（soil bulk density）”，中文检索式为“主题=（土壤紧实）或者题名=（土壤容重）”（刘彬等，2014；王芹等，2018）。同时为了排除不相关文献的干扰，保证查准率和查全率，对检索结果进行筛查，识别剔除公告、通知等不相关文献，中文期刊论文数据共得到680篇，SCIE论文数据共得到5 726篇。利用引文网络分析工具Citespace V进行文献数据挖掘和可视化分析（全林发等，2018；张亚如等，2018）。在进行关键词共现分析之前，对关键词进行聚类，使用LLR算法提取研究前沿术语，再对聚类词进行Timeline分析，根据生成的TimeLine图谱，以分析国内外土壤紧实变化有关研究进展（Mohammad et al.，2008；吴曼等，2019）。

一、我国土壤紧实变化研究概况

在中国CNKI期刊论文数据库中，检索到土壤紧实变化方面的中文期刊研究文献共680篇。按照来源类别区分，核心期刊发表的文献有298篇，EI收录论文有18篇，中国社会科学引文索引的论文有3篇。按照研究层次区分，基础与应用基础研究层次的论文有476篇，工程技术有149篇，行业技术指导有16篇。按照学科分类区分，发文数量最多的几个学科分别为：农业资源与环境学有262篇，作物学有166篇，草学有67篇，林学有42篇，农业工程有30篇。

（一）我国土壤紧实变化研究的进程

如图2-1所示，在检索到的680篇中文期刊文献中，最早的文献发表于1957年，随后发文量呈缓慢上升趋势，2006年之后发文量急剧增多，2006—2019年共发文559篇，占总发表文献的82.2%。

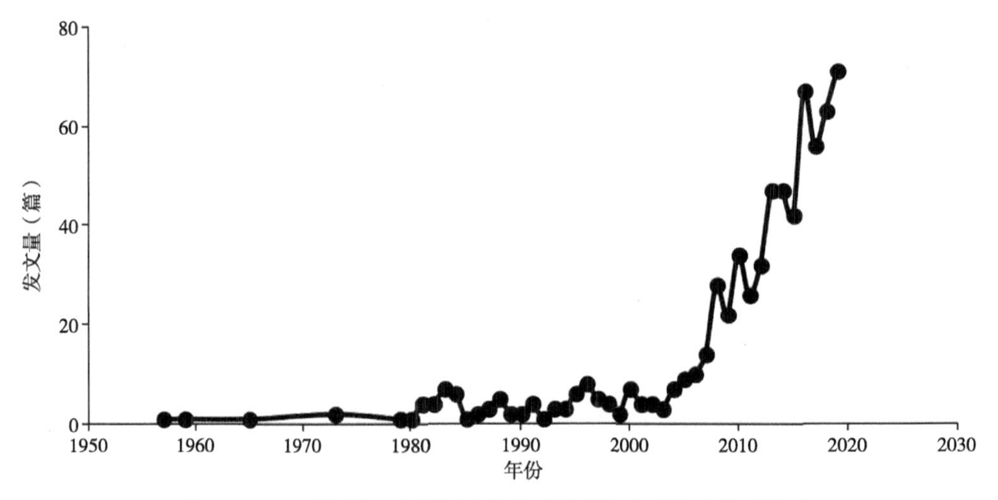

图2-1　CNKI数据库中我国土壤紧实变化研究的论文数量动态

以上检索文献数据表明，我国对土壤紧实变化研究课题的关注度以2006年为界大致可分为2个阶段。第一阶段为2006年之前，对该课题的关注度不高，文献量较少；第二阶段为2006年至今，是土壤紧实变化研究的快速发展阶段，此时，对土壤紧实变化问题的关注度持续上升，文献发表量急剧增多。总体上，目前国内对土壤紧实变化问题的研究持续升温，已成为研究重点和热点之一。

（二）我国土壤紧实变化研究的发文机构分析

CNKI数据库结果显示，发表土壤紧实变化研究相关论文6篇及以上的研究机构有24个（图2-2）。高校及科研院所是土壤紧实变化研究的主要阵地，其中高校又占据绝对优势，是农业技术领域的重要研究力量。发文前三位的机构分别为中国科学院、西北农林科技大学和甘肃农业大学，这一领域的研究机构多半是农业及农林类高校及科研单位。基于专业优势，这些单位是土壤紧实变化研究比较活跃的机构，属于国内该领域发文的领军团体。

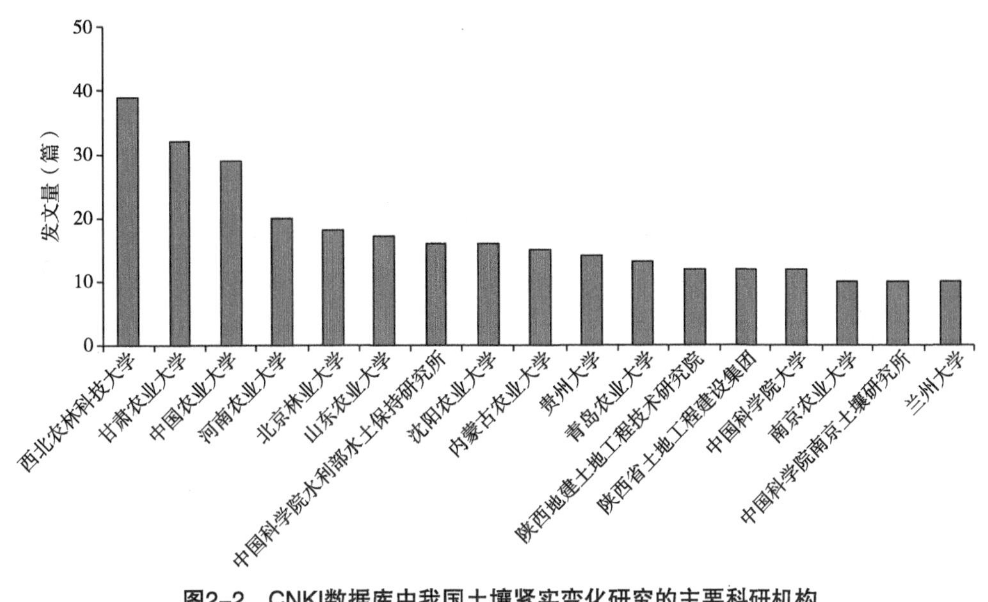

图2-2　CNKI数据库中我国土壤紧实变化研究的主要科研机构

（三）我国土壤紧实变化研究期刊

CNKI数据库中土壤紧实变化研究论文的来源期刊共有253种，主要为环境和农林类的专业期刊，发文量多于10篇的期刊有14种，共发文219篇，占期刊论文总量的32%（图2-3）。

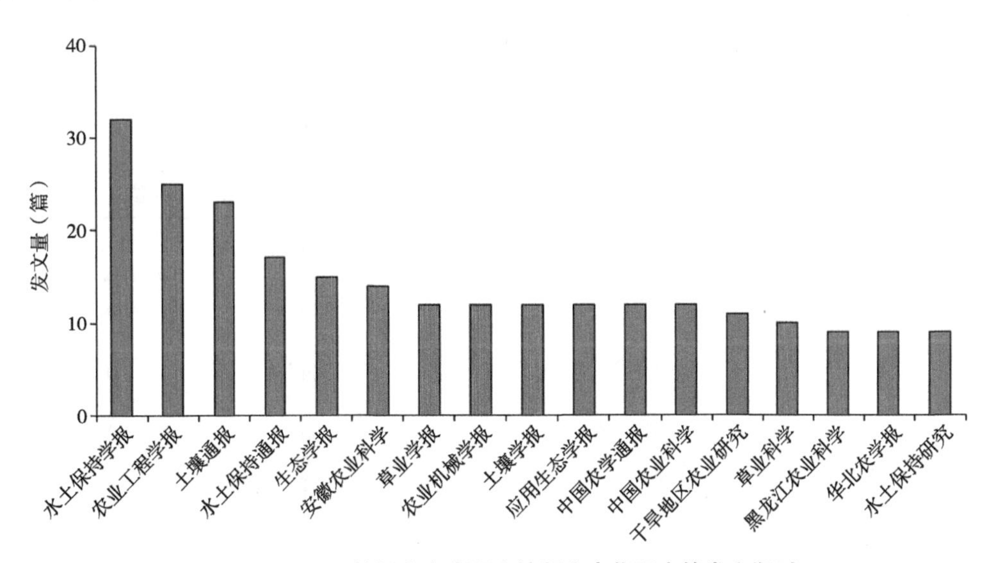

图2-3　CNKI数据库中我国土壤紧实变化研究的发文期刊

（四）我国土壤紧实变化研究基金资助机构

对我国期刊论文的基金资助机构分析发现，由国家自然科学基金资助发表的论文最多，共资助发表176篇，其次为国家科技支撑计划，有73篇（图2-4）。

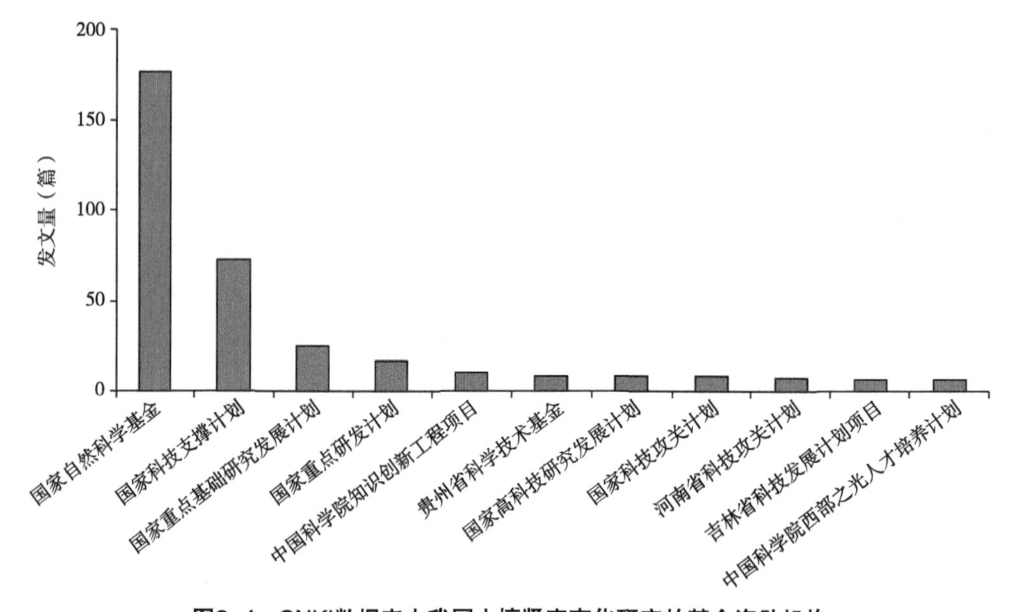

图2-4　CNKI数据库中我国土壤紧实变化研究的基金资助机构

（五）我国土壤紧实变化研究热点

对我国土壤紧实变化研究文献进行主题和关键词分析，获得最高频主题和关键词如表2-1所示。一般认为，关键词出现频次高、中心性强的为研究热点（刘婧，2004）。经统计分析发现，我国土壤紧实变化研究的关注热点是土壤容重（338篇）、土壤紧实度（114篇）、硝态氮（96篇）、产量（61篇）、玉米（37篇）等。总体而言，土壤紧实变化研究内容较为丰富，主要集中在土壤物理性质及作物生长发育等方面。

表2-1　CNKI数据库中查询土壤紧实变化研究的文献主题和关键词（前24位）

编号	关键词	频次	中心性
1	土壤容重	338	0.78
2	土壤紧实度	144	0.48
3	硝态氮	96	0
4	产量	61	0.28
5	玉米	37	0.07
6	土壤	31	0.23

（续表）

编号	关键词	频次	中心性
7	耕作方式	21	0.09
8	深松	16	0.05
9	土壤含水量	12	0.01
10	土壤物理性质	12	0
11	水分利用效率	11	0.02
12	根系	10	0.02
13	空间变异	10	0.01
14	土壤水分	8	0.01
15	土壤结构	8	0
16	秸秆还田	8	0.01
17	高寒草甸	8	0.04
18	土壤养分	7	0
19	土壤物理性状	7	0.02
20	土壤质量	7	0
21	高原鼢鼠	7	0
22	环境因子	6	0
23	耕层	6	0.02
24	花生	6	0

在以上关键词共现网络基础上，进行聚类分析得到土壤紧实变化研究关键词共现聚类图（图2-5）。结果显示，我国土壤紧实变化研究文献的主题和关键词共现网络共形成7个主要聚类，标识了该研究领域的知识基础结构及其动态演进的过程。图2-5中聚类标签通常采用一定算法从标题、关键词和摘要中抽取得到。每个色块代表一个聚类，聚类序号与聚类大小呈反比，最大的聚类以#0标记，其他依次类推。网络的模块化是对其整体结构的一个全局性量度，模块化Q值和平均轮廓值是评估网络整体结构性能的两个重要指标（胡佳卉等，2017）。Q值0.425（>0.3）表示聚类是有效的，平均轮廓值0.445表明结果是可信的，各个聚类交互叠错、联系较紧密。

图2-5　CNKI数据库中查询土壤紧实变化研究的文献主题和关键词共现聚类分析（吴曼，待发表）

二、国际土壤紧实变化研究分析

基于Web of Science数据库中SCIE数据库文献检索结果显示，从2008年之后土壤紧实变化方面的研究文献共5 726篇。文献类型主要为ARTICLE，有5 546篇，占总发文量的96.86%。下面对所检索到土壤紧实变化领域研究SCI论文的年份分布、地区分布、机构分布及基金资助机构分布等方面进行分析。

（一）土壤紧实变化研究进程分析

从年度分布来看，国际上土壤紧实变化研究的文献发表数量自2008年呈快速上升趋势（图2-6），从2008年的320篇，增长至2019年的731篇。

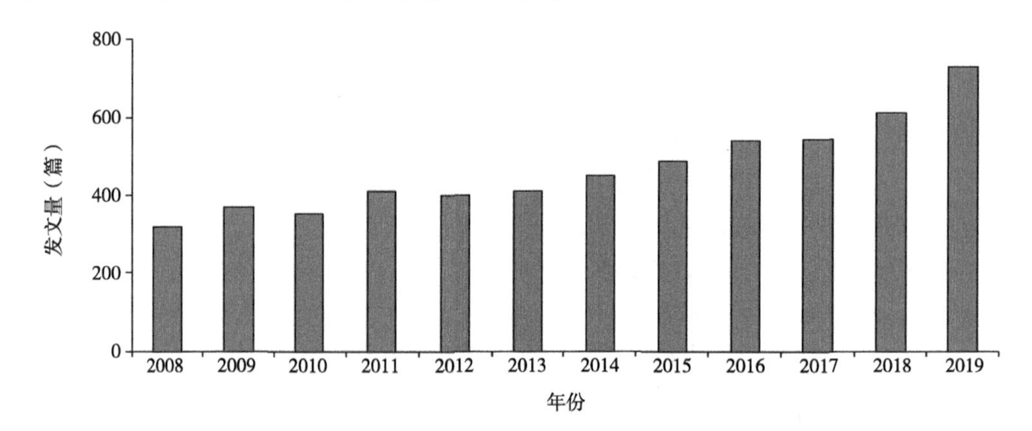

图2-6　SCIE数据库中国际土壤紧实变化研究的论文数量动态

（二）土壤紧实变化研究的国家和地区分布

对SCIE数据库中土壤紧实变化研究的发文区域进行分析，目前开展该方面研究工作的国家和地区共有128个，其中，发文量在100篇以上的国家有18个，如图2-7所示。在国际上发文量居前三位的国家分别是美国、巴西和中国，分别为1 127篇、802篇、745篇，占发文总量的20%、14%和13%。

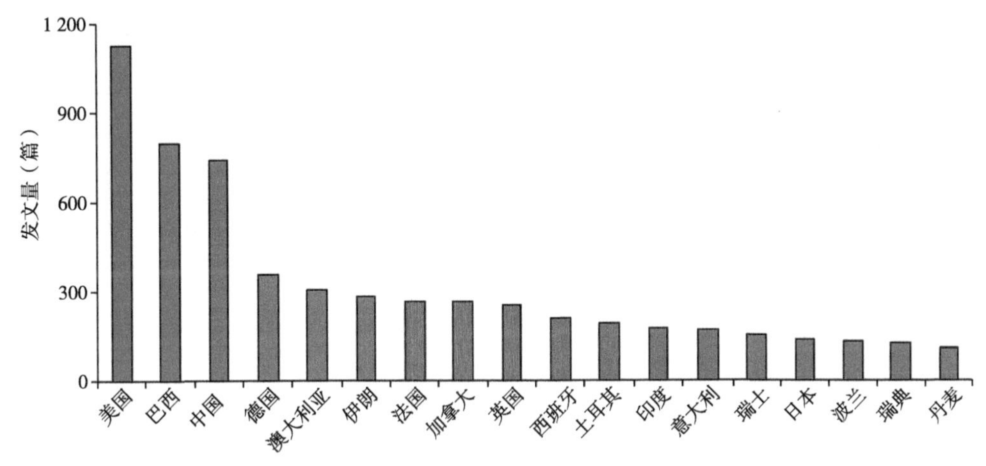

图2-7　SCIE数据库中国际土壤紧实变化研究的国家和地区分布

（三）土壤紧实变化研究的发文机构分析

SCIE数据库搜索结果显示，国内外共有3 920个机构发表了土壤紧实变化方面的研究文献，分布较为广泛（表2-2）。发文量100篇及以上的机构有7个，共发表论文884篇，占外文总发文量的15.4%；发文量300篇及以上的机构有68个，共发表论文3 571篇，占外文总发文量的62.4%；发文数量排名前两位的研究机构分别为美国农业部和中国科学院。

表2-2　SCIE数据库中国际土壤紧实变化研究领域发文量超过30篇的科研机构

机构名称	发文量（篇）	占比（%）	排序
United States Department of Agriculture	182	3.178	1
Chinese Academy of Sciences	130	2.27	2
French National Research Institute for Agriculture，Food，and Environment	125	2.183	3
Empresa Brasileira de Pesquisa Agropecuaria Embrapa	116	2.026	4
Universidade Federal de Santa Maria	116	2.026	5
Swedish University of Agricultural Sciences	110	1.921	6
Universidade de Sao Paulo	105	1.834	7
Universidade Estadual Paulista	91	1.589	8

（续表）

机构名称	发文量（篇）	占比（%）	排序
Centre National de la Recherche Scientifique	89	1.554	9
Aarhus University	86	1.502	10
University of California System	84	1.467	11
Swiss Federal Research Station Agroscope	80	1.397	12
University of Kiel	72	1.257	13
Universidade Federal do Rio Grande do Sul	70	1.222	14
Universidade Federal de Lavras	68	1.188	15
Helmholtz Association	57	0.995	16
United States Forest Service	57	0.995	17
Consejo Superior de Investigaciones Cientificas Csic	55	0.961	18
University of Tehran	55	0.961	19
Universidade Estadual de Maringa	54	0.943	20
Pennsylvania Commonwealth System of Higher Education	46	0.803	21
Universidade Estadual de Ponta Grossa	46	0.803	22
China Agricultural University	45	0.786	23
Iowa State University	45	0.786	24
University of Texas System	45	0.786	25
Eth Zurich	44	0.768	26
Tongji University	44	0.768	27
Indian Institute of Technology System Iit System	43	0.751	28
Institut de Recherche Pour le Developpement	43	0.751	29
Agroparistech	42	0.733	30
Ghent University	41	0.716	31
Polish Academy of Sciences	41	0.716	32
Universidade Federal de Vicosa	41	0.716	33
University of Chinese Academy of Sciences	41	0.716	34
Consejo Nacional de Investigaciones Cientificas Y Tecnicas Conicet	40	0.699	35
Pennsylvania State University	40	0.699	36
Cranfield University	39	0.681	37
University of North Carolina	39	0.681	38
Wageningen University Research	39	0.681	39
University of Buenos Aires	37	0.646	40
Pennsylvania State University University Park	36	0.629	41
Universite Paris Saclay	36	0.629	42

（续表）

机构名称	发文量（篇）	占比（%）	排序
University of Tennessee Knoxville	36	0.629	43
University of Tennessee System	36	0.629	44
Commonwealth Scientific and Industrial Research Organisation	35	0.611	45
University of Western Australia	35	0.611	46
Virginia Polytechnic Institute State University	35	0.611	47
Agricultural University Krakow	34	0.594	48
Consiglio Nazionale Delle Ricerche	34	0.594	49
Hohai University	34	0.594	50
University of Wisconsin System	34	0.594	51
Indian Council of Agricultural Research	33	0.576	52
North Carolina State University	33	0.576	53
Southeast University China	33	0.576	54
State University System of Florida	33	0.576	55
Universidade Estadual de Campinas	33	0.576	56
Universidade Federal Rural de Pernambuco	33	0.576	57
University of Alberta	33	0.576	58
University of California Davis	33	0.576	59
Universidade Federal de Pelotas	32	0.559	60
University of British Columbia	32	0.559	61
University of Queensland	32	0.559	62
Suranaree University of Technology	31	0.541	63
University of Nottingham	31	0.541	64
University of Wisconsin Madison	31	0.541	65
Agriculture Agri Food Canada	30	0.524	66
James Hutton Institute	30	0.524	67
University of Nebraska System	30	0.524	68

（四）土壤紧实变化研究的文献来源

在SCIE数据库中，土壤紧实变化方面的研究文献共发表在904个国际期刊上，发文量多于100篇的期刊有4种，累计发文797篇，占到总文献的14%；发文量多于30篇的期刊有40种，占总文献的42.8%；发文量多于10篇的期刊有130种，累计发文量3 930篇，占总文献的68.6%。发文情况如表2-3所示，其中*Soil Tillage Research*发文量最多，为361篇。其后为*Revista Brasileira de Ciencia do Solo*、*Geoderma*和*Soil Science Society of America Journal*，发文量分别为198篇、132篇、106篇。

表2-3　SCIE数据库中国际土壤紧实变化研究领域发文量超过30篇的期刊

出版物	发文量（篇）	占比（%）	排序
Soil Tillage Research	361	6.305	1
Revista Brasileira de Ciencia do Solo	198	3.458	2
Geoderma	132	2.305	3
Soil Science Society of America Journal	106	1.851	4
Forest Ecology and Management	82	1.432	5
Soil Use and Management	79	1.38	6
Journal of Materials in Civil Engineering	72	1.257	7
Journal of Geotechnical and Geoenvironmental Engineering	69	1.205	8
Engineering Geology	61	1.065	9
Geotechnique	59	1.03	10
Soils and Foundations	59	1.03	11
Geotechnical Testing Journal	57	0.995	12
Revista Brasileira de Engenharia Agricola e Ambiental	56	0.978	13
Journal of Terramechanics	55	0.961	14
Construction and Building Materials	54	0.943	15
Canadian Geotechnical Journal	51	0.891	16
Environmental Earth Sciences	51	0.891	17
Catena	49	0.856	18
Agriculture Ecosystems Environment	47	0.821	19
Plant and Soil	46	0.803	20
Engenharia Agricola	43	0.751	21
Geomechanics and Engineering	42	0.733	22
Land Degradation Development	39	0.681	23
Pesquisa Agropecuaria Brasileira	39	0.681	24
Biosystems Engineering	38	0.664	25
Science of the Total Environment	38	0.664	26
Transportation Research Record	38	0.664	27
International Journal of Geomechanics	37	0.646	28
Soil Research	37	0.646	29
Geotextiles and Geomembranes	36	0.629	30
Applied Clay Science	34	0.594	31
Communications in Soil Science and Plant Analysis	34	0.594	32
European Journal of Soil Science	34	0.594	33

（续表）

出版物	发文量（篇）	占比（%）	排序
Journal of Hydrology	34	0.594	34
Agronomy Journal	33	0.576	35
Arabian Journal of Geosciences	31	0.541	36
Eurasian Soil Science	31	0.541	37
Canadian Journal of Soil Science	30	0.524	38
Soil Biology Biochemistry	30	0.524	39
Transactions of the Asabe	30	0.524	40

（五）土壤紧实变化研究的基金资助机构

对期刊论文的基金资助机构分析（表2-4），发文量在30篇以上的基金资助机构有21家，发文量占比为30.1%；发文量在100篇以上的基金资助机构有3家，发文量占比13.4%。另外，在中国国家自然科学基金资助下，土壤紧实变化研究产出的SCI论文最多，为427篇。

表2-4　SCIE数据库中国际土壤紧实变化研究领域的主要基金资助机构

基金资助机构	发文量（篇）	占比（%）	排序
National Natural Science Foundation of China	427	7.457	1
Brazilian National Council for Scientific and Technological Development	195	3.406	2
Coordenação de Aperfeiçoamento de Pessoal de Nível Superior	146	2.55	3
National Science Foundation	99	1.729	4
United States Department of Agriculture	87	1.519	5
Natural Sciences and Engineering Research Council of Canada	84	1.467	6
Fundamental Research Funds for the Central Universities	75	1.31	7
European Union	74	1.292	8
National Basic Research Program of China	70	1.222	9
Fundação de Amparo à Pesquisa do Estado de São Paulo	56	0.978	10
German Research Foundation	49	0.856	11
Ministry of Education Culture Sports Science and Technology Japan Mext	48	0.838	12
Australian Research Council	44	0.768	13
China Scholarship Council	40	0.699	14

（续表）

基金资助机构	发文量（篇）	占比（%）	排序
French National Research Agency	39	0.681	15
Chinese Academy of Sciences	37	0.646	16
Engineering Physical Sciences Research Council	32	0.559	17
Japan Society for the Promotion of Science	32	0.559	18
Biotechnology and Biological Sciences Research Council	30	0.524	19
China Postdoctoral Science Foundation	30	0.524	20
National Key Research and Development Program of China	30	0.524	21

（六）土壤紧实变化研究热点

对SCIE数据库中土壤紧实变化研究文献进行关键词分析，获得最高频关键词如表2-5所示。一般认为，关键词出现频次高、中心性强的为研究热点。经统计发现，土壤紧实变化国际关注热点是soil（345）、physical property（212）、behavior（209）、bulk density（202）、impact（200）等。

表2-5　SCIE数据库中国际土壤紧实变化研究领域的文献关键词前19位

编号	关键词	频次	中心性
1	soil	345	0.08
2	physical property	212	0.1
3	behavior	209	0.06
4	bulk density	202	0.08
5	impact	200	0.02
6	management	198	0.09
7	growth	194	0.08
8	organic matter	178	0.03
9	system	174	0.04
10	tillage	172	0.05
11	strength	167	0.1
12	model	153	0.02
13	yield	131	0.03
14	hydraulic conductivity	130	0.08
15	clay	118	0.07
16	carbon	107	0.06

（续表）

编号	关键词	频次	中心性
17	quality	107	0.02
18	water	107	0.02
19	water content	103	0.09

在以上关键词共现网络基础上，进行聚类分析得到土壤紧实变化关键词共现聚类图（图2-8）。SCIE数据库的检索结果显示，国际土壤紧实变化文献关键词共现网络共形成5个聚类，*Q*值0.417 9（>0.3）显示了聚类的有效性，平均轮廓值0.599 5显示结果具可信性。

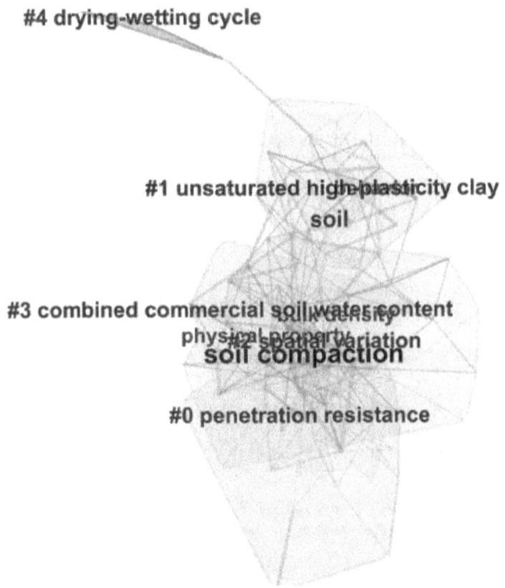

图2-8　SCIE数据库中国际土壤紧实变化研究领域文献主题关键词的共现聚类分析（吴曼，待发表）

第二节　土壤紧实时空变化特征与临界点

随着土地集约化经营与使用程度的不断提高，农田土壤质量退化，已成为制约农业可持续发展的主要瓶颈。农田土壤性质空间变异性研究是当今土壤学科发展的前沿，它对于建立农田土壤质量数据库，实现数字土壤、推动精确农业发展具有极为重要的科学价值。以土壤紧实化为特征的物理质量退化是土壤退化的一个主要方面，由于成土母质、过程、气候、生物及耕作的影响，自然条件下的土壤紧实具有较高的空间变异性，而调控土壤紧实度可以保持土地生产力、土壤质量、土壤水分、养分吸收和减少损失。明确土壤紧实度的时空变化特征，对土壤质量评价、土壤肥力提升及土地合理耕作有重要意义。

一、土壤紧实时空变化特征

（一）黄土高原

黄土高原位于我国中部偏北部，为我国四大高原之一，横跨青、甘、宁、蒙、陕、晋、豫7省区大部分或一部分，面积64万km^2。黄土高原属典型的温带大陆性季风气候，冬春季寒冷干燥，夏秋季温暖湿润，雨热同步，年平均气温3.6～14.3℃。黄土高原地区盛产苹果、梨、柿、枣、杏、桃、核桃、葡萄、李、石榴、猕猴桃等，除此之外，还有经济价值较高的其他资源植物，共3 500种左右。黄土高原地形复杂，包括山地、黄土丘陵、黄土塬、黄土台塬、河谷平原等众多类型区，土壤类型主要有黄绵土、褐土、垆土、黑垆土、灌淤土和风沙土6大类。在自然因素和人为因素作用下，黄土高原地区土壤易受侵蚀，退化严重，众多学者对该地区以紧实变化为特征的土壤物理退化状况展开了研究。

研究人员通过在黄土高原南北方向布设总长860km的样带，分析发现，南北样带0～10cm、10～20cm和20～40cm深度土层土壤容重的平均值分别为1.24g/cm^3、1.33g/cm^3、1.37g/cm^3（易小波等，2017），表明随土层深度的增加，土壤容重逐渐增大，可能与土壤有机碳含量有关。0～10cm土壤有机碳含量高于10～20cm土层，20～40cm土壤有机碳含量最低。样带0～10cm和10～20cm土层土壤容重的变异系数分别为11.01%和1.07%，属中等程度变异；20～40cm土层容重变异系数仅为8.82%，为弱变异。

对黄土高原代表性田块研究发现，0～10cm、10～20cm、20～35cm和35～50cm农田土壤紧实度平均分别为1.23g/cm^3、1.42g/cm^3、1.56g/cm^3和1.60g/cm^3。0～50cm整个土层土壤容重为1.35～1.59g/cm^3，平均为1.48g/cm^3，变异系数为27.5%，属于中等变异水平。在0～10cm、20～35cm和35～50cm土层，容重变异系数为26.8%～34.6%，呈中等变异水平；而10～20cm土层变异系数为7.0%，呈弱变异水平（贺丽燕等，2018）。

对黄土高原沟壑区土壤容重空间变异研究发现，0～100cm土层土壤容重变化明显，在1.23～1.43g/cm^3，其中以20～60cm的犁底层和古耕层容重最大，均值达1.40g/cm^3；100～200cm土层土壤容重较小，层间差异不大，在1.26～1.29g/cm^3（王锐等，2008）。

而对黄土高原小流域地区土壤容重的时空变异分析发现，土壤容重在8—10月的平均变化范围为1.18～1.59g/cm^3，均值为1.40g/cm^3，与整个黄土区的均值1.35g/cm^3十分接近，在月际尺度上变异程度较弱，平均变异系数为6%。8月、9月、10月的均值分别为1.37g/cm^3、1.41g/cm^3和1.42g/cm^3，月际间表现为微增、弱变异趋势，可能与降水变化、植被生长和微生物活动有关（傅子洹等，2015）。

关中平原是黄土高原面积最大的平原之一，位于陕西省中部，包括西安、宝鸡、咸阳、渭南、铜川、杨凌五市一区，总面积55 623km^2，拥有优越的自然及生态条件，地形平坦、土层深厚、土体疏松、雨热丰沛，适于多种作物生长，自古以来就是粮、棉、油、果、菜等农作物主产区域，现已成为我国重要的旱作粮食主产区。研究发现，关中农田土壤剖面物理质量退化特征已经非常明显，表现为亚表层（20～40cm）土壤严重紧实化。0～60cm农田土壤剖面范围内，从上到下土壤容重呈现先增大后减小的变化趋势，表层0～10cm土壤容重平均为1.34g/cm^3，低于其他各土层，孔隙状况良好；而20～40cm土层容重为最大，平均为1.67g/cm^3，显著高于其他土层，接近该质地（重壤质）类别土壤的极限容重（1.70g/cm^3）；农田土壤紧实度也随剖面深度的增加而增大，在作物生育期间对0～15cm、15～25cm、25～45cm土层进行周年监测，其平均值分别为482kPa、1 647kPa、2 268kPa。亚表层土壤紧实化、坚硬化对作物产生了严重机械胁迫，影响作物根系延伸。农田土壤仅表层0～10cm的物理状态良好，维系着作物生长，其下亚表层土壤物理状态有着明显的退化趋势，隐蔽性很强，成为关中农田土壤物理质量“隐形退化”的重要特征（祝飞华，2014）。对关中地区旱地农田土壤紧实度和容重空间变异研究也发现，在水平方向上土壤紧实度和容重具有中等变异强度，0～10cm、10～20cm和20～30cm土层土壤紧实度和容重以村庄为中心向外逐渐增大；在垂直方向上同样存在明显的变异性，3个土层的平均容重分别为1.19g/cm^3、1.45g/cm^{3}和1.56g/cm^3（王金贵等，2012）。

（二）成都平原

成都平原又名川西平原、盆西平原，位于四川盆地西部，总面积1.881万km^2，是我国西南三省一市最大的平原，也是我国主要的农业生产基地之一。平原内气候温和、降水充沛，有优越的自然环境、自流灌溉系统和肥沃的土地，是我国重要的水稻、甘蔗、蚕丝、油菜籽产区。

在1982年土壤普查资料的基础上分析发现，成都平原土壤容重呈中等变异水平，变异系数为0.13，总体上由东向西逐渐降低呈条带状分布。该平原的西部和中部区域土壤容重在1.2～1.3g/cm^3，面积约占全平原的2/3。在中西部区域有土壤容重在1.0～1.2g/cm^{3}的斑状分布，在东部的青白江区、龙泉驿区所在的带状区域土壤容重在1.3～1.4g/cm^3；平原的东部边缘区域土壤容重为1.4～1.6g/cm^3（刘英华，2004）。

2002年抽样分析发现，成都平原土壤容重仍为中等变异水平，变异系数稍有降低，为0.10，总体呈无规律的斑块状分布。都江堰、彭州的西部、崇庆、大邑的东北部、双流的东部和北部以及成都市的北部和新都的西部区域土壤容重为1.0～1.2g/cm^3；邓峡市的西南、蒲江县的西部、青白江及龙泉驿区的边缘区域土壤容重为1.3～1.4g/cm^3；龙泉驿区土壤容重为1.4～1.5g/cm^3；其他部分土壤容重为1.2～1.3g/cm^3（刘英华，2004）。从总体来看，成都平原土壤容重有变小的趋势，1982年和2002年土壤容重平均值分别为1.27g/cm^{3}和1.25g/cm^3，其变化或与秸秆还田、土壤有机质含量增加、土壤结构改善有关。

（三）黄河三角洲地区

黄河三角洲是黄河携带的泥沙在渤海凹陷处沉积形成的冲积平原，以垦利宁海为顶点，北起套尔河口，南至支脉沟口的扇形地带，面积约5 400km^2，其中5 200km^{2}在东营市境内。该区光照充足、热量稍低、水资源不足、潜水和土壤含盐多，适宜发展牧业，部分地方实施科学的耕作灌排措施，可以发展棉花、水稻等作物。

以黄河三角洲地区典型区域（山东省东营市垦利区）作为研究对象，运用传统统计学和地统计学相结合的方法研究不同土层土壤容重的空间变异特征发现，各层土壤容重的空间分布均表现出一定的条带状与斑块状格局，但各层土壤容重在空间分布上具有一定的相关性。研究区土壤容重东部高于西部，北部高于南部，且在西南部位土壤容重相对较低，这与土壤质地差异密切相关，但受含黏层厚度及其空间分布不均一性的影响也不容忽视。从局部上看，5 ~ 10cm土层土壤容重的最低值在研究区的中间部位，且在该范围内空间变异系数最大，与该部位土地利用方式有很大关系。不同深度土层土壤容重的均值差异不大，各层土壤容重变异系数的变化范围为0.044 ~ 0.053，均属于弱变异强度，即土壤容重在垂直方向上的变异很小，但60 ~ 65cm土层土壤容重平均值最大，与黄河多次改道引起沉积物交叠分布有关。研究区从变幅来看，5 ~ 10cm土层土壤容重的变化范围在1.21 ~ 1.64g/cm^3，变化幅度达0.42g/cm^3，为最大；20 ~ 25cm、40 ~ 45cm与60 ~ 65cm土层土壤容重的变幅分别为0.36g/cm^3、0.29g/cm^{3}和0.34g/cm^3。从土壤容重的平均值来看，各土层变化范围在1.40 ~ 1.45g/cm^3，总体上土壤容重较大，这是制约该区农业生产的重要因素之一（姚荣江等，2006）。

（四）其他区域

对重庆市合川、江西兴国、云南楚雄等地的紫色土坡耕地研究发现，土壤容重随坡耕地土层垂直深度变化表现为0 ~ 20cm<20 ~ 40cm<40 ~ 60cm，即呈现出土壤层次越深，土壤容重越大的变化趋势。重庆合川坡耕地土壤容重最大（平均值为1.43g/cm^3），江西兴国坡耕地次之（平均值为1.40g/cm^3），而云南楚雄坡耕地最小（平均值为1.30g/cm^3）。不同地点土壤容重差异主要受当地耕作方式与种植模式的影响（丁文斌等，2017）。对我国西南喀斯特地区土壤容重的空间变异研究表明，丘陵地貌表层（0 ~ 10cm）土壤容重均值为0.99g/cm^3，变化范围为0.68 ~ 1.51g/cm^3，变异系数为0.18，属于中等程度的变异（张川等，2014）。对内蒙古中西部地区（包括巴彦淖尔市、乌兰察布市、包头市、呼和浩特市、乌海市和鄂尔多斯市等地）的研究表明，耕地土壤距地表4cm处紧实度值主要集中在611.0 ~ 878.0kPa，但上下波动幅度比较大，最大值（1 369.2kPa）和最小值（431.5kPa）相差较大，产生这种现象的主要原因是人为耕作的影响（李宁等，2011）。

二、土壤紧实胁迫的临界点

土壤容重可有效表征土壤紧实状况，是土壤主要的物理特性之一。据柯夫达（1981）研究表明，很疏松的土壤容重为0.9 ~ 1.05g/cm^3，正常土壤容重为1.05 ~ 1.20g/cm^3，紧实土壤容重为1.2 ~ 1.4g/cm^3，很紧实的土壤容重大于1.4g/cm^3。土壤容重影响着土壤通气性、机械阻力和渗透性，过高或过低的土壤容重及紧实状况均不利于作物的生长发育（图

2-9）。尤其是过高的土壤紧实度，不但减少土壤养分与水分的存储与供应、降低土壤肥力、影响作物对水肥的吸收利用，还会对根系和地上部产生强烈的负效应，限制作物的生长发育和生理功能，导致作物减产。有研究表明，土壤紧实度使得根系长度降低23%、叶面积降低21%，导致作物减产10%～30%（Bejarano et al.，2010）。

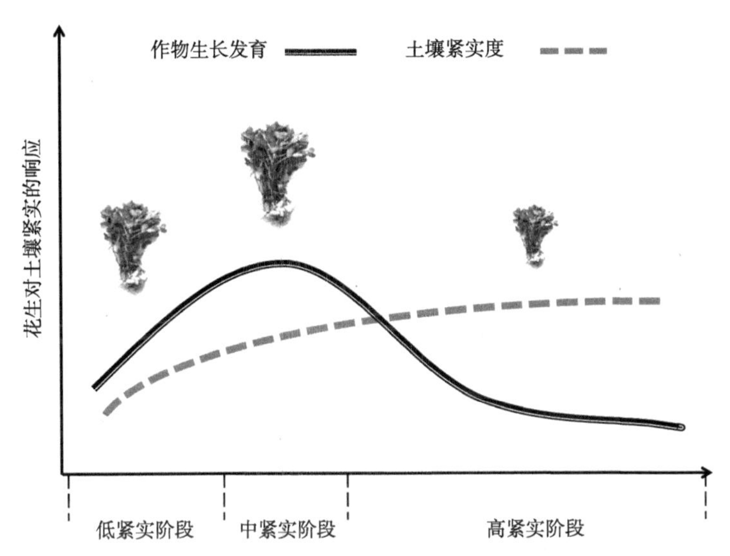

图2-9　作物（花生）对土壤紧实度变化的响应的模拟曲线（沈浦等，待发表）

土壤紧实度过高还会降低土壤生物活性，主要表现为土壤微生物活性、土壤酶活性与土壤动物数量降低等（杨世琦等，2016）。一般认为容重1.7g/cm^{3}是影响土壤生物的阈值（Beylich et al.，2010），但也有研究表明土壤容重未达到此阈值就可产生众多不良影响，如Srinivas等（2014）发现土壤疏松区的转化酶、多酚氧化酶、酸性磷酸酶和碱性磷酸酶活性明显高于紧实区（容重1.44g/cm^3）。另外，土壤紧实度还可以通过影响微生物活性及过程影响土壤碳氮循环，当土壤容重大于1.6g/cm^{3}时，碳的矿化与氮的硝化作用被强烈抑制（De Neve et al.，2000）。

此外，不同作物对土壤紧实度的耐受阈值不同，众多学者对土壤紧实胁迫下作物生长发育特征及其对紧实度的响应展开了研究，这对于指导采取合理的耕作措施、实现作物壮根高产和土壤的可持续生产具有重要意义。

（一）小麦

土壤容重对小麦生物量和产量均有明显影响。刘战东等（2019）发现1.4g/cm^{3}为试验条件下冬小麦生长的最适土壤容重。与1.2g/cm^{3}处理相比，1.4g/cm^{3}处理下冬小麦产量和生物量分别提高18.0%和15.0%，差异显著，但1.6g/cm^{3}处理下冬小麦产量和生物量与1.2g/cm^{3}处理下差异均不显著。适宜小麦生长的适宜土壤容重总体在1.20～1.40g/cm^3，但不同土壤类型和不同生态气候区域下土壤紧实度对小麦生长的影响不尽相同，如筒栽试验表明，黑土和白浆土适宜小麦生长的容重范围分别为1.15～1.30g/cm^{3}和0.90～1.05g/cm^3

（李志洪等，2000）。生产过程应根据实地土壤特征和生态气候特征合理调控土壤紧实度，以实现小麦高产、优质和土壤可持续生产。

（二）水稻

土壤紧实度过高对水稻根系生长产生有明显抑制作用。研究发现，土壤容重提高，水稻根系生长和深扎受到抑制，根系总生长量下降，深层根系数量和比例下降（张玉屏等，2003）。当0～20cm土层土壤容重由1.2g/cm^{3}增加到1.4g/cm^{3}和1.6g/cm^{3}时，水稻根系生长量分别下降6%～9%和19%～25%（朱德峰等，2002）。

（三）玉米

土壤紧实度变化对玉米苗期生长和土壤养分有效性有影响。徐海等（2011）研究表明，土壤容重过低（1.10g/cm^3）或过高（1.30g/cm^3、1.40g/cm^3、1.50g/cm^3）均不利于玉米苗期生长，玉米从播种到生长15天期间，其生长对土壤紧实并不敏感，但15天之后，地上部分生长速度随土壤容重增加而受到抑制，根系生长也由于土壤的紧实胁迫而受阻，根系干物质质量下降，根系活力减小，作物抗性下降，提前衰老。李潮海等（2007）研究也表明，土壤容重增加对玉米氮、磷、钾等营养元素的吸收有很大影响，其影响程度大小为钾>磷>氮，且此影响在吐丝期表现尤为明显；氮、磷、钾的积累量及在各器官中的分配比例和转移率均随着下层土壤容重的增加而减小，处理间差异显著，且20～40cm土层容重的影响远大于40～60cm土层。王群等（2011）和刘战东等（2019）等研究表明，最适宜玉米生长的土壤容重应在1.20～1.30g/cm^3，土壤容重过高或过低均会限制玉米根系的生长和分布，影响玉米对养分的吸收利用，导致玉米减产。

（四）花生

土壤紧实状况显著影响花生的生长发育及产量品质形成。0～40cm土层适宜土壤容重（1.2～1.3g/cm^3）在整个花生生育期尤其是中后期均能使叶片保持较高叶绿素含量、光合速率、超氧化物歧化酶（SOD）活性、过氧化物酶（POD）活性、可溶性蛋白含量和较低的MDA含量，延缓衰老，从而增加产量。土壤容重过高（1.4g/cm^3、1.5g/cm^3）或过低（1.1g/cm^3）均不利于花生在各生育时期的生长，过低易导致花生早衰而减产；土壤容重过高则在花生整个生育期均不利于叶片叶绿素含量、光合速率、SOD活性、POD活性、可溶性蛋白含量的提高和MDA含量的降低，导致产量降低（田树飞等，2018）。0～40cm土层适宜的土壤容重（1.2～1.3g/cm^3）则既能保证根系发展期根系的伸长和表面积扩大，又能延缓根系衰退期根系长度和和表面积的衰退，还可以使根系维持较高的生长素（IAA）、赤霉素（GA3）、细胞分裂素（CTK）含量和较低的脱落酸（ABA）含量，有利于根系生长和保持较好的根系形态（邹晓霞等，2018）；而土壤容重过高（1.4g/cm^3、1.5g/cm^3）或过低（1.1g/cm^3）均不利于花生根系干物重积累、根系体积增加和根系活力提高（崔晓明等，2016）。在花生根系发展期土壤容重过大不利于根系伸长和表面积扩大，且随着生育进程的推进影响越大，在花生根系衰退期土壤容重过小根系长度和表面积衰退过快。

0～40cm土层适宜的土壤容重在花生整个生育期均有利于果针形成和入土、荚果膨大和干物质积累，后期中大荚果数多、体积大和干物质积累多，且小果数量少。土壤容重过高（1.4g/cm^3、1.5g/cm^3）不利于花生整个生育期果针形成和入土、荚果膨大和干物质积累；容重过低（1.1g/cm^3）虽相对有利于前期果针形成和入土、荚果膨大和干物质积累，但不利于中后期果针形成和入土，不利于小果的生长；土壤容重过高或过低均造成后期中大荚果数少、体积小和干物质积累少，且小果数量多（崔洁亚等，2017）。0～40cm土层适宜土壤容重（1.2～1.3g/cm^3）在整个生育期均有利于花生各器官干物质积累，有利于增加结果数和荚果饱满度，提高荚果和籽仁产量，而土壤容重过低（1.1g/cm^3）相对有利于花生生育前期各器官干物质积累，但不利于中后期各器官干物质积累；土壤容重过高（1.4g/cm^3、1.5g/cm^3）则在整个生育期均不利于各器官干物质积累（刘兆娜等，2019）。不同土层土壤容重组合对花生衰老特性及产量的影响表明，0～20cm土层土壤容重一致时（1.2g/cm^{3}或1.3g/cm^3），随着20～40cm土层土壤容重增加，花生叶片叶绿素含量和可溶性蛋白含量减少，SOD和POD活性减小，MDA含量增加，荚果产量降低，其中1.5g/cm^{3}处理显著低于1.4g/cm^{3}处理，且两者均显著低于1.3g/cm^{3}处理；20～40cm土层土壤容重一致时，0～20cm土层土壤容重为1.3g/cm^{3}时花生叶片叶绿素含量、可溶性蛋白含量、SOD和POD活性在花生生育中后期均高于土壤容重为1.2g/cm^{3}处理，MDA含量则低于土壤容重1.2g/cm^{3}处理。综上表明，0～20cm土层土壤容重过低和20～40cm土层土壤容重过高均易引起花生早衰，降低荚果产量，而适宜的土壤容重组合（0～20cm土层为1.2g/cm^{3}或1.3g/cm^3；20～40cm土层为1.3g/cm^3）可以延缓花生衰老，提高荚果产量（张亚如等，2017）。

（五）其他作物

生利霞等（2009）基于盆栽的试验表明，随着土壤紧实度的增加，平邑甜茶根系长度、侧根数量以及延长根和黄褐色须根的质量、总表面积和总长度逐渐降低，根系活力也显著降低；叶片和根系中铵态氮质量分数以容重为1.3g/cm^{3}处理最高，1.5g/cm^{3}处理次之，1.1g/cm^{3}处理最低；根系硝酸还原酶活性和叶片谷氨酰胺合酶活性以1.3g/cm^{3}处理最高，而1.5g/cm^{3}处理最低，叶片硝酸还原酶活性随着土壤容重的增加而降低，而根系谷氨酰胺合酶活性则随着容重增加而升高。南志标等（2002）通过盆栽试验、连续2年的田间小区试验和农户生产试验，研究了土壤紧实状况对蚕豆生长的影响，随着0～7cm土层土壤容重的增加，蚕豆植株的茎与根干重降低，根腐病引起的死亡率增加，种子产量减少；田间试验表明，春季土壤容重与蚕豆幼苗的根与茎干重、秋季土壤容重与种子产量均呈显著负相关，容重1.84g/cm^{3}小区内的植株茎与根干重分别比容重为1.55g/cm^{3}和1.64g/cm^{3}小区减少27.9%和30.8%，植株累计死亡率增加21.0%～48.7%，种子产量每公顷减少19.8%。孙曰波等（2011）以盆栽玫瑰"珲春"实生苗试验材料研究，土壤紧实度显著影响玫瑰幼苗氮代谢活动，进而影响植株对养分的吸收和利用，土壤容重为1.30g/cm^{3}的土壤紧实度较适宜于玫瑰生长。玫瑰幼苗生长指标及生物量在不同土壤紧实度下的大小顺序为：1.30g/cm^{3}处理>1.50g/cm^{3}处理>1.10g/cm^{3}处理；根系活力、根中硝态氮、铵态氮含量和硝酸还原酶活性均以土壤紧实度1.30g/cm^{3}处理最高。土壤紧实度的增加抑制了玫瑰地下部生长，根系长度、侧根数量、主根直径等均随土壤紧实度的增加而降低，根系平均直径和总面积有所增加。

随土壤紧实度增大，生姜根系活力降低，叶片硝酸还原酶活性及叶绿素含量下降，光合作用减弱，叶片电解质渗漏率及MDA含量升高。尚庆文等（2008）研究发现，在生姜旺盛生长期，土壤容重为1.49g/cm^{3}的植株根系活力较容重为1.20g/cm^{3}的植株降低30.9%，叶片叶绿素含量及光合速率分别降低19.0%和17.9%，而叶片电解质渗漏率及MDA含量则分别提高57.2%和26.3%，表明紧实土壤加速了生姜植株的衰老。张国红等（2004）研究土壤紧实度对日光温室番茄生长发育、产量及品质的影响表明，随土壤紧实度增大而植株生长发育迟缓，产量和品质下降，果实风味品质变差；而在土壤容重1.30g/cm^{3}处理下，植株生长发育良好，结果部位下降，水分利用效率提高，果实游离氨基酸、可溶性糖和可溶性蛋白质含量增加，硝酸盐含量下降，果实风味好且产量高，经济系数较高，而在土壤容重为1.44g/cm^{3}和1.60g/cm^{3}处理下，番茄产量和品质明显下降。孙艳等（2006）在盆栽试验试条件下研究发现，容重为1.2g/cm^{3}的土壤利于黄瓜株高及根系生长，容重为1.4g/cm^{3}的土壤则利于黄瓜茎粗、根系吸收养分及产量的增加，过紧的土壤中（1.6g/cm^3）根系伸长生长受阻，干物质质量及活力显著下降，根冠比降低。张向东等（2014）研究发现当土壤容重增大时，黄芩的株高、茎粗、根系芦头、根长、地上部质量、根系质量呈现递减趋势，根系活力下降，叶片可溶性蛋白质、叶绿素含量降低，丙二醛含量升高，土壤容重为1.20g/cm^{3}时黄芩生长发育良好，生物产量、有效成分含量最高，土壤容重1.35g/cm^{3}和1.50g/cm^{3}处理的黄芩地上部质量比1.20g/cm^{3}处理分别减少5.88%、22.35%，黄芩根系干重分别减小10.72%、18.76%，黄芩苷含量分别减少23.95%、52.75%。

第三节　土壤紧实状况变化的因素

土壤紧实是由于孔隙空间的降低使土壤颗粒排列紧密，进而导致土壤容重增加的过程，是土地恶化的综合表征。土壤紧实胁迫发生的原因包括内因和外因两个方面，内因主要包括土壤类型、土壤质地、土壤有机质含量、土壤含水量等方面；外因主要包括施肥管理、耕作方式、农机作业方式、种植模式、气候条件等。

一、土壤紧实状况变化的自然因素

一般情况，质地较细的土壤更容易紧实，水分和空气的运移也比较慢；黏土和壤土能保持更多的土壤水分，发生紧实的可能性较大；土壤有机质含量也对土壤紧实程度有显著影响，有机质含量低的土壤更容易产生紧实胁迫；土壤含水量也是土壤容重变化的制约条件之一，高含水量的土壤受到外力碾压时，土壤更容易下沉，紧实度增加。此外，气候等自然因素对土壤的作用也可以形成紧实，常见的是降水形成的土壤结皮，通常发生在土壤表层，厚度不超过15cm，可以阻止种子的发芽。除降水以外，高海拔地区冰冻环境下，土壤也可形成致密的紧实层。

（一）土壤类型

不同土壤类型因气候、生物、地形、母质等土壤形成因素不同，往往导致土壤容重有所差异，如风沙土的土壤矿质部分几乎全由细沙颗粒组成，土壤容重往往偏大；而黑土由于含有大量的有机质，土层疏松，土壤容重往往较低。另外，不同土壤类型组成及颗粒大小不一，在压实过程中土壤颗粒重新排列的过程也就不一样（杨晓娟等，2008）。依据土壤团聚体状态可分为良好团聚体和不良团聚体状态两类，同时，依据团聚体的稳定性和变化情况将土壤划分为结构活跃土壤和结构惰性土壤两种。所谓结构活跃土壤是指较易形成（或重建）团聚体的一类土壤，一般具有质地较黏重，膨胀性矿物含量相对较高的基本特征，这类团聚体特征的土壤抗外界干扰能力相对较差，易发生土壤淀积性底层压实问题。而结构惰性土壤是指不易形成或者不易变化的土壤团聚体类别，比如沙质土壤属于不易形成团聚体的土壤，而富含高岭石和氧化铁铝的土壤属于不容易散碎变化的土壤类型。这类土壤发生淀积性的底层土壤压实的机会也比较小。表层土壤的团聚状况是决定底层土壤物理状态的最为重要的内在因素之一（王加旭，2016）。

（二）土壤质地

土壤紧实的形成是土壤三相比改变的过程。通常，适于作物生长的良好土壤结构应为固、液、气三相比为5∶3∶2。土壤被压实后，充气孔隙减少，改变了土壤的三相比，使土壤趋于厌氧环境，当充气孔隙小于10%时，作物的正常生长就会受到影响（杨晓娟等，2008）。土壤质地的差异对容重起着决定性的作用，高孔隙率土壤的容重值较低。一般情况，质地较细的土壤更容易紧实，水分和空气的运移也比较慢。黏土和壤土能保持更多的土壤水分，发生紧实的可能性较大。当小的土壤颗粒（粉粒、黏粒）完全填满，由大的土壤颗粒（沙粒）形成的空隙时，会出现高的土壤容重值，土壤容重受沙粒比例的影响，沙粒比例70%～75%，或80%时容重值达到最大（柴华等，2016）。研究发现，即使外界对土壤不施加任何作用力，黏土比例高的土壤也能形成紧实层。不同土壤质地抗紧实能力顺序为沙土>沙质壤土>壤质沙土>壤土>黏壤土>壤质黏土>黏土（石彦琴等，2010）。

（三）土壤有机质含量

土壤有机质是土壤固体物质的一个重要组成部分，其组成元素是碳、氢、氧、氮，土壤有机质的来源主要是生长在土壤上的植物和居住在土壤中的动物、微生物，在其全部或部分死亡后，它们的残体就变成有机质，加入土壤的上部或内部。有机质对土壤耕性结构有重要影响，可以促进团粒结构的形成，改善物理性质。有机质含量多的土壤，土壤团聚体多，稳定性好，其在土壤中主要以胶膜形式包被在矿质土粒的外表，由于它是一种胶体，黏结力比沙粒强，所以施用于沙土后增加了沙土的黏性，可促进团粒结构的形成，提高土壤团聚体的稳定性。另外，由于它松软、絮性、多孔，而黏结力又不像黏粒那样强，所以黏粒被包被后易形成散碎的团粒，使土壤变得比较松软而不再结成硬块，这说明土壤有机质既可改变沙土的分散无结构状，又能改变黏土坚韧大块结构，从而使土壤的透水性、蓄水性以及通气性都有所改善（马麟英等，2014）。此外，有机质的容重比较低，因而有机质含量比较高的土壤相对比较抗紧实胁迫。而有机质含量相对欠缺、土壤团聚作用差、团聚体稳定性较低的土壤，降水时团聚体颗粒分散，“活性黏粒”向土壤深层移动或淀积，产生了明显的淀积黏化作用，从而紧实程度增加（王加旭，2016）。

（四）土壤含水量

土壤含水量也是影响紧实过程的最重要因素，高含水量的土壤受到外力碾压时，土壤更容易下沉，紧实度增加。在土壤质地类型一定、土壤有机质相对贫乏的土壤中，土壤紧实度在很大程度上依赖于土壤含水量（焦彩强等，2009）。土壤紧实的形成需要两个基本条件：一是足以克服内聚力并使土体颗粒发生相对滑动的外力；二是土体必须在压实过程中保持稳定结构而不在外力作用下发生“流动”。当土壤含水量较低时，由于土颗粒表面的结合水膜较薄，土颗粒间的间隙较小而内摩擦力较大，土颗粒间的相对位移阻力大且难以克服，而不易造成土壤紧实胁迫。随着土壤含水量增加，结合水膜增厚，土颗粒的间距也逐渐增加，水在土颗粒间起润滑作用，使土壤的内摩擦力相对减小，外力较易克服颗粒间引力使土颗粒相互移位而变得密实，从而土壤紧实程度增加。当土壤含水量继续增加时，虽然内摩擦力继续减少，但由于空隙中空气较少，孔隙中过多的水分不易立即排出，阻碍了土颗粒的靠拢，同时排不出去的气体，以封闭气泡的形式存在于土体内，所以反而不易造成土壤紧实程度的增加（李春林，2009）。

二、土壤紧实状况变化的人为因素

农业生产过程中，人为田间管理如耕地、施肥、灌溉等，虽能够为作物生长发育提供所需要的物质和环境条件，倘若管理不到位或是操作不当也会产生一些负面作用。土壤紧实状况变化显著受人为活动的影响，紧实胁迫的发生主要受以下几个方面人为因素的影响。

（一）耕作措施不当

农业机械是现代农业中使土壤紧实的主要原因，过度和不合理使用农业机械会对土壤质量造成一定影响。统计分析表明，自1980年以来，我国农田土壤耕作的机械由牛耕、小型拖拉机到大中型拖拉机转变，土壤承受的重量也逐渐增加，明显增加了土壤压实的程度和风险（图2-10）。农用拖拉机在作物生长期多次进地作业，在轮胎对土壤进行碾压的机械压实过程中，压实机械、土层厚度、压实次数、土壤含水量都是影响土壤紧实度的主要因素。各土层厚度之间土壤紧实度的大小关系并不是一成不变的，中间层次（>10～30cm）的土壤由于同时受到来自上下两个方向的作用力，紧实度相对较高；另外，不同次数的压实对土壤紧实度的影响深度和程度不同，在一定范围内，随着压实次数的增加，单次压实对土壤紧实度的影响逐渐减小（刘宁等，2014）。轮胎内压决定表层（0～30cm）土壤的压实程度；轴载增大，即使轮胎内压不变，对心土层的压实也增加，心土层受压发生形变的深度随轴载增加而增加，农田土壤受压实影响深度已达70cm。因此，轮胎内压决定表层土壤压实的程度，轴载决定心土层被压实的程度，二者受土壤含水量的影响显著，随含水量的增加压实加重（张兴义等，2005）。土壤湿度较大时作业，更易造成土壤下沉、密度增加、孔隙率降低、机械阻力增加等，使得自然对土壤的调节能力如冻融和干湿交替难以使土壤环境恢复到适于作物生长的程度。

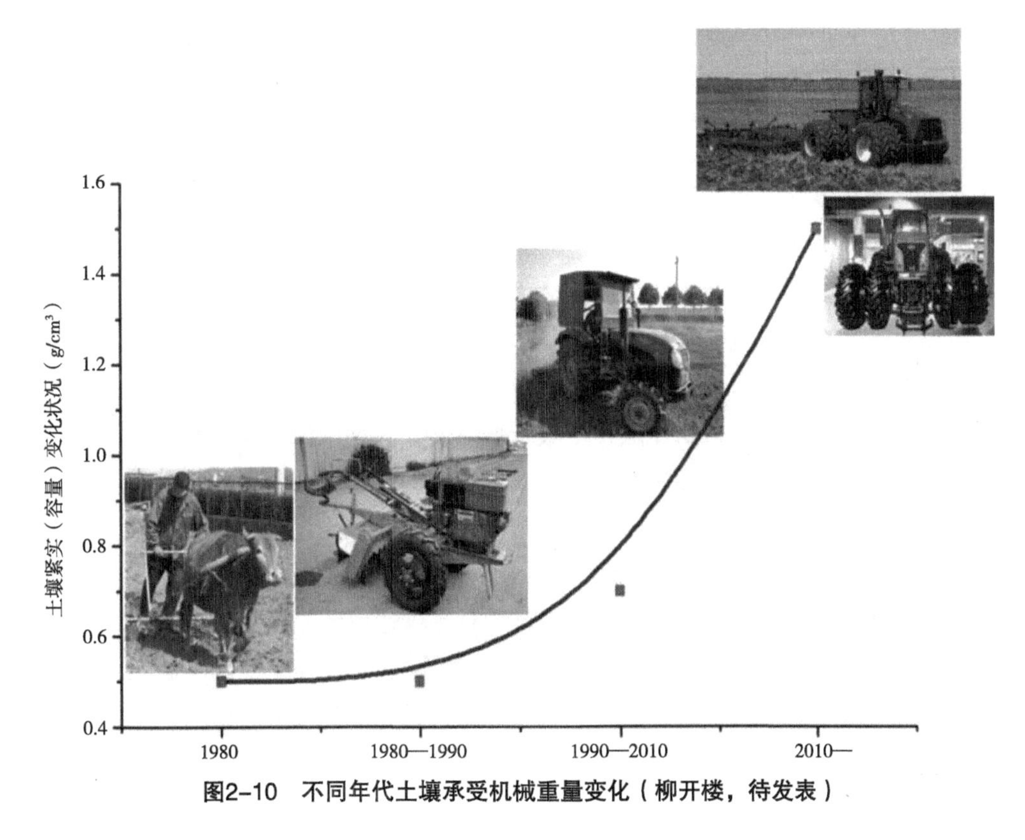

图2-10　不同年代土壤承受机械重量变化（柳开楼，待发表）

目前旋耕机具普及程度越来越高，但旋耕深度往往较浅，一般在实际工作中旋耕作业深度只有12～15cm，并且由于农户连续多年多季旋耕作业，加之相关农艺技术不配套，使耕地形成坚硬的犁底层，进一步导致耕作层越来越浅，最终形成严重的土壤板结（赵俭波，2014）。常年采用旋耕将加剧土壤物理性质退化，导致土壤紧实度增加，对作物生长产生负面影响。如王金贵等（2012）研究了陕西关中地区旱地农田土壤紧实度和容重空间变异特征发现，在垂直方向上随着土层深度的增加，土壤容重逐渐增大，是多年旋耕产生的结果；祝飞华（2014）通过对关中农田土壤剖面物理状态动态监测并结合田间试验研究也发现，浅旋耕是导致土壤物理退化的主要原因。浅旋耕可以降低表层土壤容重，但增加底层土壤容重。如关劼兮等（2019）研究表明，与土壤耕作前相比，旋耕能降低0～20cm土层土壤紧实度，降低约68.2%，但增加了20～45cm土层土壤容重，增幅约7.0%。刘爽等（2010）研究表明，玉米生育期旋耕处理0～40cm土层土壤容重为1.30g/cm^3，仅次于免耕（1.34g/cm^3），略高于常规耕作（1.26g/cm^3），但40～60cm土层则以浅旋耕处理最高（1.35g/cm^3），机械旋耕对40～60cm土层的影响较大，容易导致该层土壤被压实，容重显著增加。张有利等（2015）研究也发现，旋耕能使表层土壤相对较为疏松，但35cm以下土层由于受机械镇压作用，土壤紧实度明显地高于表层。

常年采用免耕也将加剧土壤物理性质退化，导致土壤紧实度增加。如在华南双季稻田的研究发现，免耕（1.13g/cm^3）相对于传统耕作（1.07g/cm^3）显著增加了土壤容重（李华兴等，2001）。黄淮海地区小麦—玉米轮作田耕作试验也发现，免耕处理下0～20cm土层土壤容重最高达1.57g/cm^3，土壤紧实度随着耕作次数的减少而增加，每两年翻耕一次和每四年翻耕一次分别比长期免耕降低40%和17%（舒馨等，2013）。

（二）土壤水分管理不合理

土壤水分含量是影响紧实过程的最重要因素。土壤含水量较多时水分充满孔隙，土壤颗粒间的内聚力增强，此时土壤中的水分像胶粘剂一样，使土壤颗粒黏结到一起，发生紧实。在降水、入渗、径流、水分再分布与蒸发的水文循环过程中，土壤经历由干到湿，再由湿到干的交替过程，土壤含水量和容重都在发生变化。土壤湿润时可接近饱和含水量，土壤发生较大的膨胀，封闭孔隙；土壤干燥时，其表面收缩产生裂缝，改变了土壤的容积，严重影响土壤水分的运动过程（邵明安等，2007）。但并不是土壤水分越少越好。此外，不同土层的土壤含水量大小受紧实威胁也不同，表层土壤受到水分侵蚀，首先影响的就是有机质，水分加速有机质的分解，使得土壤团粒稳定的胶结物质减少。研究表明，5～15cm土层的土壤含水量接近田间持水量时，对土壤造成的压实最为严重。由于不合理抗旱，采用大水漫灌，再加上气候干燥，大部分水分短时间内被蒸发，造成土壤表层板结，也可能因洪涝产生水沉现象，导致土壤团粒结构遭到严重破坏，形成严重的土壤板结（赵俭波，2014）。

（三）施用化肥不合理

单施化肥容易导致耕地土壤有机质含量下降，土壤发生紧实。农业生产中，部分农户为了追求产量，大量、不合理地施用化学肥料，有机肥施用量不断减少，导致土壤养分失衡（沈浦等，2015b）。一些国外长期定位试验研究显示，常年施用化肥将会增加土壤紧实度，土壤孔隙所占比重减小（Kaiser et al.，2005）。特别是过量施用铵态氮类肥料和钾肥。土壤微生物分解有机物需要的碳氮比为（25～30）：1，所消耗的碳源来源于有机物质，施入过多的氮肥，而有机肥的施入严重不足，则影响微生物的数量和活性。秸秆还田后经过微生物的矿质化作用和腐殖化作用之后，以矿质养分和腐殖质的形式存在土壤中，土壤中的腐殖质是土壤有机质的主要存在形态，腐殖质本身带负电荷，能吸附多余的阳离子，对土壤的酸碱性具有缓冲作用。腐殖质中的腐植酸与土壤中的钙、镁结合成腐植酸钙和腐植酸镁，使土壤形成大量的水稳性团粒结构，还田后降低土壤容重，改善土壤孔隙度（王喜艳，2018）。若有机肥施用过少，则使得土壤中有机物料补充不足，土壤有机质含量下降、土壤结构就会变差，引起土壤块状结构、团粒结构的破坏，致使土壤胶体的调控机能严重受损，土壤抗逆性降低，影响土壤微生物活性，造成土壤酸碱性过大或过小，最终导致土壤板结，发生紧实胁迫（赵俭波，2014；贾文华，2018）。

然而，也有研究表明与不施肥相比，施用化学肥料也可以降低土壤容重。如付威等（2017）发现，与不施肥相比，施氮磷肥可降低耕层土壤紧实度，在氮磷肥的基础上增施钾肥也可以显著降低收获期土壤容重、增加了总孔隙度。在山东三大土类土壤（棕壤、潮土和褐土）上开展的25年长期定位试验表明，长期施用化肥并未显著提高土壤容重，而能提高土壤孔隙度。因此，长期单独施用化肥并非是造成土壤板结的最主要的原因（杨果等，2007）。

（四）品种选择不适宜

不同品种作物其根系生长情况不同，根系在土壤中穿插生长，这个过程不可避免地产生孔隙，从而改变土壤孔隙度的大小和土壤的通气性，根系生长过程中产生轴向压力，使土壤中的单粒黏结，同时使土体中板结的土块分开，而改变土壤的孔隙状况，同时使土壤具有良好的团聚体结构，以此降低土壤紧实程度。在农业生产中根据土壤紧实情况选择适宜的品种，如根系发达或适应障碍性环境能力强（抗紧实、抗旱及其他抗逆性强）的品种，使根系在各土层均有分布，对于土壤紧实程度有一定的消减作用（宋自影，2012）。

（五）单一种植模式

同一作物多年连续生长后，也能导致紧实。一是由于根系下扎深度一致，减弱了对土壤的穿透力。二是单一种植使根系周围离子平衡被打破，从而影响团粒结构体的形成，造成了紧实。一些植物的根系能够穿透紧实度比较高的土壤，如红花、大豆和珍珠黍，单一连作还不能发挥不同植物根系在消减土壤紧实方面的作用。连作与轮作相比，连作更加大了对有机质的干扰，在同一土壤位置长时间受制同一模式下同一作物的影响，这样的方式减少土壤团聚的发生与组合的次数，使团聚体稳定性降低，大于0.25mm的土壤颗粒减少，小颗粒（小于0.25mm）增加，不利于改善水气条件，加剧土壤板结，对植物生长不利。连作更能加剧土壤的紧实，使得容重值偏高；轮作更能降低土壤容重，改善土壤水气条件，提高土壤生产力水平，并且轮作年限越长，这种影响就越为明显（崔星，2014）。

反之，连作时间越久，则加剧土壤容重升高，土壤容重随着连作年限的增长呈上升趋势。

参考文献

柴华，何念鹏，2016. 中国土壤容重特征及其对区域碳贮量估算的意义[J]. 生态学报，36（13）：3 903-3 910.
崔洁亚，侯凯旋，崔晓明，等，2017. 土壤紧实度对花生荚果生长发育的影响[J]. 中国油料作物学报，39（4）：496-501.
崔晓明，张亚如，张晓军，等，2016. 土壤紧实度对花生根系生长和活性变化的影响[J]. 华北农学报，31（6）：131-136.
崔星，2014. 西北灌区与旱作区土壤理化性状对苜蓿轮作方式的响应[D]. 兰州：甘肃农业大学.
丁文斌，蒋光毅，史东梅，等，2017. 紫色土坡耕地土壤属性差异对耕层土壤质量的影响[J]. 生态学报（19）：195-208.
付威，樊军，胡雨彤，等，2017. 施肥和地膜覆盖对黄土旱塬土壤理化性质和冬小麦产量的影响[J]. 植物营养与肥料学报，23（5）：1 158-1 167.
傅子洹，王云强，安芷生，2015. 黄土区小流域土壤容重和饱和导水率的时空动态特征[J]. 农业工程学报，31（13）：128-134.
关劼兮，陈素英，邵立威，等，2019. 华北典型区域土壤耕作方式对土壤特性和作物产量的影响[J]. 中国生态农业学报，27（11）：1 663-1 672.
贺丽燕，杜昊辉，王旭东，2018. 渭北高原典型黑垆土区土壤物理性状及其对小麦产量的影响[J]. 应用生态学报，29（6）：190-197.
胡佳卉，孟庆刚，2017. 基于CiteSpace的中药治疗2型糖尿病知识图谱分析[J]. 中华中医药杂志（9）：4 102-4 106.
贾文华，2018. 土壤板结形成的原因及防治措施的探讨[J]. 农民致富之友（10）：35.
焦彩强，王益权，刘军，等，2009. 关中地区耕作方法与土壤紧实度时空变异及其效应分析[J]. 干旱地区农业研究，27（3）：7-12.
柯夫达，1981. 土壤学原理[M]. 北京：中国科学出版社.
李潮海，梅沛沛，王群，等，2007. 下层土壤容重对玉米植株养分吸收和分配的影响[J]. 中国农业科学，40（7）：1 371-1 378.
李春林，2009. 农田土壤压实过程的应力表现与监测系统的开发应用[D]. 南京：南京农业大学.
李华兴，卢维盛，刘远金，等，2001. 不同耕作方法对水稻生长和土壤生态的影响[J]. 应用生态学报，12（4）：553-556.
李宁，刘雪琴，张鹏，等，2011. 内蒙古中西部地区土壤紧实度初步研究[J]. 自然灾害学报（6）：21-28.
李志洪，王淑华，2000. 土壤容重对土壤物理性状和小麦生长的影响[J]. 土壤通报，31（2）：55-57.
刘彬，陈柳，2014. 基于WOS和CiteSpace的SCI文献计量和知识图谱分析——以华中农业大学为例[C]//全国农业高校科研管理研究协作组会议. 第34届全国农业高校科研管理研究协作组会议论文集. 北京：中国农业科技管理研究会：50-63.
刘婧，2004. 文献作者分布规律研究——对近十五年来国内洛特卡定律、普赖斯定律研究成果综述[J]. 情报科学，2（1）：123-128.
刘宁，李新举，郭斌，等，2014. 机械压实过程中复垦土壤紧实度影响因素的模拟分析[J]. 农业工程学报，30（1）：183-190.
刘爽，何文清，严昌荣，等，2010. 不同耕作措施对旱地农田土壤物理特性的影响[J]. 干旱地区农业研究，28（2）：65-70.

刘英华，2004. 成都平原区土壤质量时空变异研究[D]. 成都：四川农业大学.
刘战东，张凯，米兆荣，等，2019. 不同土壤容重条件下水分亏缺对作物生长和水分利用的影响[J]. 水土保持学报，33（2）：117-122.
刘兆娜，田树飞，邹晓霞，等，2019. 土壤紧实度对花生干物质积累和产量的影响[J]. 青岛农业大学学报：自然科学版，36（1）：37-43.
马麟英，梁月兰，韦国钧，等，2014. 东兰县林地土壤有机质含量与土壤容重的相关性分析[J]. 湖北农业科学，53（1）：59-62.
南志标，赵红洋，聂斌，2002. 黄土高原土壤紧实度对蚕豆生长的影响[J]. 应用生态学报，13（8）：935-938.
全林发，陈炳旭，姚琼，等，2018. 基于文献计量学和Citespace的荔枝蒂蛀虫研究态势分析[J]. 果树学报，35（12）：82-95.
尚庆文，孔祥波，王玉霞，等，2008. 土壤紧实度对生姜植株衰老的影响[J]. 应用生态学报（4）：90-94.
邵明安，吕殿青，付晓莉，等，2007. 土壤持水特征测定中质量含水量、吸力和容重三者间定量关系I. 填装土壤[J]. 土壤学报，44（6）：1 003-1 009.
沈浦，冯昊，罗盛，等，2015a. 油料作物对土壤紧实胁迫响应研究进展[J]. 山东农业科学，47（12）：111-114.
沈浦，孙秀山，王才斌，等，2015b. 花生磷利用特性及磷高效管理措施研究进展与展望[J]. 核农学报，29（11）：2 246-2 251.
生利霞，冯立国，束怀瑞，等，2009. 不同土壤紧实度对平邑甜茶根系特征及氮代谢的影响[J]. 果树学报，26（5）：593-596.
石彦琴，陈源泉，隋鹏，等，2010. 农田土壤紧实的发生、影响及其改良[J]. 生态学杂志，29（10）：2 057-2 064.
舒馨，朱安宁，张佳宝，等，2013. 保护性耕作对潮土物理性质的影响[J]. 中国农学通报，30（6）：175-181.
宋自影，2012. 植物根系生长对土壤内部压力的试验研究[D]. 杨凌：西北农林科技大学.
孙艳，王益权，冯嘉玥，等，2006. 土壤紧实胁迫对黄瓜生长、产量及养分吸收的影响[J]. 植物营养与肥料学报，12（4）：559-564.
孙曰波，赵兰勇，张玲，2011. 土壤紧实度对玫瑰幼苗生长及根系氮代谢的影响[J]. 园艺学报，38（9）：1 775-1 780.
田树飞，刘兆娜，邹晓霞，等，2018. 土壤紧实度对花生光合与衰老特性和产量的影响[J]. 花生学报，47（3）：42-48.
王加旭，2016. 关中农田土壤物理质量退化特征[D]. 杨凌：西北农林科技大学.
王金贵，王益权，徐海，等，2012. 农田土壤紧实度和容重空间变异性研究[J]. 土壤通报，43（3）：594-598.
王芹，崔卫芳，2018. 从SCIE收录论文视角看高校基础研究影响因素分析[J]. 科学管理研究，36（6）：45-49.
王群，李潮海，李全忠，等，2011. 紧实胁迫对不同类型土壤玉米根系时空分布及活力的影响[J]. 中国农业科学，44（10）：2 039-2 050.
王锐，刘文兆，李志，2008. 黄土塬10m深剖面土壤物理性质研究[J]. 土壤学报，45（3）：550-554.
王喜艳，2018. 土壤板结的危害及防治措施[J]. 河南农业（5）：19，21.
吴曼，毛林，刘璇，2019. 国内外花生重金属污染研究的文献计量学分析. 中国农学通报，35（34）：144-153.
徐海，王益权，王永健，等，2011. 土壤紧实胁迫对玉米苗期生长与钙吸收的影响[J]. 农业机械学报，42

（11）：55-59，54.
杨果，张英鹏，魏建林，等，2007. 长期施用化肥对山东三大土类土壤物理性质的影响[J]. 中国农学通报，23（12）：244-250.
杨世琦，吴会军，韩瑞芸，等，2016. 农田土壤紧实度研究进展[J]. 土壤通报，47（1）：226-232.
杨晓娟，李春俭，2008. 机械压实对土壤质量、作物生长、土壤生物及环境的影响[J]. 中国农业科学（7）：2 008-2 015.
姚荣江，杨劲松，刘广明，等，2006. 黄河三角洲地区土壤容重空间变异性分析[J]. 灌溉排水学报，25（4）：11-15.
易小波，邵明安，赵春雷，等，2017. 黄土高原南北样带不同土层土壤容重变异分析与模拟[J]. 农业机械学报（4）：203-210.
张川，陈洪松，张伟，等，2014. 喀斯特坡面表层土壤含水量、容重和饱和导水率的空间变异特征[J]. 应用生态学报，25（6）：1 585-1 591.
张国红，张振贤，梁勇，等，2004. 土壤紧实度对温室番茄生长发育、产量及品质的影响[J]. 中国生态农业学报，12（3）：65-67.
张向东，华智锐，邓寒霜，2014. 土壤紧实胁迫对黄芩生长、产量及品质的影响[J]. 中国土壤与肥料（3）：7-11.
张兴义，隋跃宇，2005. 农田土壤机械压实研究进展[J]. 农业机械学报（6）：122-125.
张亚如，侯凯旋，崔洁亚，等，2017. 不同土层土壤容重组合对花生衰老特性及产量的影响[J]. 花生学报（3）：28-33，49.
张亚如，张俊飚，张昭，2018. 中国农业技术研究进展——基于CiteSpace的文献计量分析[J]. 中国科技论坛，9：113-120.
张有利，李娜，王孟雪，等，2015. 不同整地方式对风沙土玉米地土壤紧实度的影响[J]. 水土保持研究（1）：97-99.
张玉屏，朱德峰，林贤青，等，2003. 田间条件下水稻根系分布及其与土壤容重的关系[J]. 中国水稻科学，17（2）：141-144.
赵俭波，2014. 土壤板结的成因与解决途径[J]. 现代农业科技（13）：261，264.
朱德峰，林贤青，曹卫星，2002. 水稻根系生长及其对土壤紧密度的反应[J]. 应用生态学报，13（1）：60-62.
祝飞华，2014. 关中地区农田土壤物理退化特征及危害性研究[D]. 杨凌：西北农林科技大学.
邹晓霞，张晓军，王铭伦，等，2018. 土壤容重对花生根系生长性状和内源激素含量的影响[J]. 植物生理学报（6）：1 130-1 136.
BEJARANO M D，VILLAR R，MURILLO A M，et al.，2010. Effects of soil compaction and light on growth of Quercus pyrenaicaWilld.（Fagaceae）seedlings[J]. Soil and Tillage Research，110（1）：108-114.
BEYLICH A，OBERHOLZER H R，SCHRADER S，et al.，2010. Evaluation of soil compaction effects on soil biota and soil biological processes in soils[J]. Soil and Tillage Research，109（2）：133-143.
DE NEVE S，HOFMAN G，2000. Influence of soil compaction on carbon and nitrogen mineralization of soil organic matter and crop residues[J]. Biology and Fertility of Soils，30（5-6）：544-549.
KAISER M，ELLERBROCK R H，2005. Functional characterization of soil organic matter fractions different in solubility originating from a long-term field experiment[J]. Geoderma，127（3-4）：196-206.
MOHAMMAD N，MOIN A A，2008. bibliometric analysis on nanotechnology research[J]. Annals of Library and Information Studies，55：292-299.
SRINIVAS P，RAMAKKRUSHNAN S，VIJAYAN A，2014. A study on soil compcation management in tobacco cultivation in Mysore region of India[J]. APCBEE Procedia，8：287-292.

第三章　花生田土壤紧实胁迫的危害与消减

近年来，随着农业机械化的普及推广、化学肥料的大量施用、有机肥料施用量的减少、土壤干旱、不合理灌溉和农田粗放管理等，造成土壤紧实板结、容重增大现象日益突出。花生等作物生长出现紧实胁迫状况日益严重，不利于花生生长发育，制约了花生产量提高和品质改善，明确土壤紧实胁迫的危害及其表征指标和测定方法，探究消减其紧实胁迫形成的管理措施，是花生栽培生产实践的重点难题。

第一节　花生田土壤紧实胁迫的危害状况

花生田土壤紧实胁迫实质为土壤紧实度增加，且对花生生长发育产生一定程度的限制，其发生过程为土壤孔隙度降低、团聚体重新排列、单位体积内土壤固相增大（沈浦等，2015）。土壤紧实胁迫对作物生长发育的影响，在玉米、小麦、棉花、黄瓜等作物上已有较多研究，但是土壤紧实度对花生田土壤质量及花生生长发育影响的研究尚少，且不系统。土壤紧实抑制根系生长，甚至加重根系病害，严重影响作物对水分和养分吸收，花生的果针和幼果能够直接从土壤中吸收水分和矿质养分，果针能否顺利入土以及荚果发育的好坏与土壤紧实度的关系更为密切。有研究结果表明，土壤紧实普遍导致作物减产10%以上，甚至可达47%。

一、土壤紧实胁迫对土壤理化特性的影响

土壤紧实度影响了土壤“水、肥、气、热”4大因素及其物理、化学及生物过程（石彦琴等，2010）。随着农业集约化和机械化程度不断提高，农业机械的重量和使用频率逐渐增加，再加上不合理的农事操作，导致土壤紧实问题日益突出，严重威胁农业可持续发展。

（一）土壤紧实胁迫对土壤物理特性的影响

受多种人为因素以及自然因素的影响，土壤紧实度会发生变化，土壤紧实度的变化必然会引起土壤物理特性的变化，直接影响到土壤孔隙大小以及数量多少，土壤机械阻力、

土壤温度、蓄水保水能力以及透气性等发生改变，进而影响土壤生物、微生物数量以及土壤酶活性。适宜作物生长的理想土壤固、液、气三相比应为5：3：2，增大土壤容重会造成土壤结构发生变化，使土壤孔隙逐渐减少，团聚体互相靠近，土壤中的水分含量与空气的比例发生变化，并影响到土壤的热容量，同时使气体扩散率降低，土壤趋于厌氧环境。在土壤被严重压实，土壤通气大孔隙降为3%以下时，土壤团聚体相互靠近并发生摩擦，稳定性明显降低，植物根系生长环境的机械阻力增大。研究发现较高的机械载重，造成心土层60～70cm处发生形变。土壤被压实后，土壤紧实度和机械阻力明显增加，致使作物根系下扎受阻。

紧实度的增加伴随着土壤水分、空气比例的下降。对于土壤水分来说，土壤紧实等易造成孔隙在表土层和心土层的连接性减弱，水分主要停留在上层无效孔隙中（Masto et al.，2007）。土壤紧实度增加也导致了水与矿物质的接触面下降；同时，土壤吸收外界降水的能力下降、饱和导水率减少，发生地表径流和侵蚀的可能性增加（Monokrousos et al.，2006）。另外，土壤温度与紧实度也有密切关系，紧实胁迫下土壤的热导率和热容量随之增加，土壤升温慢、降温也慢。另外，根据一些观测试验结果，当土壤中充气孔隙小于10%时，就对作物生长发育造成不利影响。农业机械压实土壤影响可至0.9m，影响持续至少14年之久。土壤压实显著降低了水分入渗，在降水时容易造成地表渍水，形成涝灾。

（二）土壤紧实胁迫对土壤化学特性的影响

有研究发现当土壤容重大于1.6g/cm^{3}时，碳的矿化和氮的硝化作用被较强地抑制，压实3周后硝态氮较未压实的降低8%～16%，碳氮比增高，土壤质量降低（De Neve et al.，2000）。在紧实度增加过程中，土壤中氮素易发生反硝化作用，常以N_2O等形式排出；土壤温室气体的排放受到影响。有研究发现土壤呼吸强度随压实程度增大下降了57%～69%，而导致CO_2排放增加（Yang et al.，2007；Yu et al.，2004）。同时，降低了豆科植物结瘤和共生固氮能力（Quraishi et al.，2013；Ren et al.，2003）。Bakken等（2012）发现，与未压实土壤相比，压实土壤在75天中反硝化释放的氮显著增加。由此，进一步影响土壤有机质、氮素等养分含量及有效性。

土壤养分的有效性受紧实胁迫影响会发生显著变化，一方面由于紧实度增加影响了养分的运移状况，另一方面由于养分在土壤中发生了各种物理、化学和生物学反应，如铜、锌、铁、锰等会随着S^{6+}的还原而释放出来（Ren et al.，2003）。紧实度增加还影响到植物对养分的获取，致使残留在土壤中的有效养分较多。王群等研究发现高紧实度土壤与低紧实度土壤相比，氮磷钾养分减少速率分别下降6.4%～20.0%，9.3%～18.5%和14.6%～29.5%（崔晓明等，2016）。

（三）土壤紧实胁迫对土壤生物及微生物特性的影响

土壤生物是土壤的重要组成部分，对土壤结构、土壤肥力形成以及植物营养转化起着积极的作用，是植物正常生长不可缺少的因子。土壤紧实度也会通过影响土壤中生物生活力或活动范围而影响植物生长发育，土壤容重过大会导致土壤机械阻力增大，土壤中含氧量下降；容重过小时土壤透风跑墒，易受外界环境干扰，因而适宜的土壤紧实度会为植物根际生物创造一个良好的生存小环境，对植物生长有利。

土壤紧实胁迫下土壤空气、水分、温度的变化使得土壤微生物数量下降和微生物种类组成发生变化，致使微生物活性降低，根瘤菌活动下降、解磷解钾等微生物群体组成变化，与微生物生命活动相关的养分转化酶，如脲酶、过氧化氢酶、磷酸酶等活性也受到紧实度变化的影响（郭维俊等，2006）。土壤压实对土壤菌群和动物群有明显的负效应，主要表现在土壤微生物和土壤动物特别是蚯蚓数量减少，土壤微生物活动和根瘤菌固氮能力降低。研究表明紧实土壤由于大孔隙减少，小孔隙被水所封闭，空气交换受阻，微生物生物量降低7%，跳虫数量减少65%。也有研究表明压实降低了微生物总生物量，但压实土壤最大微生物量出现在20～30cm，而不是顶层。当空气孔隙度小于8%时无真菌生长，在8%～27%时真菌生长受一定影响。同时，在压实土壤中，土壤孔隙度在37.5%、42.5%时的洞穴数量是土壤孔隙度47.5%、56%时的2倍。

二、土壤紧实胁迫对花生生长发育的影响

土壤紧实状况对土壤物理、化学、生物学性质的效应必然累加到植物体上，进而影响植物的正常生长。研究如何消减土壤紧实，对于促进花生生长发育和产量提高，促进食用油安全生产具有重要意义。

（一）土壤紧实胁迫对花生地下部的危害

土壤紧实胁迫改变了油料作物的生长环境，影响其生长发育及产量和品质。然而，油料作物不同部位对紧实胁迫的敏感度存在差异，且不同油料作物（地上结实与地下结实）之间也存在差异。紧实胁迫下土壤水分、空气、温度、养分发生变化，影响了根系生长及其对水分、养分的吸收利用（彭新华等，2004；姜灿烂等，2010；刘兆娜等，2019）。随着土壤紧实度的增加，花生等根系生长受到抑制，侧根发育受阻，主根变粗，根系活力、呼吸速率、养分吸收能力下降（袁颖红等，2012；邹晓霞等，2018；田树飞等，2018）。植株地下部根系生长受阻，也抑制了地上部分茎叶的生长发育，叶片光合能力下降，生物量累积较少。一方面由于土壤紧实破坏了根系养分吸收，根系的发育不良进而危及地上部茎叶发育；另一方面紧实胁迫下根系分泌的一些激素直接抑制了地上部茎叶生长（饶卫华等，2015）。根系在土壤中穿插，需要克服土壤机械阻力。根尖克服土壤阻力的压强甚至可以达到1MPa。较大的机械阻力对根系最主要的影响是降低根系伸长速率，同时增大根系直径。根系长度减少会导致根系对水分和养分吸收利用效率降低。在很大范围内，根系伸长与土壤机械阻力几乎是呈线性负相关。

土壤紧实导致根系生长速度减慢的结论已经被前人的研究所证实。土壤容重以机械阻

力形式影响植物生长，土壤机械阻力对植物生长的影响，首先表现在对根系生长的影响，土壤机械阻力对根系生长影响的研究结果比较一致，即在紧实土壤中根伸长速度减慢，根变短变粗。1～5MPa的压力足够阻止植物根系生长，但这个临界值与土壤孔隙中水的压力（土水势）、机械组成（沙、粉、黏粒的含量）以及植物种类有关，此外，大孔隙和通气状况也会影响到这个临界值的大小。大量研究表明，表层土壤局部压实区的根系分布明显减少；心土层压实，由于毛管水作用，作物最初生长较快，但当根系延伸到犁底层时，将严重影响根系的下扎，使得表层根系比率和次生根显著增加，靠近压实区的根系变粗、平展、曲折，表皮细胞扭曲，植株生长明显减慢，对作物后期生长造成严重影响，导致产量降低。桶栽试验表明，在花生根系发展期土壤容重过大不利于根系伸长和表面积扩大，且随着生育进程的推进影响越大，在花生根系衰退期土壤容重过小根系长度和表面积衰退过快，而适宜的土壤容重（$1.2g/cm^3$）能保证根系发展期根系的伸长和表面积扩大。同时，在花生苗期，适宜的土壤容重（$1.2～1.3g/cm^3$）下，花生根系保持较高的IAA、GA3、CTK含量和较低的ABA含量，有利于根系生长和保持较好的根系形态。

土壤容重过高不利于花生整个生育期果针形成和入土、荚果膨大和干物质积累；容重过低虽相对有利于前期果针形成和入土、荚果膨大和干物质积累，但不利于中后期果针形成和入土，不利于小果的生长；而适宜的土壤容重（$1.2～1.3g/cm^3$），在花生整个生育期均有利于果针形成和入土、荚果膨大和干物质积累，后期中大荚果数多、体积大和干物质积累多，且小果数量少。土壤紧实胁迫下大豆、油菜等油料作物营养体发育不良，影响物质的累积及其向果实的转移，进而产量品质显著下降、经济效益低。与其他油料作物不同，地下结果的花生对紧实胁迫敏感度更大。花生的果针下扎及荚果发育在高紧实土壤中难以较好完成，从而使得荚果数减少、荚果重下降（崔洁亚等，2017）。由此，土壤紧实胁迫是花生栽培生产中最大的障碍因素之一，探究相应消减措施是其高产高效栽培的重要方向。

（二）土壤紧实胁迫对花生地上部的危害

大量研究表明，生长在高紧实度土壤中的植物无论是株高还是地上部干物质量都较生长在低紧实度土壤中的低，这种影响甚至在第一片叶完全展开之前，即幼苗生长仍依靠种子储藏物阶段就发生了。高土壤紧实度对植物地上部分生长的影响不仅表现在叶片扩展速度减慢，而且表现在单叶面积减小和叶片厚度变薄，叶片变薄可能是栅栏组织细胞变薄的结果。

盆栽试验的研究结果表明，花生不同生育时期茎叶干物质积累对土壤容重的反应存在差异，土壤容重过大则在整个生育期均不利于各器官干物质积累；适宜土壤容重（$1.2～1.3g/cm^3$），则在整个生育期都有利于花生各器官干物质积累。进一步分析表明，土壤容重过高则在花生整个生育期均不利于叶片叶绿素含量、光合速率、SOD活性、POD活性、可溶性蛋白含量的提高和MDA含量的降低，导致产量低于其他处理；而适宜的土壤容重（1.2 ~ 1.3g/cm^3）则在整个生育期尤其是中后期均能使叶片保持较高叶绿素含量、光合速率、SOD活性、POD活性、可溶性蛋白含量和较低的MDA含量，延缓花生衰老，从而增加产量。

目前关于土壤紧实度的研究多集中在根系相对较浅、生长周期短的作物上，如玉米、棉花、小麦、蚕豆和黄瓜等，然而，花生是地上开花地下结果的作物，即在地上开花受精，然后子房柄（果针）伸长将子房带入地下，才能形成荚果。虽然有模拟试验表明1.2 ~ 1.3g/cm^{3}的容重为花生生长的合理紧实度范围，但是不同土壤类型本身的容重、孔隙度等也存在较大差异。同时，随着选育花生品种的多样化，大粒型和小粒型花生品种的根系明显不同，再加上花生不同生育期（苗期、开花期、结荚期、成熟期等）的根系生长发育存在明显差异，因此，不同土壤类型下花生品种和生育期对土壤紧实度的响应还有待进一步研究。

第二节　花生田土壤紧实胁迫的表征及测定

土壤紧实等物理结构的变化是影响土壤质量和作物生长发育的重要因素之一，维持花生田土壤适宜的紧实度，是维持土壤良好质量，提高花生产量和品质的关键。土壤紧实胁迫的确定，需要明确其表征指标及测定方法，有利于抓住关键，采取有效措施控制土壤紧实胁迫的发生发展。

一、花生田土壤紧实胁迫的表征指标

花生栽培实践中，引起土壤紧实胁迫的因素有很多，主要有机械压实、化肥施用、灌溉排水及土粒自然沉实等（张兴义等，2005；杨晓娟等，2008；石彦琴等，2010）。全球土壤机械压实引起的紧实胁迫在花生生产中发生的概率也不断扩大，在影响生长发育及产量品质的同时，也产生了严重的生态环境问题。化肥的连续不合理施用，可导致土壤结构的破坏，胶体物质的调控机能受损，引起土壤板结及容重增加。灌溉和排水过程中，土壤孔隙发生变化，土粒吸水膨胀或脱水收缩后，紧实度的变化明显。土壤颗粒还受到外界气候环境，如降水、高温等影响，发生着自然沉实的现象。在花生栽培中，随着农业机械化的普及，机械压实正成为土壤紧实胁迫的主要原因，而不同田块中引起紧实胁迫的主要原因还存在差异。

土壤结构是在矿物颗粒和有机物等土壤成分参与下，在干湿冻融交替等自然物理过程作用下形成不同尺度大小的多孔单元。土壤结构的基本性质是具有多级层次性。土壤结构中最低层次是单个土壤矿物颗粒，比如黏粒、粉粒和沙粒。单个土壤矿物颗粒在有

机物等胶结作用下形成较小（低层次）的微团聚体，同时在单个土壤矿物颗粒之间产生微小的孔隙。许多微团聚体在生物和物理因素作用下进一步形成较大（高层次）的团聚体，在微团聚体之间产生更多的孔隙。土壤结构的形成是指土壤中团聚体重新组合与排列，即土壤的团聚性；相反，土壤的破碎过程首先是大团聚体在外界应力作用下沿孔隙构成的脆弱面产生次一级的小团聚体，随后在外力的继续作用下，小团聚体最终分散成土壤单个矿物颗粒。土壤应力状态与作物根系生长密切相关，作物根系在土壤中的分布随土壤应力的变化呈指数曲线变化，土壤应力增大，作物根量、根表面积减小。因此，作物生育状况和根系分布与耕层土壤的力学性质密切相关。大量研究表明，影响作物根系生长的主要物理性质，主要有土壤的机械阻力、土壤含水量、土壤容重以及土壤孔隙分布等。土壤紧实度对于植物根系生长至关重要，尤其是对根系着生根瘤菌、地上开花地下结果的花生更为重要。穿透阻力可以直接表征为土壤机械阻力，土壤容重、含水量也是影响土壤机械阻力的重要因素，机械阻力随着容重的增大而增大，随着含水量的减小而增大。

总之，对于土壤紧实胁迫的表征，主要有直接反映土壤紧实状况变化的指标，如土壤容重、土壤紧实度，以及间接反映土壤紧实状况变化的指标，如土壤孔隙度、土壤微渗透速率、土壤收缩系数、土壤团聚体组分、土壤含水量等。作为表征土壤物理结构的重要指标，土壤紧实度可影响土壤的物理性质，进而影响到植物根系的穿透阻力、土壤含水量、土壤通气性以及水肥的利用效率等。因此，作物在不同紧实度土壤的生产力有较大差异。花生根系发达，且以地下膨大的果实为收获器官，土壤紧实度的变化，势必影响花生生长。

二、花生田土壤紧实胁迫的测定方法

（一）直接表征指标及测定方法

1.土壤容重

土壤容重能够在一定程度上反映花生田的紧实程度。在花生种植前，花生田经过整地，如翻耕和多次翻耙，使耕层形成松软的土层，以便于花生播种。花生田整地过程破坏了土壤物理结构，分散了土壤颗粒，导致表层土壤容重降低。土壤容重一般采用烘干法测定，即采用环刀法获得土壤原状样品，带回室内烘干称重，根据环刀的体积计算土壤容重。也可以采用原位监测方法测定，例如采用Thermo-TDR、Purdue TDR和容重传感器等进行测定。这些原位监测仪器主要通过监测土壤含水量和热特性间接获得容重，操作步骤均为将探针埋入土壤中，并连接好主机和数据线，定期拷贝数据即可。但是，由于数据监测频度和传输方法不同，这些土壤容重原位监测方法和优缺点见表3-1。

表3-1　土壤容重原位监测方法和优缺点

序号	方法	文献	优缺点
1	Purdue TDR方法	Yu和Drnevich，2004	可以实现容重的原位测定，没有进行过田间连续监测
2	TDR结合P-wave velocity方法	Fratta等，2005	可以实现容重的原位测定，没有进行过田间连续监测
3	容重传感器	Quraishi和Mouazen，2013	适合大尺度容重的原位监测，但是不能实现连续监测
4	Thermo-TDR技术	Ochsner等，2001；Ren等，2003	可以通过原位监测土壤含水量和热特性间接获得容重
5	Thermo-TDR探针	Liu等，2008	更准确地获取容重，且具有可重复性，无论在实验室还是在田间情况下都可应用

2.土壤紧实度

土壤紧实度由土壤抗剪力、压缩力和摩擦力等构成，是土壤强度的一个合成指标。金属柱塞或探针压入土壤时分动载和静载两种方法，不同方法的测定值不同，但有联系。柱塞的形状有锥体、平头、圆球及楔子等，形状不同对测定值也有影响。同一种方法的测定值，主要决定于土壤质地、容量和含水量，其中含水量的影响最大。土壤紧实度可预测土壤承载量、耕性和根系伸展的阻力。土壤紧实度的大小可影响作物根系的穿孔和生长，是一个重要的土壤物理特性指标，用于评价土壤耕性。紧实的土壤可阻止水分入渗，降低化肥利用率，影响植物根系生长，导致作物减产。土壤紧实度测定有专门的土壤紧实度仪、土壤硬度计或者更高档的带定位系统的GPS土壤紧实度测量仪。

TJSD-750型/TJSD-750-Ⅱ型土壤紧实度仪的功能特点如下。

（1）小巧美观便于携带，轻触式按键，大屏幕点阵式液晶显示，全中文菜单操作。

（2）一键式切换，可以手动记录也可设置采样间隔，自动记录数据并存储。

（3）交直流两用，既可拿到野外随时测量采集数据，也可长时间放置在记录地点。

（4）带GPS定位功能，数据自动采集、实时实地显示地点的经纬度信息并保存（TJSD-750-Ⅱ型）。

（5）数据保存功能强大，最多可储存8 000组数据，既可在主机上查看数据，也可导入计算机。

（6）意外断电后，已保存在主机里的数据不丢失。

（7）可选择不同的显示单位，kPa、kg/cm^2、N/cm^2多种选择，一键式切换。

（8）探头具有一致性，不同气象参数的传感器接口可以互换，不影响精度。

（9）将传感器插入主机后无须设置，自动搜索到多种不同类别的传感器（类似于U盘和电脑相连接能自动感应）。

（10）仪器具有256通道同时检测的扩展功能，可以实现多点同步检测，可按需要自行组合。

上位机软件功能。

（1）显示每种参数过程曲线趋势，最大值、最小值、平均值显示查看，放大、缩小功能。

（2）具有设置超限区域着色功能，显示更直观，为客户带来更多便捷。

（3）可将存储记录的数据以Excel格式备份保存，方便以后调用。

（4）每种参数的报表、曲线图均可选择时段查询查看，并可通过计算机打印。

（5）曲线坐标均可自行设置和移动，分析历史走向更清晰、时间把握更明朗。

（6）完全兼容市场上所有的32位Windows系统。

TJSD-750-Ⅲ型/TJSD-750-Ⅳ型土壤紧实度仪，内置GPS定位及深度测量系统，可同时显示土壤紧实度，测量深度及地理位置，与计算机连接后，可自动生成每个测量点的土壤紧实度曲线，并且可由多个测量点生成区域性土壤紧实度分布图，自动生成相关数据链。

TJSD-750-Ⅲ型/TJSD-750-Ⅳ型土壤紧实度仪功能特点如下。

（1）全新的手摇式测量方式，设计合理、操作方便、传动平稳，避免了以往直插式测量费事费力及人为力度因素造成的测量误差。

（2）野外便携式，高精度高分辨率，具有操作简单，功能全、携带方便等特点。

（3）可直接测量土壤紧实度，内置GPS定位及深度测量系统，可显示测量点的位置信息（经纬度）测量深度及不同深度的土壤紧实度，并且可以随时将测量时每次采样的数据存储到主机上，最多可以储存200个测量点的所有数据（8 000组数据）。

（4）经纬度、土壤测量深度及土壤紧实度可在同一界面显示并记录。

（5）具有数据上传功能（TJSD-750-Ⅲ型无此功能）：利用RS232接口与计算机连接，利用软件可自动生成每个测量点的土壤紧实度曲线，并且可由多个测量点生成区域性土壤紧实度分布图并自动生成相关数据链。软件具有存储、打印功能。

（6）具有自动抓取土壤紧实度峰值及背光灯功能，绿色环保，自动关机功能（在无操作显示器土壤紧实度按键情况下，10min后显示器自动关机）。

（二）间接表征指标及测定方法

1.土壤孔隙度

耕作会改变土壤的孔隙结构。土壤的孔隙度及孔隙大小分布也是表征土壤结构的重要指标，决定着土壤中水、肥、气、热的运移。但土壤是不透明的，观测土壤孔隙结构非常困难。早期，土壤孔隙分布状况通过计算当量孔径来表示，将土壤中的孔隙理想化为直径不同的圆柱体，即用当量孔径来表示土壤孔隙大小分布。当量孔径指与一定的土壤水吸力相当的孔径，它与孔隙的形状及其均匀性无关。土壤水吸力与当量孔径的关系式为：$d=3/T$。

其中d为孔隙的当量孔径（mm），T为土壤水吸力（100Pa），但这并不能反映真实的土壤孔隙结构。也有学者通过压汞法来获取孔隙大小分布，但得到的也是当量孔径分布。有学者通过制作土壤切片，来直接观察土壤的孔隙结构，但土壤切片只能反映孔隙的二维信息，而且土壤切片的制作过程非常烦琐。

X射线CT扫描在土壤学中的应用使土壤内部孔隙结构能够被直接观测，且具有无损快速的优点。不同类型的CT精度不同，可以扫描不同尺度的土壤样品。医用CT的分辨率约为500μm，可以扫描直径>10cm的大土柱。工业显微CT的分辨率范围为1～100μm，可以扫描直径0.5～10cm的团聚体或者小土柱。同步辐射CT的分辨率为0.37～13μm，可以扫描<1cm的样品。通过扫描不同尺寸的土壤样品，可以定量不同尺度的土壤孔隙结构信息。

X射线CT扫描与图像处理方法：利用X射线CT（Phoenix Nanotom X-ray μ-CT，GE，Sensing and Inspection Technologies，GmbH，Wunstorf，Germany）扫描环刀样品。扫描电压110kV，电流110μA，曝光时间为1 250ms，样品台水平方向从0到360°匀速旋转，共采集1 200幅图像，图像分辨率为25μm，采用0.1mm的Cu片滤波。图像重建使用Datos×2.0软件。重建后的图像为8位的tiff格式的灰度图。选取图像中心区域作为感兴趣区域，以减小由边际效应和光束硬化而引起的伪影（Deurer et al.，2009；Mooney et al.，2006）。感兴趣区域的大小为800×800×800体元，对应的实际大小为20mm×20mm×20mm。图像利用“ImageJ”中的“Default”方法，即默认的方法进行二值化，此方法是“IsoData”方法改变而来。如果默认值的分割效果欠佳，则通过手动微调的方法使二值化更准确。孔隙度和孔隙大小分布则用BoneJ插件中的“Thickness”。

2.土壤微渗透速率

测定前将土壤（或团聚体）放在40℃的烘箱内烘24h，使团聚体水势保持一致。根据Hallett等（1999）的方法，该装置由一根直径为3.0mm的弯曲管子连接放在天平上的液体容器组成。管子接触土壤（或团聚体）的一端用非疏水性的海绵塞住以便充分接触土壤（或团聚体），并低于容器中液面2cm以防止大孔隙流（macropore flow）。电子天平精度0.1mg，测定土壤（或团聚体）吸收液体量。电子天平由计算机控制，每2s读取1个数据，每次测定持续2min左右。根据水（或酒精）的通量（Q），计算水（或酒精）的入渗力（S）。

$$S=\sqrt{\frac{Qf}{4br}}$$

其中：b为影响土壤水扩散的常数（0.55）；r为管子的半径（0.1mm）；f为土壤团聚体的孔隙率。

3.土壤收缩系数

土壤收缩系数为土块在长度（长度系数）或体积（体积系数）最大的收缩百分比。测定土壤收缩系数方法比较粗糙，且测定时要破坏土壤结构。Peng等（2013）总结了近30

年来国内外发表的270个土壤收缩数据，涉及10种土壤类型和至今所有土壤收缩的测定方法，发现土壤结构收缩存在6种类型，并根据收缩曲线的特征值（拐点、最大曲率）提出其划分的科学依据。类型A和B主要来自矿质土，类型C和D主要来自有机土，类型E和F主要来自团聚体或者被压实致密的土壤。同时，利用这些数据广泛地验证Peng等（2013）的收缩模型，在270个土壤样本中，相关系数平均达到0.992，而均方根误差只有0.02。模型中3个参数c、p和q与结构性收缩、残留收缩存在显著的相关性，并且参数c受土壤初始孔隙度和土壤有机碳的影响。该研究结果为划分土壤收缩类型提供了理论依据。

将所测环刀放进托盘，先缓慢加水，等土样表面全部湿润后，再加水至距环刀上沿1cm处，随后加盖减少蒸发，饱和2天。将饱和的环刀用滤纸包住环刀底部同时用橡皮筋固定，在滤纸上编号，在编号上方的环刀边缘做个标记，将环刀并与滤纸、橡皮筋一块称重。称完重后，将固定架固定环刀，用游标卡尺测量环刀固定架至环刀表面的距离，每90°角测定一次，总共测定5次。然后，将其放在事先调好水压为-3kPa沙盘中，当环刀质量不再发生变化时，将其取出测定重量和环刀固定架至环刀标明的距离。然后，将样品放在压力膜仪上，依次测定-6kPa、-10kPa、-33kPa、-100kPa和-300kPa水压平衡后称重和测定高度。完成不同吸力下后，将样品放在105℃下，烘干过夜，测定各待测样的重量和高度。

土壤收缩能力采用延展系数（COLE）来表征，其公式为：

$$\mathrm{COLE}=\frac{L_0\text{-}L_X}{L_X}$$

式中，L_0和L_X分别为土样饱和时高度和特定压强时候的高度（-100kPa和-300kPa）。

4.土壤团聚体组分

土壤团聚体是土壤结构的重要组成部分，是土壤肥力的重要载体，其组成和稳定性直接影响土壤的物理、化学性质，进而影响作物生长的稳定性。因此，若能提高水稳性团聚体的数量和质量，则可以提高土壤的抗侵蚀能力、土壤质量以及土壤的可持续利用。土壤团聚体的稳定性是表征土壤结构状况的重要指标之一，良好的土壤结构是作物高产稳产的重要保障。长期定位研究表明，无机肥和有机肥配合施用下土壤团聚体稳定性显著高于施化肥处理。袁颖红等（2012）的研究发现，22年长期不同施肥措施下，红壤性水稻土中0.02～0.05mm的微团聚体所占比例最大，达到了40%，其次为0.002～0.02mm和0.05～0.1mm的微团聚体，而>0.2mm微团聚体则含量最少。通过对江西旱地红壤长期定位试验研究发现，有机肥的施用显著提高了>2mm团聚体的含量，却降低了0.053～0.25mm团聚体的含量（姜灿烂等，2010）。Yang等（2007）研究发现，长期施用庭院有机肥（$60t/hm^2$）和氮磷钾硫化肥均能显著增加<0.6mm团聚体的比例，与无机肥相比，庭院有机肥的施用还可以增加>2mm水稳性团聚体的比例。

土壤团聚体的分级一般采用干筛法、湿筛法以及干筛湿筛相结合的方法。

干筛法主要参照中国科学院南京土壤研究所土壤物理研究室方法，土样风干后用不锈钢套筛振荡进行干筛，分别得到>10mm、5～10mm、2～5mm、1～2mm、0.5～1mm、0.25～0.5mm和<0.25mm的七级机械稳定性土壤团聚体。根据干筛获得的各级团聚体百分比，配成质量为200.00g（精确至0.01g）的土样用于湿筛分析。

湿筛法：土样放置于孔径为2mm的不锈钢筛上，室温下蒸馏水浸泡10min，然后分别通过2mm、1mm、0.5mm、0.25mm和0.053mm的不锈钢筛，竖直上下振荡50次，收集各级土筛上的土壤，获得>2mm、1～2mm、0.5～1mm、0.25～0.5mm和0.053～0.25mm的水稳性土壤团聚体，<0.053mm的团聚体通过将溶液沉降、离心获得。采用下列公式计算大于0.25mm团聚体含量（R>0.25）、土壤团聚体结构破坏率（ADP）和团聚体平均重量直径（MWD）：

$$R>0.25\text{mm团聚体含量}=\frac{\text{大于0.25mm团聚体含量}}{\text{团聚体总含量}}$$

$$\text{ADP（\%）}=\frac{\text{大于0.25mm风干团聚体}-\text{大于0.25mm水稳性团聚体}}{\text{大于0.25mm风干团聚体}}\times 100$$

$$\text{MWD}=(\sum_{i=1}^{n}\bar{d}_i w_i)/W$$

式中，d_i为i土壤团聚体团组分的平均颗粒直径，在数值上等于两级筛孔的平均值，w_i为i土壤团聚体组分的干重。W为不同粒径土壤团聚体的总重。

5.土壤含水量

田间持水量是指毛管悬着水（束缚水）达到最大时的土壤含水量。毛管悬着水是指毛管水与地下水无联系而保持在土壤上层的毛管水，主要由降水、灌溉、融雪等产生的重力水向下运动而成，也就是说土壤水分超过田间持水量，多余的水分就会渗透，没有不透水层的干扰，就会在重力作用下渗透到地下水中去，也就是饱和持水。

土壤含水量是不断变化的，而田间持水量是一个特定值。通常把土壤水中可以被吸收的水作为土壤含水量，就是所谓的土壤有效水，也就是用凋萎系数与田间持水量之间的土壤水来表示土壤含水量，因此，田间持水量减去凋萎系数等于土壤含水量。目前的主要土壤含水量测定方法有以下几种。

（1）称重法。也称烘干法，这是唯一可以直接测量土壤含水量的方法，也是目前国际上的标准方法。用土钻采取土样，用0.1g精度的天平称取土样的重量，记作土样的湿重M，在105℃的烘箱内将土样烘6～8h至恒重，然后测定烘干土样，记作土样的干重M_s。

$$\text{土壤含水量（\%）}=\frac{\text{烘干前铝盒及土样质量}-\text{烘干后铝盒及土样质量}}{\text{烘干后铝盒及土样质量}-\text{烘干空铝盒质量}}\times 100$$

（2）张力计法。也称负压计法，它测量的是土壤水的吸力，测量原理如下：当陶土头插入被测土壤后，管内自由水通过多孔陶土壁与土壤水接触，经过交换后达到水势平衡，此时，从张力计读到的数值就是土壤水（陶土头处）的吸力值，也即为忽略重力势后的基质势的值，然后根据土壤含水量与基质势之间的关系（土壤水特征曲线）就可以确定出土壤的含水量。

（3）电阻法。多孔介质的导电能力是同它的含水量以及介电常数有关的，如果忽略含盐的影响，水分含量和其电阻间是有确定关系的电阻法是将两个电极埋入土壤中，然后测出两个电极之间的电阻。但是在这种情况下，电极与土壤的接触电阻有可能比土壤的电阻大得多。因此采用将电极嵌入多孔渗水介质（石膏、尼龙、玻璃纤维等）中形成电阻块以解决这个问题。

（4）中子法。中子法就是用中子仪测定土壤含水量。中子仪的组成主要包括1个快中子源、1个慢中子检测器、监测土壤散射的慢中子通量的计数器及屏蔽匣、测试用硬管等。快中子源在土壤中不断地放射出穿透力很强的快中子，当它和氢原子核碰撞时，损失能量最大，转化为慢中子（热中子），热中子在介质中扩散的同时被介质吸收，在探头周围很快形成了持常密度的慢中子云。

（5）γ-射线法。γ-射线法的基本原理是放射性同位素（现常用的是^{137}Cs，^{241}Am）发射的γ-射线法穿透土壤时，其衰减度随土壤湿容重的增大而提高。

（6）驻波比法。自从Topp等在1980年提出了土壤含水率与土壤介电常数之间存在着确定性的单值多项式关系，从而为土壤水分测量的研究开辟了一种新的研究方向，即通过测量土壤的介电常数来求得土壤含水率。从电磁学的角度来看，所有的绝缘体都可以看成电介质，而对于土壤来说，则是于土壤固相物质、水和空气三种电介质组成的混合物。在常温状态下，水的介电常数约为80，土壤固相物质的介电常数为−3～5，空气的介电常数为1，可以看出，影响土壤介电常数主要是含水率。Roth等提出了利用土、水和空气三相物质的空间分配比例来计算土壤介电常数，并经Gardner等改进后，为采用介电方法测量土壤水分含量提供了进一步的理论依据，并利用这些原理进行土壤含水率的测量。

（7）光学测量法。光学测量法是一种非接触式的测量土壤含水率方法。光的反射、透射、偏振也与土壤含水率相关。先求出土壤的介电常数，从而进一步推导出土壤含水率。

（8）时域反射法。时域反射法（Time domain reflectrometry，TDR）也是一种通过测量土壤介电常数来获得土壤含水率的一种方法。TDR的原理是电磁波沿非磁性介质中的传输导线的传输速度$v=c/\varepsilon$，而对于已知长度为L的传输线，又有$v=L/t$，于是可得$\varepsilon=(ct/L)^2$，其中c为光在真空中的传播速度，ε为非磁性介质的介电常数，t为电磁波在导线中的传输时间。而电磁波在传输到导线终点时，又有一部分电磁波沿导线反射回来，这样入射与反射形成了一个时间差T。因此通过测量电磁波在埋入土壤中的导线的入射反射时间差T就可以求出土壤的介电常数，进而求出土壤的含水率。

第三节　花生田土壤紧实胁迫的消减措施

土壤紧实胁迫影响花生田土壤各种物理、化学、生物学循环过程，抑制花生根系发育，不利于地上部生长发育和干物质累积，而且花生作为地下结实作物对土壤紧实胁迫的响应更为敏感。在应对和消减土壤紧实胁迫危害过程中，有必要从土壤紧实消减和作物适应选择等方面开展深入研究，提出土壤紧实胁迫消减的管理措施，为建立高质量土壤农田和培育健壮植株提供科学基础。

一、土壤耕作措施

土壤耕作能够消减土壤紧实胁迫，增加土壤通透性，使土壤蓄水保水能力增强，微生物活性提高，促进根系活力的提升（焦彩强等，2009；沈浦等，2015）。土壤耕作的作用主要有以下几种。

（1）打破犁底层，加深耕层，提高耕地质量。连续多年浅耕（尤其是使用小型拖拉机）会造成土壤耕层浅，形成坚硬的犁底层，犁底层不利于水分的渗入和作物根系的下扎，影响作物生长而降低产量。深松时，深松铲从犁底层下部通过，可有效打破原有犁底层，加深耕层，使耕层加深到20～25cm。

（2）提高土壤蓄水能力。深松深层土壤，有利于水分的渗入，深松后一般土壤表面粗糙度增加，可阻碍雨水径流，延长雨水渗入时间，因此深松能提高土壤蓄水能力。

（3）改善土壤结构。深松后形成虚实并存的土壤结构，有利于土壤气体交换，促进微生物活化和矿物质分解，提高土壤肥力。

（4）减少降水径流和土壤水蚀。深松不翻转土层，使残渣、秸秆、杂草等大部分覆盖于地表，有利于保水，减少风蚀，吸纳更多雨水，延缓径流产生，减弱径流强度，减少水土流失，而保护土壤。

（5）提高肥料利用率。土地深松后，可增加肥料溶解性，减少肥料流失，提高肥料利用率。生产实践中，为探寻既能有效打破犁底层，又能少耕降低耗能的方法，有研究发明出垂直微孔深松耕方法（王慧杰等，2015），即采用钻头式耕作机具，以一定的间距，点穴状垂直深松耕，耕作深度80cm，耕作孔直径8cm。另外，保护性耕作是以机械化作业为主要手段，采取少耕或免耕方法，将耕作减少到只要能保证种子发芽即可，用农作物秸秆及残茬覆盖地表，并主要用农药来控制杂草和病虫害的一种耕作技术。

二、合理施用肥料

长期不合理的施用化学肥料不仅容易造成土壤紧实胁迫，难以发挥肥料的作用效果，甚至较不施肥处理降低土壤供肥能力（石彦琴等，2010）。合理高效施肥是改善包括土壤紧实度在内土壤物理、化学及生物肥力的重要措施之一。土壤紧实胁迫容易导致作物生长需要消耗更多的养分，也会降低养分的获取能力，加大养分流失，增强反硝化作用等，且土壤紧实胁迫还会减少土壤寄居生物，降低微生物种群数量及活性。在花生生产上，土壤紧实胁迫会限制花生根系伸长和表面积扩大，而且随生育进程的推进影响逐渐增大（崔晓明等，2016），降低花生叶片叶绿素含量和光合速率，易导致花生早衰（田树飞等，2018），不利于花生果针的下扎入土和荚果饱满度增大，进而影响荚果和籽仁产量的提高。长期定位试验表明，常年施用化肥会增加土壤紧实度，减小土壤孔隙所占比重，降低土壤保水性能等，而通过施用有机肥、化肥和有机肥混施、土壤调理剂，功能肥料等可以有效改善土壤结构，消减土壤紧实胁迫（张兴义等，2005）。

三、施用调节物质

调节物质主要是指植物调节剂和土壤调理剂，其中，植物调节剂有生长促进剂和延缓剂，合理使用植物调节剂，能够调节花生营养生长与生殖生长的平衡，它不但提高了花生根系活力，以及根系吸收和合成能力，合理地分配植株吸收的营养物质，形成壮秆，有效降低植株高度，解决花生徒长的生产难题（饶卫华和敖礼林，2015）。土壤调理剂有石灰、石膏、粉煤灰、蒙脱石、聚丙烯酸钾等。红壤、盐碱地等通过应用土壤调理剂，可以改善土壤结构，降低土壤容重和土壤紧实度。沈阳农业大学6年土壤肥料定位试验表明，与不施用改良剂对照相比，经化学改良剂（硅粉+生物炭颗粒）处理，0～20cm土层土壤容重降低了5.4%，20～40cm土层土壤容重降低了2.9%（马迪，2018）。有研究表明，当聚丙烯酰胺施用浓度小于1.0g/m^{2}时，关中塿土土壤容重随聚丙烯酰胺施用浓度的增加呈下降趋势（员学锋等，2005）。根据作物生长发育受土壤紧实胁迫危害的程度和时间，适时采取合理土壤调理及植物调节，将有助于缓解土壤紧实胁迫危害。

四、水分高效管理

水分高效管理及合理灌溉一直是我国农业生产中的关键问题之一，灌水不当不但造成水资源浪费，还容易引起土壤板结。有研究表明，传统的沟灌对土壤有着很强的沉实作用，采用表层节点式渗灌能降低土壤容重，表层容重比传统沟灌低0.04g/cm^3（3.57%），到15cm处达到最低，比传统沟灌低0.11g/cm^3（10.0%），20cm以下与传统沟灌差异逐渐降低，最后趋近一致（杨贺等，2009）。一般研究认为在一定范围的土壤含水量之内，土壤紧实度与土壤含水量呈负相关关系，随土壤含水量的增加而逐渐降低，但对不同类型、质地的土壤研究结果可能存在差异。作物灌溉除大水漫灌外，还有地面灌（畦灌和沟灌）、喷灌、滴灌等高效节水灌溉方法。近年来，在作物栽培生产中，水肥一体化滴灌措施应用加快（杨静，2018），在维持土壤适宜的孔隙度、满足作物水肥需求同时，促进土壤微生物活动以及养分释放，减少土壤板结和紧实胁迫的发生，显著提高水肥资源利用效率、降低环境污染。

五、秸秆还田及覆盖

秸秆还田是现代农业中秸秆处理的一个重要技术措施，还田秸秆翻入土中或覆盖于地表均能对土壤紧实度及作物生长产生显著影响。秸秆覆盖能够反射太阳能，减少土壤表面的热量传导和水分蒸发，维持微生物生命活动的稳定性，提高油料作物对水分的利用而促进生长发育（Hamme，1989；Lou et al.，2011）。秸秆还田使土壤容重下降，且随着年限增加秸秆还田降低土壤容重的作用有可能大于耕作方式的作用（脱云飞等，2007；邹晓霞等，2018），进而消减土壤紧实胁迫，促进作物健壮生长，但秸秆还田量需维持在适宜水平。秸秆还田能够降低土壤容重，增大土壤孔隙度，且主要影响表层土壤，土层越深，土壤容重及孔隙度受秸秆还田影响越小；秸秆还田后显著增加0～30cm土层土壤的孔隙度，尤其是增加土壤大孔隙数量，且对浅层土壤的影响大于深层（赵秀玲等，2017）。这可能是因为秸秆还田减少了土壤细小颗粒充填空隙，保护了表层土壤结构，从而在一定程度上减少了土壤板结，降低了土壤容重，增加了孔隙度。秸秆覆盖较不覆盖处理，可降低0～45cm土层土壤紧实度7.9%，而秸秆、地膜双覆盖较不覆盖下降了10.3%。翻耕条件下，秸秆还田能够有效降低耕层土壤容重和紧实度，0～10cm和10～20cm土层土壤容重较秸秆不还田处理分别降低了2.3%和6.3%。也有研究表明，稻草还田有利于形成较大的土壤孔隙度，有效降低土壤容重，改善土壤物理性状。

六、地膜覆盖栽培

地膜覆盖是农用塑料薄膜覆盖地表的一种措施，具有成本低、使用方便、增产幅度大的特点，是一项既能防止水土流失，又能提高作物产量的常用农田管理措施。地膜覆盖具有减轻雨滴打击、防止冲刷与形成结皮的作用，有效减少土壤水分蒸发，起到天旱保墒、雨后提墒的作用，提高土壤水分利用效率；还能使土壤保持适宜的温度，使地温下降慢、持续时间长，利于肥料的腐熟和分解，提高地力（吴正锋等，2016）。有关地膜覆盖对土壤微环境的影响研究，与不覆膜对照相比，覆膜降低了土壤容重，透明膜和黑色膜降低幅度分别为2.31%和2.78%，土壤孔隙度与土壤容重呈相反的趋势，透明膜和黑色膜平均提高幅度分别为2.49%和2.99%，表明覆膜栽培可改善土壤的理化性状，降低土壤容重，增加土壤孔隙度，增强土壤透气性（王振振，2012）。除了作物生长期间覆膜，冬闲期覆膜相比冬闲翻耕露地、冬闲免耕露地也可以有效降低土壤容重。

七、轮作及间套作

轮作换茬是作物高产稳产的重要措施之一，尤其对于花生等存在连作障碍的作物，素有“花生喜生茬，换土如上粪”之说。轮作能够改土增肥，破除板结，平衡养分。花生根部有根瘤能够固氮，花生收获后，其中一部分氮素留在土中，能够增加土壤含氮量；花生收获后残留于田间的根茎叶能够增加土壤有机质；花生吸收氮较少，吸收磷、钾、钙较多，而小麦、玉米、水稻等则吸收氮较多，因而起到互利互补，平衡养分供应的作用，防止长期连作导致土壤养分失调，同时能够起到破除土壤板结，改善土壤物理性状和提高肥力的作用。间套作实际上是间作和套种的总称，间作是指同一地块上，同一生长期内，分行或分带相间种植两种或者两种以上作物的种植方式；套作是指在前季作物生长后期的株行间，播种或者移栽后季作物的种植方式。间套作使至少两种作物同时生长在同一块地里，增加了作物种类的多样性，作物种类的多样性通过根系特性的不同，相关联的土壤微生物和动物不同，从而进一步驱动了土壤生物的多样性，能够改善土壤紧实性状及肥力，促进作物生长发育，同时有利于充分利用土地和气候资源，提高复种指数，增加生物总产量。

八、抗土壤紧实品种选育

土壤紧实胁迫下不同花生品种的响应有较大差异，高抗紧实胁迫的品种，能够通过根系形态变化、降低呼吸消耗等提高养分吸收、较好地生长发育；而对紧实胁迫敏感的品种，则生长发育容易受阻，显著减产（邹望好，2006；金剑等，2008；康涛等，2013）。一方面可开展不同土壤生态类型花生品种适应性筛选，明确适应于不同地区土壤紧实状况的品种，另一方面可以选育高抗土壤紧实胁迫的品种，来应对土壤紧实胁迫带来的不良影响。除了要求对紧实胁迫抗性强外，抗土壤紧实胁迫品种的筛选与培育，还要考虑花生高产、优质等特性。目前，国内外尚缺乏针对性的筛选手段和指标体系，还需开展抗紧实基因、资源的挖掘，以及建立系统化的花生抗紧实胁迫种质资源多样性保护工作。

九、农用机具改进

随着农业机械化的应用普及和农田粗放管理等，导致土壤的颗粒结构遭到了严重的破坏，造成土壤板结、容重增大现象突出，土壤紧实胁迫严重影响了作物的健壮生长，为了探寻既能有效打破犁底层，又能减少机械自身造成次生紧实危害的机具，需要加强机具研制和改进，以及在作物种植制度、耕作制度和水分管理等方面的综合改良研究（顾峰玮等2010；胡向涛，2019）。在农机具操作方面，原本土质松软、非紧实胁迫的农田，相对比较高的轮荷载应当使用膨胀压力小的大轮胎，将拖拉机行驶带和作物生长带分离，在田间建立固定的拖拉机行走道，可消除机具作业对土壤的压实，效果显著且降低成本。同时，需要加强植物抗机械阻力遗传学基础研究非常重要，明确生理或分子水平上调控紧实度、土壤机械阻力、根信号等之间的关系，有利培育适于机械化的品种。我国地大物博、幅员辽阔，土地类型各异，要根据耕地土质、土壤墒情、深松深度确定所匹配的深松机械。同时，还需要不断改进深松机械的作业方式，统一机械生产标准，以及继续出台政策鼓励农民进行土壤松土工作，从而提高耕地质量和作物生长环境，促进实现“藏粮于地”战略。

参考文献

崔洁亚，侯凯旋，崔晓明，等，2017. 土壤紧实度对花生荚果生长发育的影响[J]. 中国油料作物学报，39（4）：496-501.

崔晓明，张亚如，张晓军，等，2016. 土壤紧实度对花生根系生长和活性变化的影响[J]. 华北农学报，31（6）：131-136.

顾峰玮，胡志超，田立佳，等，2010. 我国花生机械化播种概况与发展思路[J]. 江苏农业科学（3）：462-464.

郭维俊，黄高宝，王芬娥，等，2006. 土壤—根系复合体工程常数的理论研究[J]. 甘肃农业大学学报，41（2）：70-73.

胡向涛，2019. 花生机械化收获特点及收获机械市场现状和发展趋势[J]. 农业机械（10）：97-101.

姜灿烂，何园球，刘晓利，等，2010. 长期施用有机肥对旱地红壤团聚体结构与稳定性的影响[J]. 土壤学报，47（4）：715-722.

焦彩强，王益权，刘军，等，2009. 关中地区耕作方法与土壤紧实度时空变异及其效应分析[J]. 干旱地区农业研究，27（3）：7-12.

金剑，王光华，刘晓冰，等，2008. 两个大豆品种在暗棕壤和黑土中的根系形态和根瘤性状[J]. 应用生态学报，19（8）：1 747-1 753.

康涛，戴良香，符放平，等，2013. 不同基因型花生品种根系形态差异的研究[J]. 新疆农业科学，50（11）：2 015-2 022.

刘兆娜，田树飞，邹晓霞，等，2019. 土壤紧实度对花生干物质积累和产量的影响[J]. 青岛农业大学学报：自然科学版，36（1）：34-40.

马迪，2018. 连续施用改良剂对花生连轮作土壤理化性质和产量的影响[D]. 沈阳：沈阳农业大学.

彭新华，张斌，赵其国，2004. 土壤有机碳库与土壤结构稳定性关系的研究进展[J]. 土壤学报，41（4）：618-623.

饶卫华，敖礼林，2015. 花生巧用生长调节剂和微量元素肥增产更增效[J]. 科学种养（5）：37-38.

沈浦，冯昊，罗盛，等，2015. 油料作物对土壤紧实胁迫响应研究进展[J]. 山东农业科学（12）：111-114.

石彦琴，陈源泉，隋鹏，等，2010. 农田土壤紧实的发生、影响及其改良[J]. 生态学杂志，29（10）：2 057-2 064.

田树飞，刘兆娜，邹晓霞，等，2018. 土壤紧实度对花生光合与衰老特性和产量的影响[J]. 花生学报，47（3）：40-46.

脱云飞，费良军，杨路华，等，2007. 秸秆覆盖对夏玉米农田土壤水分与热量影响的模拟研究[J]. 农业工程学报，23（6）：27-31.

王慧杰，郝建平，冯瑞云，等，2015. 微孔深松耕降低土壤紧实度提高棉花产量与种籽品质[J]. 农业工程学报，31（8）：7-14.

王振振，2012. 地膜覆盖影响甘薯块根形成和膨大的生理基础[D]. 泰安：山东农业大学.

吴正锋，林建材，冯昊，等，2016. 生物降解膜对土壤物理性状及花生荚果产量的影响[J]. 花生学报，45（3）：57-60.

杨贺，司海静，韩琳，等，2009. 节点式渗灌的节水效果及其对棚室土壤容重与孔隙的影响[J]. 辽宁农业科学，（1）：28-30.

杨静，2018. 农田灌溉用水高效利用管理研究[J]. 农业科技与设备（2）：58-59.

杨晓娟，李春俭，2008. 机械压实对土壤质量、作物生长、土壤生物及环境的影响[J]. 中国农业科学

（7）：2 008-2 015.
员学锋，汪有科，吴普特，等，2005. PAM对土壤物理性状影响的试验研究及机理分析[J]. 水土保持学报，19（2）：37-40.
袁颖红，李辉信，黄欠如，等，2012. 不同施肥处理对红壤性水稻土微团聚体有机碳汇的影响[J]. 生态学报，24（12）：2 961-2 966.
张兴义，隋跃宇，2005. 农田土壤机械压实研究进展[J]. 农业机械学报（6）：122-125.
赵秀玲，任永祥，赵鑫，等，2017. 华北平原秸秆还田生态效应研究进展[J]. 作物杂志，33（1）：1-7.
邹望好，2006. 两个油菜品种抗非生物胁迫特性的差异及其生理生化基础[D]. 北京：北京林业大学.
邹晓霞，张晓军，王铭伦，等，2018. 土壤容重对花生根系生长性状和内源激素含量的影响[J]. 植物生理学报，54（6）：1 130-1 136.
BAKKEN L R，BERGAUST L，LIU B，et al.，2012. Regulation of denitrification at the cellular level：a clue to the understanding of N_2O emissions from soils[J]. Philosophical Transactions of the Royal Society B：Biological Sciences，367（1593）：1 226-1 234.
DE NEVE S，HOFMAN G，2000. Influence of soil compaction on carbon and nitrogen mineralization of soil organic matter and crop residues[J]. Biology and Fertility of Soils，30（5-6）：544-549.
DEURER M，GRINEV D，YOUNG I，et al.，2009. The impact of soil carbon management on soil macropore structure：a comparison of two apple orchard systems in New Zealand[J]. European Journal of Soil Science，60（6）：945-955.
FRATTA D，ALSHIBLI K A，TANNER W M，et al.，2005. Combined TDR and P-wave velocity measurements for the determination of in situ soil density-experimental study[J]. Geotechnical Testing Journal，28（6）：553-563.
HALLETT P D，YOUNG I M，1999. Changes to water repellence of soil aggregates caused by substrate - induced microbial activity[J]. European Journal of Soil Science，50（1）：35-40.
HAMME J E，1989. Long-term tillage and crop rotation effects on bulk density and soil impedance in northern Idaha[J]. Soil Science Society of America Journal，53：1 515-1 519.
LIU G，LI B，REN T，et al.，2008. Analytical solution of heat pulse method in a parallelepiped sample space with inclined needles[J]. Soil Science Society of America Journal，72（5）：1208.
LOU Y，LIANG W，XU M，et al.，2011. Straw coverage alleviates seasonal variability of the topsoil microbial biomass and activity[J]. Catena，86：117-120.
MASTO R E，CHHONKAR P K，SINGH D，et al.，2007. Soil quality response to long-term nutrient and crop management on a semi-arid Incepotisol[J]. Agriculture，Ecosystems and Environment，118：130-142.
MONOKROUSOS N，PAPATHEODOROU E M，DIAAMANTOPOULOD J D，et al.，2006. Soil quality variables in organically and conventionally cultivated field sites[J]. Soil Biology and Biochemistry，38：1 282-1 289.
MOONEY S J，MORRIS C，BERRY P M，2006. Visualization and quantification of the effects of cereal root lodging on three-dimensional soil macrostructure using X-ray computed tomography[J]. Soil Science，171（9）：706-718.
OCHSNER T E，HORTON R，REN T，2001. Simultaneous water content，air-filled porosity，and bulk density measurements with thermo-time domain reflectometry[J]. Soil Science Society of America Journal，65（6）：1 618-1 622.
PENG X，HORN R，2013. Identifying six types of soil shrinkage curves from a large set of experimental data[J]. Soil Science Society of America Journal，77（2）：372-381.

QURAISHI M Z，MOUAZEN A M，2013. A prototype sensor for the assessment of soil bulk density[J]. Soil and Tillage Research，134：97–110.

REN T，OCHSNER T E，HORTON R，2003. Development of thermo-time domain reflectometry for vadose zone measurements[J]. Vadose Zone Journal，2（4）：544–551.

YANG Z，SINGH B R，HANSEN S，2007. Aggregate associated carbon，nitrogen and sulfur and their ratios in long-term fertilized soils[J]. Soil and Tillage Research，95（2）：161–171.

YU X，DRNEVICH V P，2004. Soil water content and dry density by time domain reflectometry[J]. Journal of Geotechnical and Geoenvironmental Engineering，130（9）：922–934.

第四章　花生营养与生理生态对土壤紧实胁迫的响应特征

土壤紧实变化引起的非生物逆境胁迫危害是影响农业可持续发展的重要因素之一。花生是我国重要的经济作物和油料作物，是一种地上开花、地下结果的作物，其生长发育、养分吸收及生理生态状况与土壤紧实状况关系密切（万书波，2003；沈浦等，2015）。本章内容从花生形态特征、生理特性、养分吸收特性和产量品质形成4个方面，探讨土壤紧实胁迫对花生营养与生理生态状况的影响特征。

第一节　土壤紧实胁迫下植株形态特征

根、茎、叶、荚果等形态变化是直观反映花生生长状况的依据，在一定程度上表现出花生生长健壮与否。土壤紧实状况变化可直接影响地下部根系、荚果等的生长发育，同时也会影响地上部茎叶等的生长发育。

一、根系形态特征

根系是最早、最直接感知土壤紧实胁迫的器官，作为土壤—植株—大气间水循环过程中的关键一环，根系在适应外界环境变化中发挥着重要作用。紧实土壤中，土壤容重增加越大，土壤孔隙越小，土壤氧气含量就越低，植物就需要消耗更多的能量去克服根系伸长的障碍，主根伸长易受到抑制，根系伸长速率降低，根系重量显著下降。Shen等（2016）研究根系生长对土壤紧实变化的响应发现，土壤容重每增加1.0g/cm^3，花生根系相对重量减少7.5%（图4-1）。

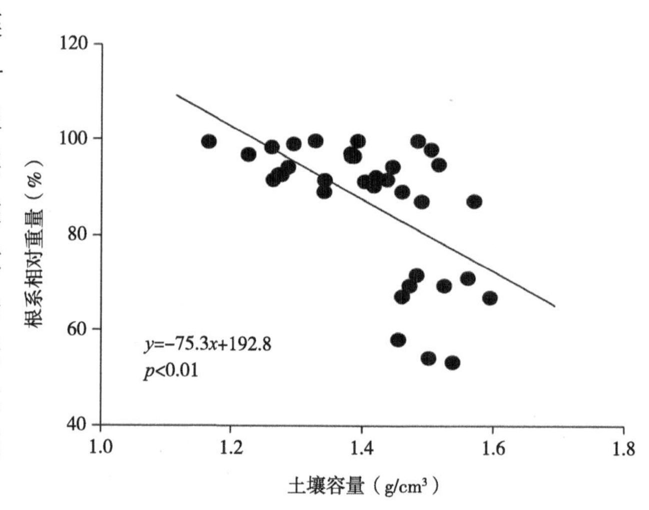

图4-1　土壤紧实状况（容重）与根系重量的线性关系（Shen等，2016）

根系构型变化是对环境胁迫如土壤紧实胁迫产生的一种应答反应，使得植株适应外界环境变化。除了根系生长量外，根系长度、表面积、体积等形态特征变化可直接影响作物养分吸收和生长发育，可作为反应植株抗土壤紧实胁迫能力的表型指标（刘晚苟等，2001）。由图4-2可知，土壤紧实胁迫显著影响0～30cm耕层根系生长发育。0～10cm、10～20cm、20～30cm土层根系总量分别下降22.3%～36.5%，累计下降27.2%，同时根系长度、表面积、体积分别累积下降16.6%、13.3%、21.3%。根系重量与根长、表面积、体系相关性关系表明，根系重量每增加1.0g/穴，根系长度、表面积、体积分别增加832.4cm、173.3cm^2、9.7cm^3。

土壤紧实胁迫造成根系生长速度变慢，根变短变粗，根量减少，空间分布以横向分布增加（刘晚苟等，2002）。这是由于根系遇到阻抗增强，膨压增大造成的根系变粗，且根皮层细胞横向扩张引起的根尖伸长区的直径增加。

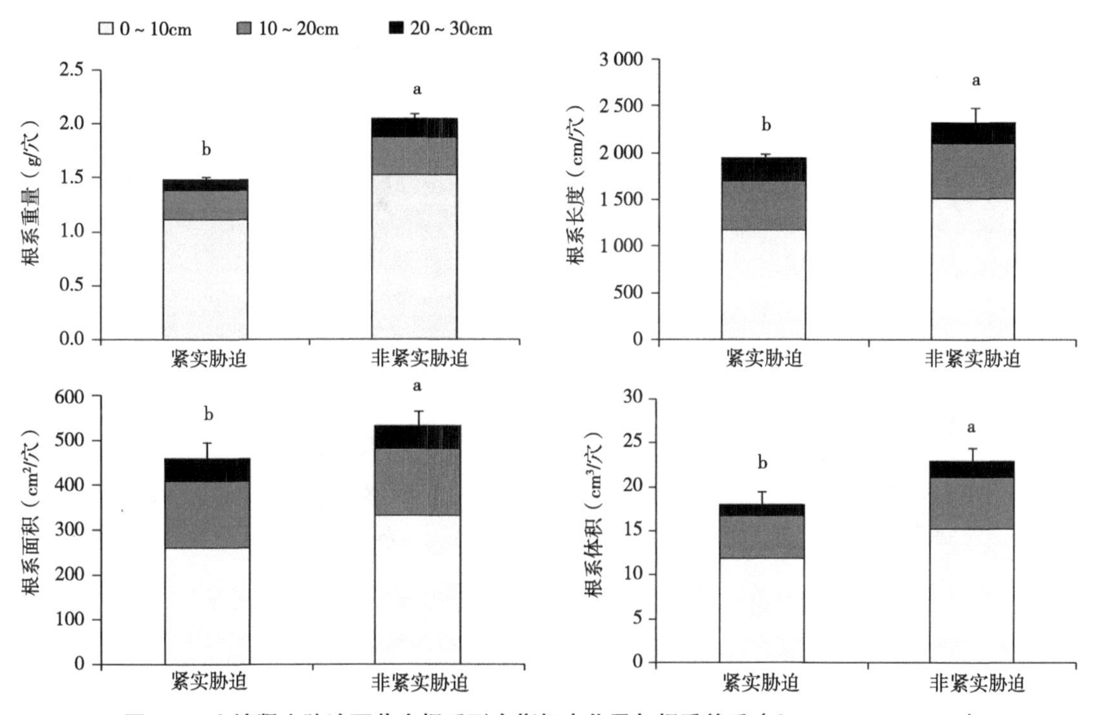

图4-2　土壤紧实胁迫下花生根系形态指标变化及与根重关系（Shen et al.，2016）

注：不同字母表示紧实胁迫与非紧实胁迫处理间差异达到显著水平（$P<0.05$）。

二、茎叶形态特征

花生茎和叶在输导水分养分、进行光合作用和贮藏营养物质过程中，易受到外界环境的影响，其中土壤环境的影响较为明显。研究表明，土壤紧实度大会抑制地上部茎和枝生长，造成单叶叶面积减小和厚度变薄，影响光合产物积累，降低地上部生物量（Buttery et al.，1998；沈彦等，2007）。

图4-3表明土壤紧实胁迫显著影响花生生长。非土壤紧实胁迫下花生分枝数为11～12个，平均11.7个，而紧实胁迫下分枝数减少18.6%；第一侧枝长由35.4cm显著下降至27.5cm，下降了22.4%；主茎高度由33.9cm下降了23.8%；主茎叶龄，下降了13.3%。土壤紧实胁迫下黄瓜（孙艳等，2006）、向日葵（Andrade et al.，1993；李潮海等，2005）、番茄（张国红等，2004）、大麦（Young et al.，1997）和小麦（Stirzaker et al.，1993）等作物的茎粗、干物质积累、叶片扩展速度、叶面积、株高和叶片数等，也均明显降低。土壤紧胁迫影响作物生长的机制，一是由于土壤紧实造成根系发育不良，影响了根系吸收养分和水分，进而危及地上部茎叶发育；二是紧实胁迫下根系合成分泌一些激素类信息物质，输送到地上部，直接抑制了茎叶生长。

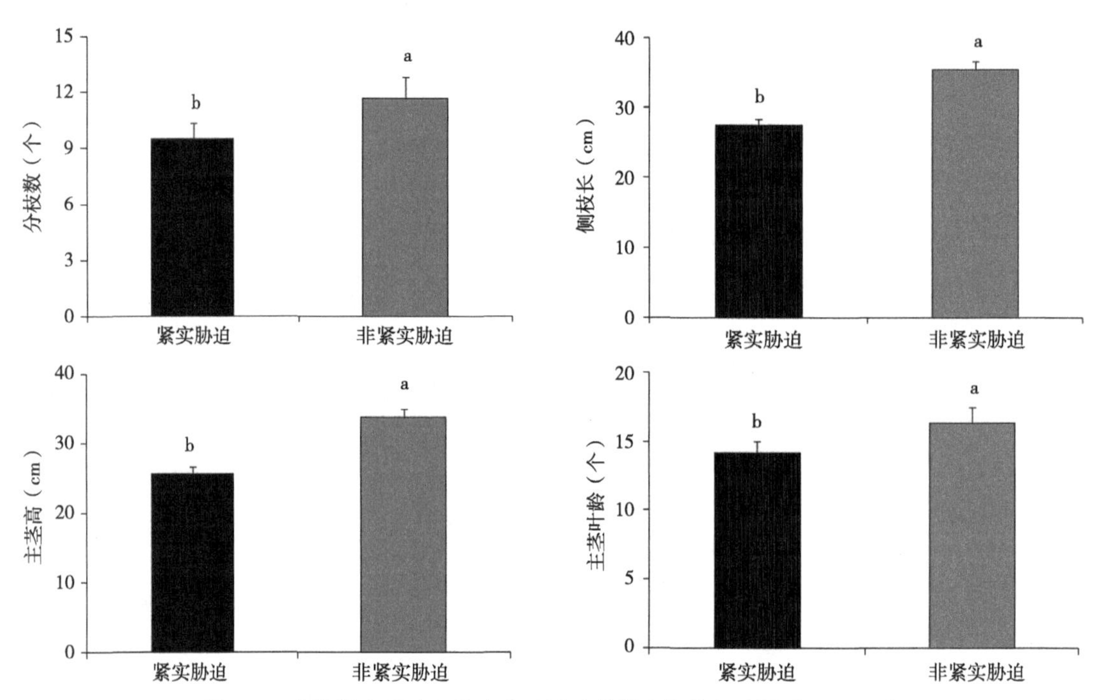

图4-3　土壤紧实胁迫下花生茎叶形态特征变化情况（罗盛，2016）

注：不同字母表示紧实胁迫与非紧实胁迫处理间差异达到显著水平（P<0.05）。

三、荚果形态特征

花生从子房开始膨大到荚果成熟，其物质合成及营养累积过程均易受到土壤紧实胁迫的危害。紧实胁迫的土壤，虽然能够满足结荚所需的黑暗和机械刺激两个必要条件，但土壤水分、空气、养分及温度等变化，也会影响荚果发育过程中的代谢活动。另外，紧实胁迫下地上部发育不良，特别是光合产物不能有效运输到荚果，更会造成荚果变小、不饱满等现象。图4-4可直观看出，土壤紧实胁迫下花生荚果性状明显小于非紧实胁迫。

非土壤紧实胁迫下，成熟荚果（花育33，大花生品种）的平均长度为4.3cm、平均宽度为1.7cm，而紧实胁迫下分别减少了14.6%和11.6%，达到显著水平（图4-5）。紧实胁迫也减少了有效荚果数量，但未达到显著水平。土壤紧实胁迫下花生百果重由191.4g下降至167.3g，减少12.6%。说明土壤紧实胁迫影响荚果发育是多方面的，土壤紧实胁迫下荚果膨大空间有限阻力大、营养供给不良，造成其大小、数量、重量等各个方面均降低。

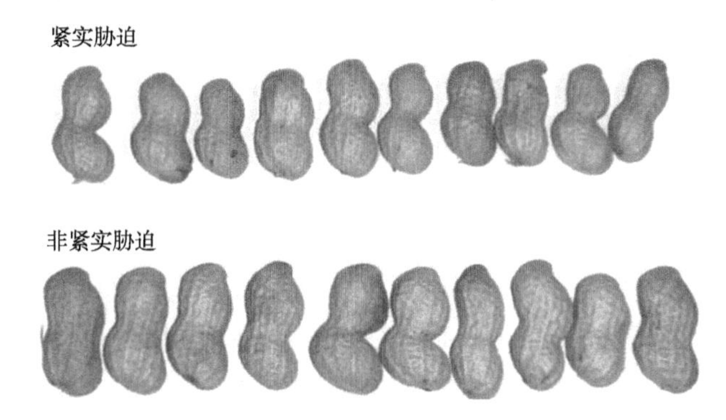

图4-4　土壤紧实胁迫对花生荚果大小的影响（Shen et al.，2016）

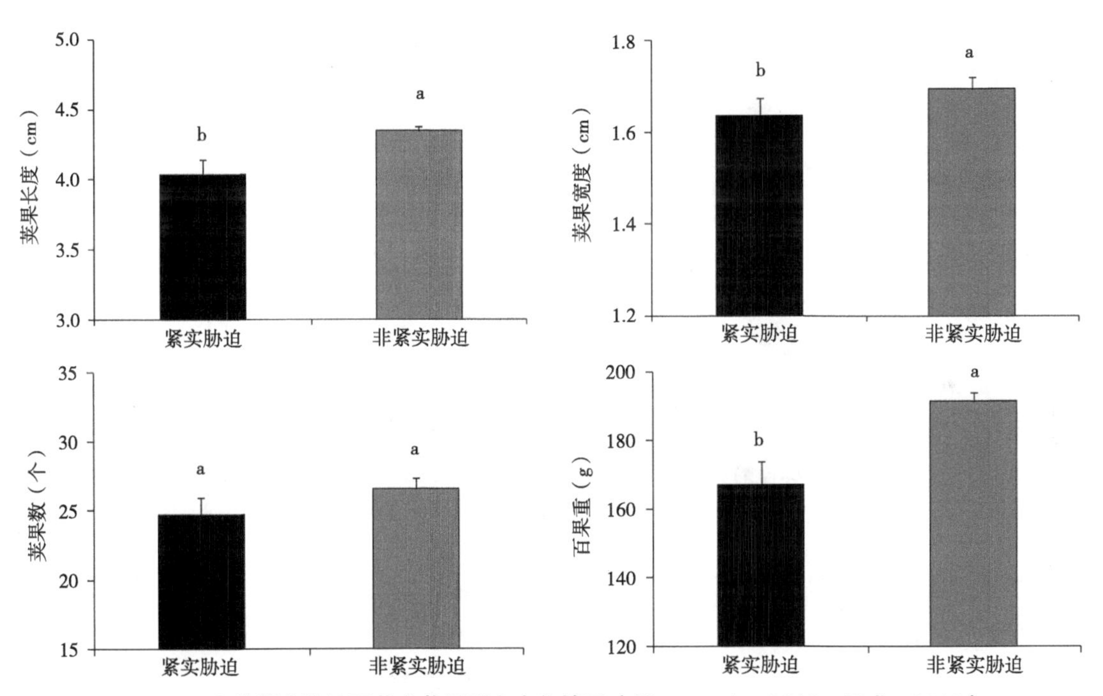

图4-5　土壤紧实胁迫下花生荚果形态变化情况（Shen et al.，2016；罗盛，2016）

注：不同字母表示紧实胁迫与非紧实胁迫处理间差异达到显著水平（P<0.05）。

四、开花下针特征

花生生长发育过程中开花时期和开花量可能也会受到土壤紧实胁迫的影响。紧实胁迫下植株生长发育不良，主茎矮、分枝数减少，花瓣可着生位置少而使得开花量相应减少。土壤紧实胁迫可导致植株体内激素等含量变化，而引起开花时间发生改变，对此还有待于进一步研究。在紧实胁迫下荚果发育除了受土壤阻力影响外，还与果针的穿透能力及其着生位置的高低有关。一般而言，果针离地愈高、果针愈长、愈软，入土能力亦愈弱。土壤紧实状况对土壤干湿状况也有影响，因而紧实胁迫会影响到果针的伸长与发育。

五、干物质累积与分配

花生各器官物质积累量，在一定程度上反映了植株生长发育的好坏。受外界不良环境的影响小，花生生长发育就好，可制造更多的光合产物，增加植株干物质积累。紧实胁迫显著影响了花生的生长发育及干物质累积（图4-6）。由图4-7可知，随着土壤紧实胁迫时间的延长，对花生干物质累积的影响也不断加重。如花生苗期，紧实胁迫下植株干物质累积量比非紧实胁迫减少14.6%，而花针期、结荚期、饱果期、成熟期干物质累积量则分别减少22.6%、24.8%、24.1%、31.8%。土壤紧实胁迫可造成植株总干物质重即生物量下降1/3。

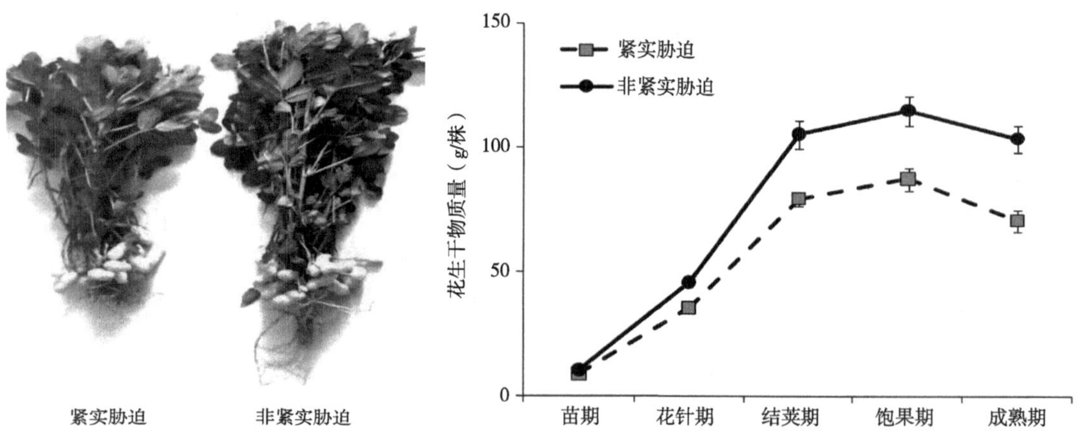

图4-6　紧实胁迫对花生植株体的影响

图4-7　盆栽花生土壤紧实胁迫下不同生育时期植株干物质累积变化（刘兆娜等，2019）

植物各器官对紧实胁迫的反应往往表现出整体性和协同性适应，干物质分配比率在一定程度上能反映作物在受到紧实胁迫时的生存对策。成熟期植株各器官积累物质主要向生殖体转移，籽仁和壳针等生殖器官累积干物质重占比超过65%，其中籽仁占比45%以上，是干物质累积中心（图4-8）。茎叶和根系随着生育进程推进所占总干物重的比例逐渐变小，成熟期茎叶干物质重占比27%，根系占比在2%以下。土壤紧实胁迫下花生籽仁、壳针、茎叶及总干物质重都明显下降，其中籽仁和总干物质重下降最大，达到显著水平。

也有研究证实，适宜的土壤紧实状况有利于促进整个生育期果针形成和入土、荚果膨大和干物质积累，后期形成中大荚果数多、体积和干物质重大；而土壤紧实胁迫不利于果针入土和干物质积累（崔洁亚等，2017）。与之不同的是，紧实胁迫根系干物重占总干物质重比例（1.8%）高于非紧实胁迫（1.3%），这可能是花生对土壤紧实胁迫的一种适应性表现。在地上部分生物量降低的同时，维持或提高根系比重，有利于消减花生在紧实胁迫下水分、养分的供求矛盾，使得抗土壤紧实胁迫能力在一定程度得到增强。

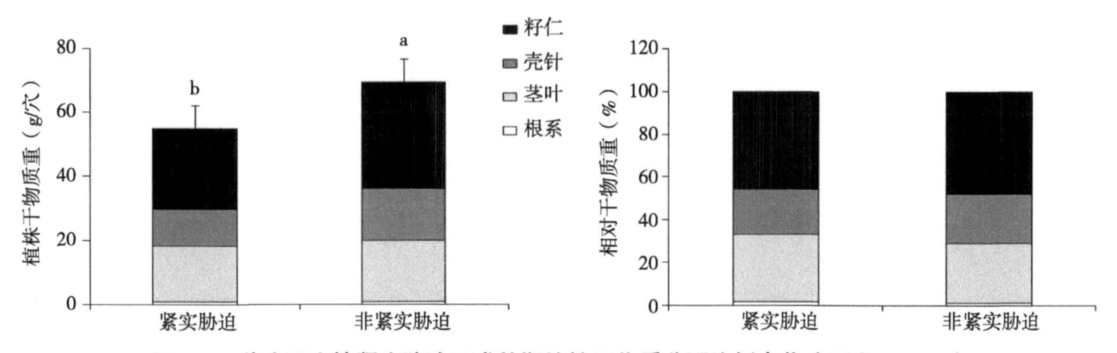

图4-8　花生田土壤紧实胁迫下成熟期植株干物质分配比例变化（罗盛，2016）

注：不同字母表示紧实胁迫与非紧实胁迫处理间差异达到显著水平（$P<0.05$）。

由花生植株各部分干物质重与土壤容重的相关性分析（图4-9）可知，土壤紧实状况（容重）对营养器官根、茎叶干物质积累的影响不明显，但对生殖器官壳针、籽仁的影响显著，与花生壳针、籽仁呈显著负相关（$P<0.05$），说明土壤紧实胁迫会严重影响到花生生殖生长，使花生籽仁干物质积累显著下降。因而，维持适宜的土壤紧实状况，有利于促进花生植株各部分的生长发育，协调好花生营养器官与生殖器官、地上部分与地下部分的关系。

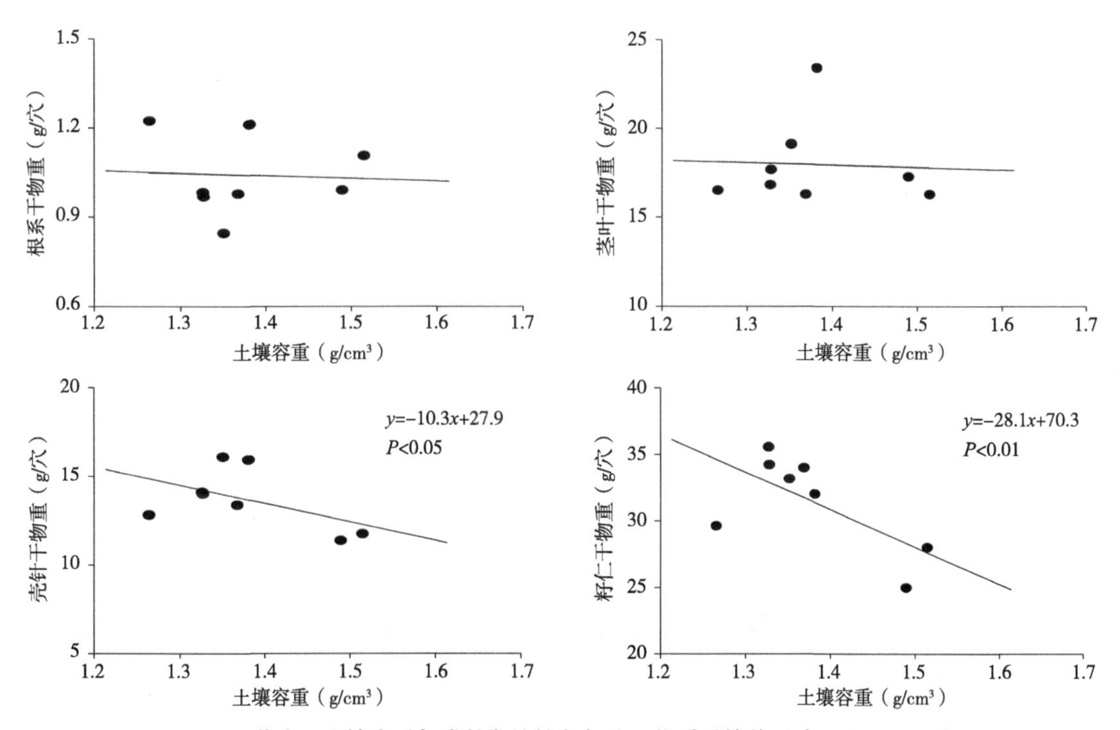

图4-9　花生田土壤容重与成熟期植株各部分干物质重的关系（罗盛，2016）

第二节　土壤紧实胁迫下植株生理特性

光合作用、物质代谢等生理特性可反映植株响应外界逆境环境的内在变化。除了花生外在生长指标，土壤紧实胁迫对花生生理特性的影响也非常大，明确生理特性的响应规律与机理，可为开展紧实胁迫的调节与控制提供很好的理论依据。

一、根系生理特性

根系是植物的根基，具有合成激素、吸收水分和养分等重要的生理功能，进而影响地上部生长发育、生理功能、物质代谢以及产量和品质形成。一般作物根系越发达，根系活力越高，获得的水分和养分等越多，相应的经济产量就越高（鲁成凯等，2017）。土壤紧实度大小不仅影响根系形态和结构，而且影响根的生理功能。

（一）根系活性

根系活性反映了根系生长发育状况，是根系生命力的综合指标，土壤紧实度过大严重阻碍了根系的生长、分布以及吸收功能，不利于根系活性的提高。当土壤紧实度增大时，根系遭遇机械阻力加大，使得根系膨压增加（Clark et al.，1996），而克服阻力需要消耗更多生长力（Greacen et al.，1972）。崔晓明等（2016）研究发现不同生育时期花生根系活性对土壤紧实程度的响应存在差异，苗期、花针期、结荚期、饱果期根系活性随生育时期呈下降趋势，紧实胁迫相比非紧实胁迫根系活力分别降低12.5%～23.8%（图4-10）。这与其他作物研究结果相一致，黄瓜在紧实胁迫下根系的呼吸受到抑制，根系活性下降50%～64%，根冠比也显著下降，生姜和玉米在紧实胁迫下根系活性降低也显著下降（李潮海等，2005；尚庆文等，2008）。

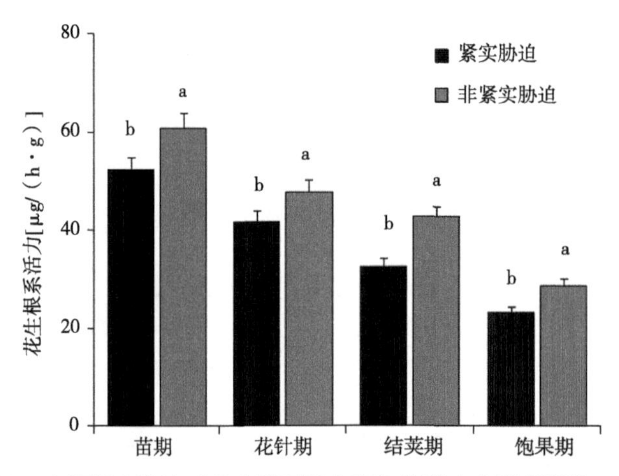

图4-10　土壤紧实胁迫对花生根系活力变化的影响（崔晓明等，2016）

注：不同字母表示同一生长期紧实胁迫与非紧实胁迫处理间差异达到显著水平（$P<0.05$）。

土壤紧实胁迫导致根系活性下降的原因是，紧实胁迫可引起土壤呼吸强度提高、通气性降低，土壤中O_2浓度减少而CO_2浓度增加并大量累积，根系有氧呼吸受到抑制，产生的能量减少，而根系无氧呼吸得以加强，增加了乙醇、乳酸等代谢产物的累积；同时，土壤中高的CO_2浓度使根组织中CO_2浓度增加，抑制琥珀酸脱氢酶和细胞色素氧化酶活性，降低根系吸收和合成功能，表现出根系活力下降（王德玉等，2013）。

（二）根系内源激素

IAA、GA、CTK、ABA等激素参与调控花生生长发育的每个过程。其中，IAA在协调体内外调节机制中起着重要作用；GA在调控种子萌发、叶片生长和开花时间等过程中起着重要作用；CTK能够促进侧芽生长，刺激细胞分化，促进愈伤组织和种子发芽，还能防止叶片衰老；ABA在植物对胁迫耐受性和抗性方面发挥着重要作用（赵黎明，2009）。

一般情况下，非紧实胁迫下花生根系IAA、GA3、CTK含量保持较高水平而ABA含量较低，这样有利于根系正常生长及保持良好的根系形态。邹晓霞等（2018）研究发现不同生育时期花生根系内源激素含量对土壤紧实程度的响应存在差异，土壤紧实胁迫下均表现为抑制花生根系IAA、GA和CTK的生成，促进ABA的生成（图4-11）。较高的根系IAA、GA3、CTK含量与根系干物重、总长度、体积和表面积均呈正相关，但与ABA含量呈负相关。目前研究普遍认为激素是根感知土壤机械阻力的信号载体，尤其是ABA与土壤紧实度胁迫关系更为密切（吴亚维等，2008）。土壤紧实胁迫下花生根系产生大量的ABA，能降低根系活力，使根系吸收能力及代谢水平处在较低的状态下；同时根系ABA由木质部输送到地上部后，能够对叶片细胞质膜造成伤害，阻碍叶片光合作用，降低碳的同化，氮代谢所需的能量与碳源减少而受到抑制（Hurley et al.，1999；刘晚苟等，2006）。

根系感知到胁迫后，还会产生乙烯等其他化学信号调节根的生长（Young et al.，1997）。Sarquis等（1991）研究结果表明，紧实土壤中乙烯含量会明显升高，而Barlow和Baluska（2000）用乙烯处理植物根系，同样会发现根系生长速率降低，并且根系直径增加。由此推测，紧实胁迫土壤上，可以通过乙烯来调节植物根系形态，从而适应紧实土壤环境（杨晓娟等，2008）。

（三）根系养分吸收

花生根系与其他植株器官一样能够感知土壤环境的变化信息，并根据来自其他营养器官和生殖器官的信号，相应的调节自身生长发育和对水分、养分的吸收运输（潘晓迪等，2017）。土壤紧实胁迫显著影响花生田水肥有效性和根系生理功能，一方面降低花生田土壤有效持水量，另一方面提高土壤机械阻力，使得根系生长受阻、分布不均匀，根系对土壤中水肥的吸收率降低（宋家祥等，1997）。根际土壤中养分元素的流动由根吸水作用驱动的“质流”和根际土壤中养分浓度梯度驱动的“扩散”两种形式。研究表明，土壤紧实胁迫对扩散的影响要大于对质流的影响，从而增加主要靠扩散方式被植物吸收的磷和钾（Arvidsson，1999），而降低依靠质流到达植物根表的氮、钙、镁、铜、锌和铁等元素。在小麦、大麦和豌豆等作物上的研究发现，土壤紧实造成养分吸收下降的主要原因是由于紧实胁迫严重制约了根系生长，同时改变了土壤中有效养分含量（Grath et al.，1997；Ishaq et al.，2001；Seguel et al.，2005）。从花生根系养分吸收量看，土壤紧实胁迫可使得根系对土壤表层氮的吸收量减少59.5kg/hm^2，对磷、钾的吸收分别降低12.6%和22.6%。

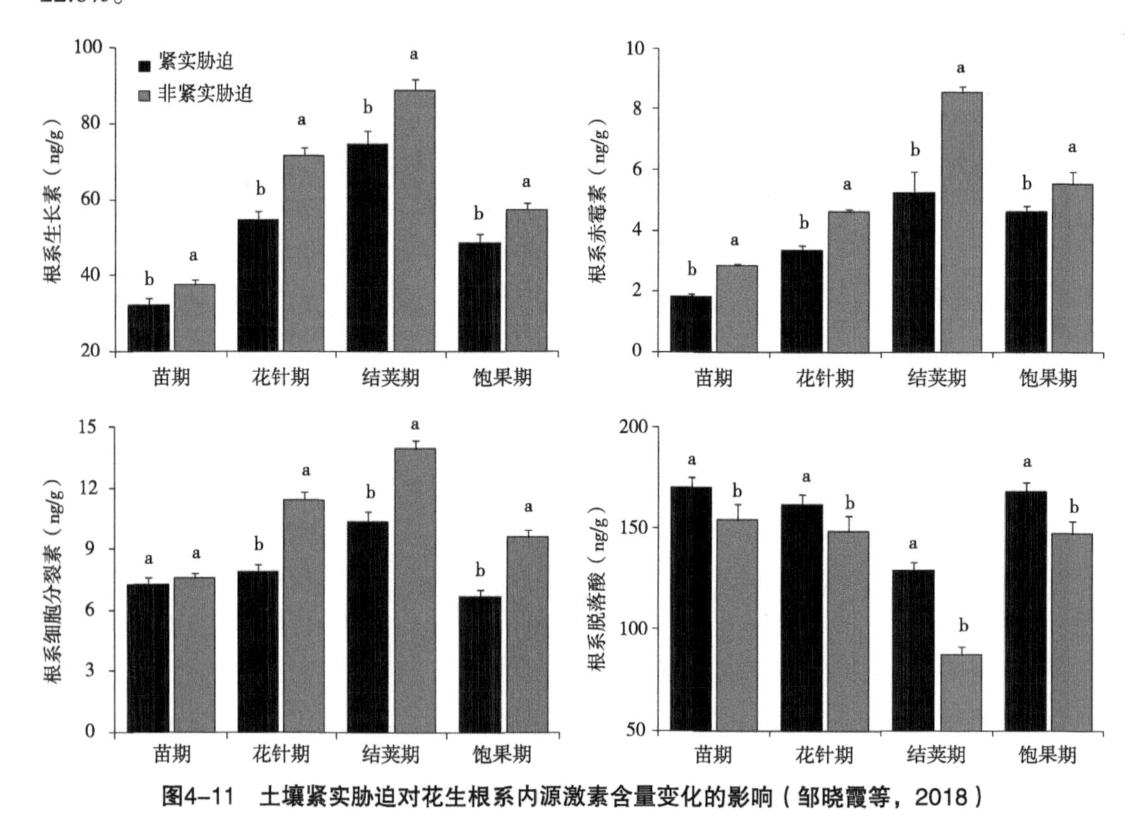

图4-11　土壤紧实胁迫对花生根系内源激素含量变化的影响（邹晓霞等，2018）

注：不同字母表示同一生长期紧实胁迫与非紧实胁迫处理间差异达到显著水平（$P<0.05$）。

二、叶片生理特性

植株地上部器官组织形态结构和生长发育变化的内在原因是生理生化调控的反应。花生叶片生理特性变化对土壤紧实胁迫的响应情况，主要表现在叶片叶绿素含量、净光合速率、保护酶活性、可溶性蛋白质含量等方面。

（一）叶片叶绿素含量

叶绿素是植物叶绿体内参与光合作用的重要色素，功能是捕获光能并驱动电子转移到反应中心，能够影响作物生长发育及产量形成（杨富军等，2013）。利用手持式叶绿素仪可直接测定叶片绿色度，测得数值即为SPAD值（艾天成等，2000）。由图4-12可知，花生各生育时期叶片叶绿素含量对土壤紧实程度的响应存在差异，饱果期叶绿素含量相对较低，土壤紧实胁迫显著降低了花生叶片SPAD值，苗期、花针期、结荚期、饱果期叶片SPAD值分别下降8.1%、7.7%、7.6%和16.1%。土壤紧实胁迫降低花生功能叶片叶绿素含量，叶绿素含量降低导致光能吸收下降，从而使光合作用受到抑制。土壤紧实胁迫也会抑制叶绿体发育，叶色表现出黄化、白化、条纹等症状，光合效率降低、生长迟缓，导致花生干物质积累少、荚果产量降低（刘妍，2018）。

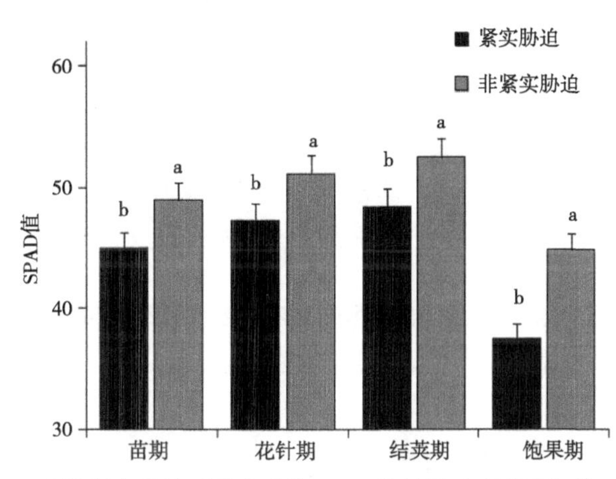

图4-12　土壤紧实胁迫对花生叶片SPAD值的影响（张亚如等，2018）

注：不同字母表示同一生长期紧实胁迫与非紧实胁迫处理间差异达到显著水平（P<0.05）。

（二）叶片净光合速率

光合作用是干物质累积形成的重要过程，与花生生长发育与产量形成密切相关。花生干物质积累主要来自光合作用，较高光合速率是花生高产的前提。净光合速率是光合作用光反应和暗反应强弱的综合反映（高飞等，2011）。不同生育时期花生叶片净光合速率对土壤紧实程度的响应存在差异，饱果期后叶片净光合速率明显较低，可能与不同生育时期叶片叶绿素含量和光合活性差异有关。田树飞等（2018）发现土壤紧实胁迫显著降低了花生叶片净光合速率，苗期、花针期、结荚期、饱果期分别下降9.4%、10.2%、3.8%和8.0%（图4-13）。

土壤紧实胁迫影响花生叶片净光合速率原因，一是土壤紧实胁迫造成根系生长缓慢，吸收功能减弱，不能提供足够的水分和养分，叶片生长速度减缓，单叶厚度变薄，单株叶面积变小，叶片过早衰老，净光合速率下降（张亚如等，2017b）。二是根系产生大量的信号传递物ABA运输到地上部，致使叶片气孔关闭，气孔导度下降，并破坏叶片内叶绿素a，降低叶片可溶性蛋白质含量，促使叶片衰老；还能降低RuBP羧化酶活性，固定CO_2的速率降低，致使PSⅡ的电子传递能力受阻，胞间CO_2浓度增大，导致叶片净光合速率下降（孙艳等，2005）。土壤紧实胁迫也易造成黄瓜叶片净光合速率降低。然而，有研究发现向日葵的光合作用不仅没有受到土壤紧实胁迫影响，反而在某种程度上能促进其进行光合作用

（Andrade et al.，1993；孙艳等，2005），对此还需要考虑植株整体发育状况及群体光合作用。

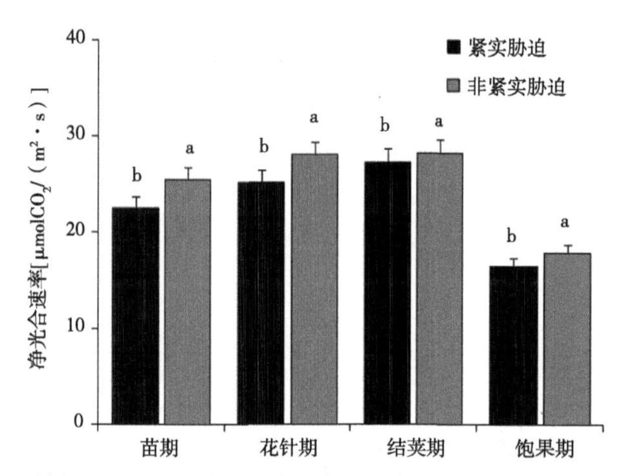

图4-13　土壤紧实度对花生功能叶净光合速率变化的影响（田树飞等，2018）

注：不同字母表示同一生长期紧实胁迫与非紧实胁迫处理间差异达到显著水平（$P<0.05$）。

（三）叶片超氧化物歧化酶和过氧化物酶活性

土壤紧实胁迫可导致植物体内产生对自身生长有害的活性氧，活性氧对植物细胞膜系统进行氧化，导致膜系统损伤，造成细胞代谢功能不可修复，而植物可通过内源性保护性酶促清除系统能动地抵御、清除活性氧，以保持细胞内环境的稳定，达到动态平衡状态（尹永强等，2007）。植物对逆境的适应性与其体内保护酶活性强弱变化有密切关系（陈德朝等，2018），其中SOD、POD等酶活性与植物抗氧化胁迫反应关系密切。

SOD、POD是生物防御活性氧伤害的关键性保护酶，对于维持细胞膜结构和功能具有重要作用。由图4-14显示，花生不同生育时期叶片SOD、POD活性对土壤紧实程度的响应存在差异，花针期、饱果期相对较低、结荚期相对较高，土壤紧实胁迫显著降低了SOD、POD活性，分别降低9.0%～14.5%和17.7%～31.3%，二者平均变化幅度的大小顺序总体为POD>SOD。在土壤紧实胁迫下，提高植株抗氧化酶活性，可缓解活性氧造成的伤害。

（四）叶片丙二醛含量

丙二醛（MDA）是细胞膜脂过氧化伤害的最终产物之一，MDA含量在一定程度上反映了作物受胁迫的程度（武维华，2006）。花生各生育期间土壤紧实胁迫显著增加MDA含量，苗期、花针期、结荚期、饱果期分别增加6.9%、15.4%、21.1%和7.9%（图4-14）。紧实胁迫下花生叶片MDA含量增加，往往加速植株后期的衰老进程（李潮海等，2007）。在逆境条件下能使保护酶活力维持在一个较高水平，有利于清除自由基，减少MDA含量，降低膜脂过氧化水平，而减轻膜伤害程度（Bowler et al.，1992）。

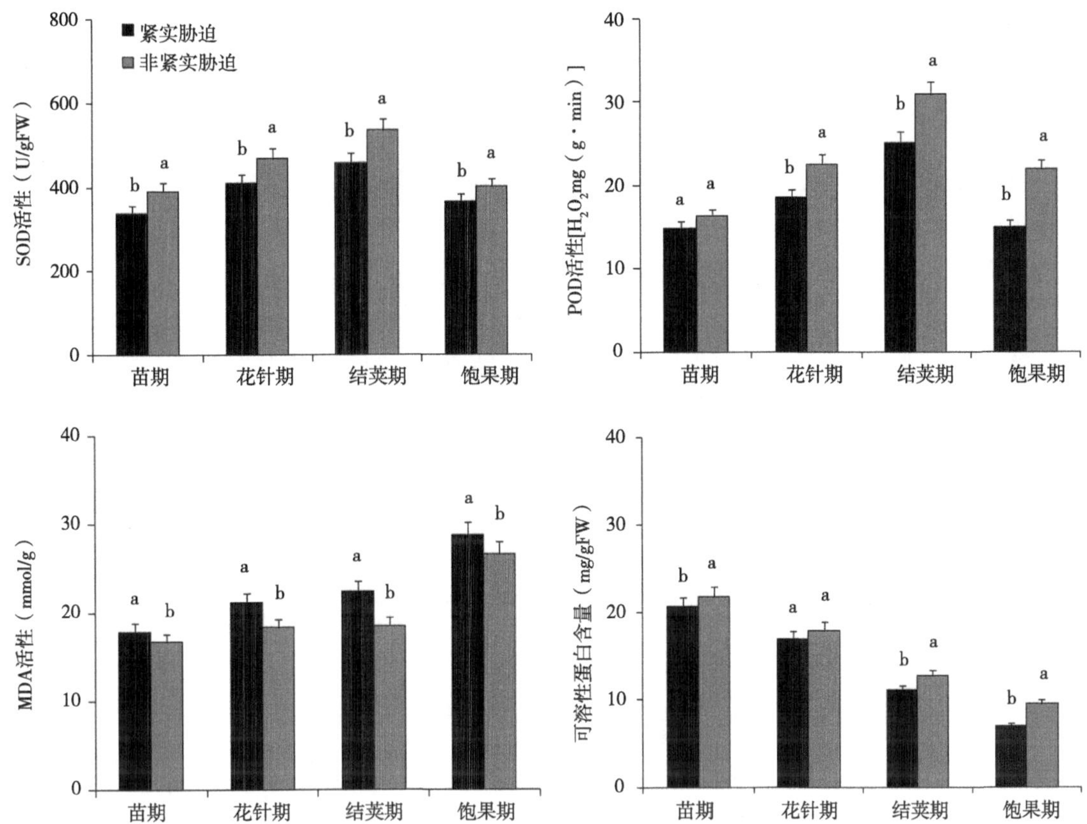

图4–14　土壤紧实胁迫对花生功能叶SOD、POD活性及MDA和可溶性蛋白含量的影响（田树飞等，2018）

注：不同字母表示同一生长期紧实胁迫与非紧实胁迫处理间差异达到显著水平（$P<0.05$）。

（五）叶片可溶性蛋白质含量

可溶性蛋白质是花生体内氮素存在的主要形式，在一定程度上反映了花生代谢水平，土壤紧实胁迫抑制花生蛋白质合成，直接导致花生功能叶可溶性蛋白含量下降。花生不同生育时期功能叶可溶性蛋白含量受土壤紧实胁迫影响显著降低，苗期、结荚期、饱果期分别降低5.3%、13.1%和26.6%（图4–14）。此外，土壤紧实胁迫下，一些逆境相关蛋白表达被激活，可能诱导产生抗逆蛋白，在一定程度上消减了土壤紧实胁迫对花生功能叶可溶性蛋白含量的降低作用。

第三节　土壤紧实胁迫下花生产量品质性状

不同于大豆、油菜、芝麻等其他油料作物常见的地上开花地上结果模式，花生荚果与土壤接触极为紧密，对土壤紧实胁迫的敏感程度更大，产量和品质形成过程往往更易受到各种抑制作用。

一、花生产量

在土壤紧实胁迫下，尽管花生荚果正常膨大的两个因素，即黑暗条件和雌蕊柄尖入土过程受到机械刺激都能满足，但是花生果针下扎及荚果发育在高紧实土壤中往往难以较好完成，大荚果数少、体积小和干物质积累少，且小果数量多（万书波，2008）。

土壤紧实胁迫影响花生荚果发育及产量形成，在高肥力、中肥力和低肥力土壤上均造成显著减产（图4-15）。相比于非紧实胁迫，紧实胁迫下高肥力土壤花生产量由6 142kg/hm^{2}下降至4 521kg/hm^2，产量减少了26.4%；中肥力土壤紧实胁迫下花生产量也相似地减少了26.3%；低肥力土壤紧实胁迫下花生产量减少了19.5%。有研究表明，紧实胁迫下大豆、油菜等油料作物营养体发育不良，影响物质累积及其向果实转移，进而产量品质显著下降、经济效益降低（曹立为，2015）。对于花生而言，紧实胁迫不利于花生整个生育期果针形成和入土、荚果膨大和干物质积累，造成后期荚果数减少、荚果重下降。

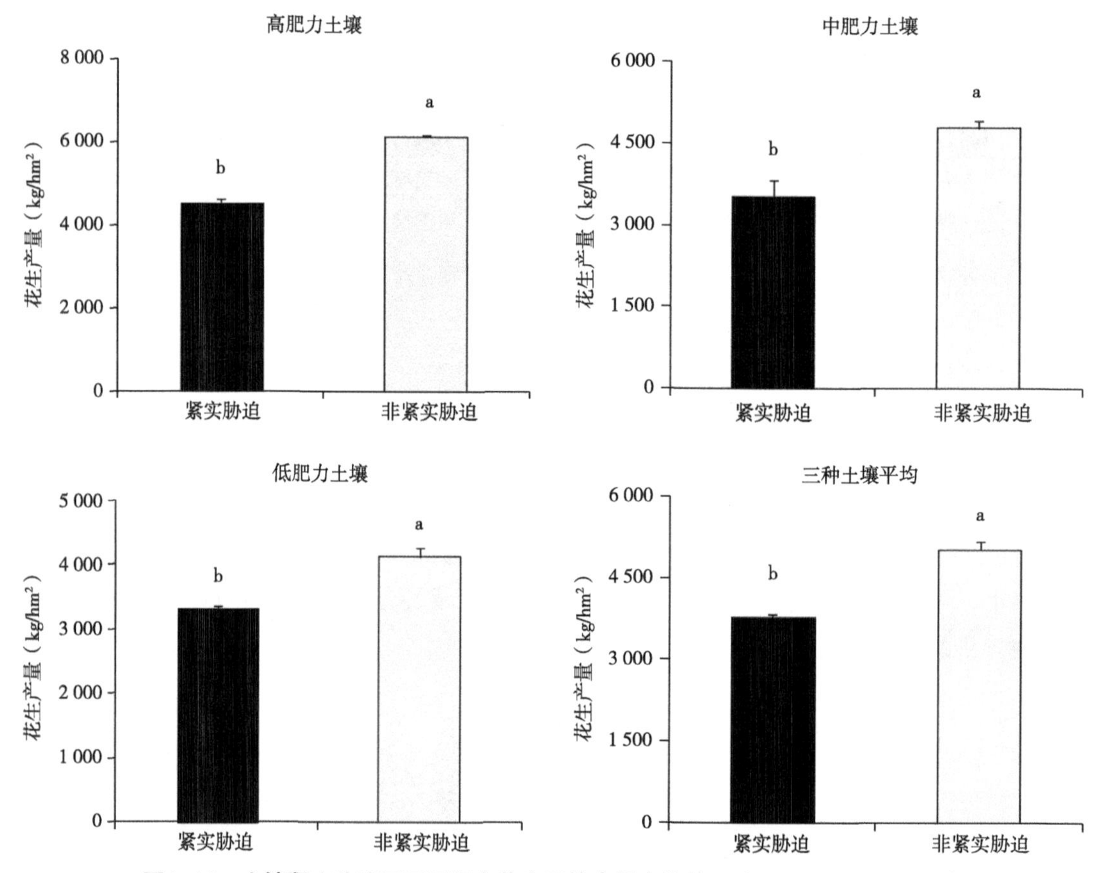

图4-15　土壤紧实胁迫下不同肥力花生田的产量变化情况（Shen et al.，2016）

注：不同字母表示紧实胁迫与非紧实胁迫处理间差异达到显著水平（P<0.05）。

据花生产量与土壤紧实度相关性分析可知，土壤容重每增加0.1g/cm³，花生相对产量则降低4.6%（图4-16）。刘兆娜等（2019）分析花生产量变化也发现，土壤紧实度过大不利于花生结果数增多和饱满度增大，影响荚果和籽仁产量的提高，适宜容重则有利于增加结果数和荚果饱满度，而提高荚果和籽仁产量。

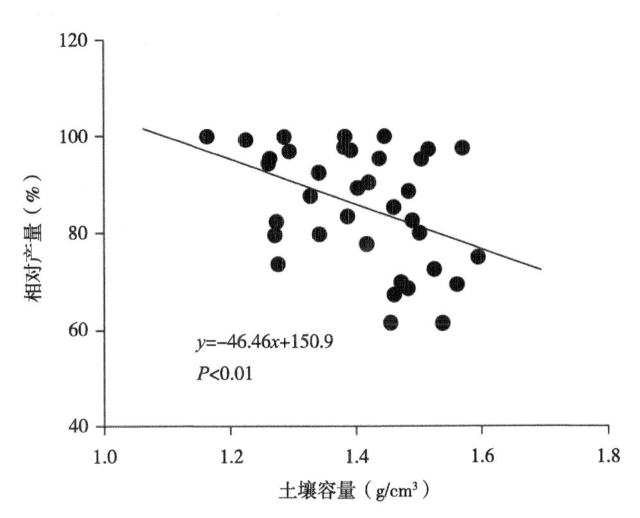

图4-16　土壤紧实状况（容重）与花生产量的线性关系（Shen et al.，2016）

二、籽仁蛋白质含量与产出量

蛋白质是花生籽仁的主要营养成分之一，对于食用、加工用花生，蛋白质含量是影响其品质的重要因素。氮是花生生长必需的主要营养元素，是构成蛋白质的主要元素，促进氮素代谢及氮素向籽仁转运，将有利于花生籽仁蛋白质合成与累积。如图4-17所示，紧实胁迫相比非紧实胁迫，花生籽仁蛋白质含量下降0.83个百分点，两者之间差异虽然没有达到显著水平，但紧实胁迫对蛋白质含量有一定的影响。高波（2015）研究不同耕作方式对花生品质的影响发现，通过深耕等综合措施形成的非紧实胁迫可显著提高花生蛋白质含量，可提高1.88个百分点。另外，紧实胁迫对花生蛋白质含量的影响，在不同品种上的表现存在差异（刘璇等，2019）。比较变化，土壤紧实胁迫使蛋白质产出量下降18.7%，这与籽仁产量及蛋白质含量下降密切相关。

土壤紧实胁迫不利于花生籽仁蛋白质合成的原因，一是在紧实度高的土壤中，土壤氮素易发生反硝化作用，常以N_2O等形式排出；二是降低了花生结瘤和共生固氮能力。对于花生植株本身，紧实胁迫抑制了根系生长，侧根发育受阻，主根变粗，根系活力、呼吸速率下降，吸收氮素等养分的能力降低，叶片光合能力下降，蛋白质合成减少，向籽仁转运的干物质及蛋白质下降。

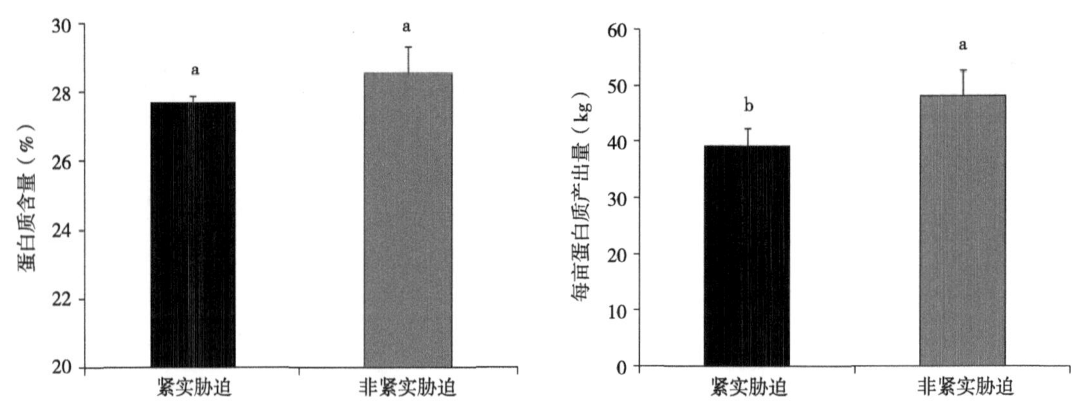

图4–17 土壤紧实胁迫下花生籽仁蛋白质含量及产出量变化情况（刘璇等，2019）

注：不同字母表示紧实胁迫与非紧实胁迫处理间差异达到显著水平（P<0.05）。

三、籽仁含油率与产油量

花生在我国主要用于榨油，油脂含量直接关系到榨油企业的效益。油脂是由脂肪酸和甘油合成。脂肪酸由丙酮酸生成乙酰辅酶A，经过一系列生化反应合成而来；甘油是由葡萄糖糖酵解产生的磷酸二羟丙酮转化而来，可见油脂合成的原料来自光合产物。图4-18显示，土壤紧实胁迫下花生含油率变化较小，紧实胁迫与非紧实胁迫两者没有显著差异，而在紧实胁迫下花生产油量却显著下降15.8%。也有研究发现，通过深耕等综合措施形成的非紧实胁迫可显著提高花生油脂含量，可提高1.44个百分点（高波，2015）。紧实胁迫抑制了花生生长发育，致使干物质及营养物质累积减少，从而使得花生油脂合成及累积减少。另外，磷等营养元素是花生脂肪形成过程中不可缺少的元素，而土壤紧实胁迫抑制根系对于磷等元素的吸收，花生籽仁中磷等元素分配显著减少，也在一定程度上影响花生籽仁脂肪的形成及含油率的增加（郑亚萍等，2013）。

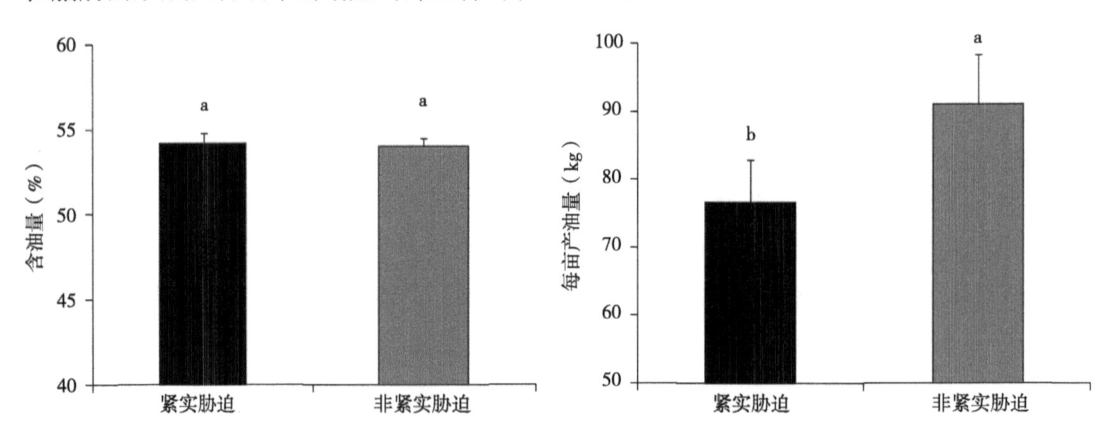

图4–18 土壤紧实胁迫下花生籽仁含油率及产油量变化情况（刘璇等，2019）

注：不同字母表示紧实胁迫与非紧实胁迫处理间差异达到显著水平（P<0.05）。

四、籽仁重与出仁率变化

土壤紧实度过高，荚果膨大遭受的阻力大，影响花生荚果发育、膨大和干物质积累。花生百仁重和出仁率作为品质的重要指标，反映了正常发育的典型籽仁重量及花生的使用价值。图4-19显示，紧实胁迫下花生百仁重比非紧实胁迫下降18.8%；出仁率在紧实胁迫下为71.6%，比紧实胁迫降低了1.8个百分点。由此可见，改善土壤紧实状况，能够提高花生籽仁重和出仁率，而改善花生的使用价值。

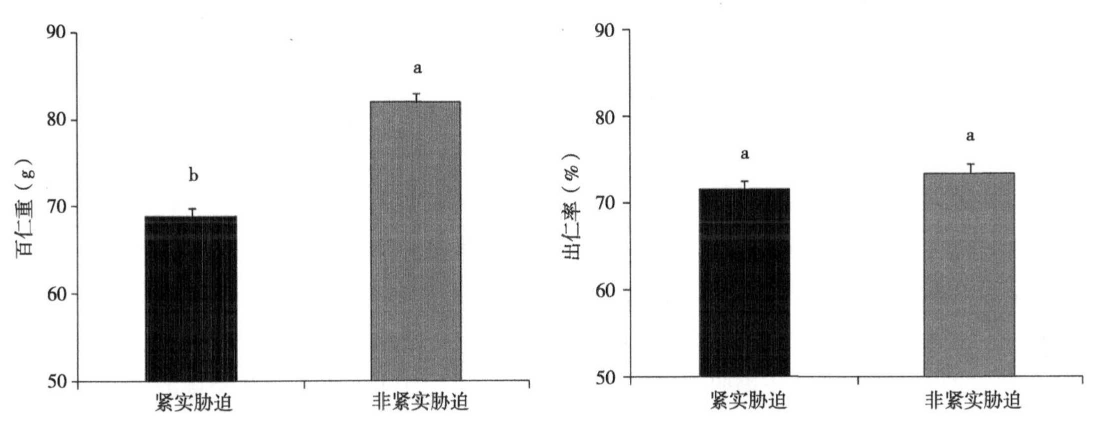

图4-19　土壤紧实胁迫下花生百仁重和出仁率变化情况（罗盛，2016）

注：不同字母表示紧实胁迫与非紧实胁迫处理间差异达到显著水平（$P<0.05$）。

五、其他

饱和脂肪酸和不饱和脂肪酸也是花生籽仁的重要组成成分，其中含量较多的油酸、亚油酸等是人体必需的脂肪酸，它们的含量和比例直接影响花生油的品质。亚油酸含量高，油酸、亚油酸含量比值（O/L值）低的花生，其产品货架期较短，从储存使用时间的角度会影响花生营养品质。油酸含量高的花生其产品货架期长，且有利于人体健康，O/L值是国际花生贸易中的重要指标。花生籽仁随成熟度的提高，油酸含量逐渐增加，亚油酸含量逐渐降低，完熟种子较未完熟种子油酸含量高，亚油酸含量稍低，人体必需脂肪酸含量和O/L值受籽仁质量状况影响，表现为一级米>二级米>三级米。高波（2015）发现，免耕等改变土壤紧实度的栽培措施能够显著提高花生籽仁棕榈酸、硬脂酸、亚油酸和花生酸含量，显著降低油酸含量，降低了花生耐储藏性。张佳蕾（2013）发现土壤紧实胁迫影响荚果膨大，不利于花生可溶性糖向脂肪的转化，也不利于花生O/L值的提高，从而影响花生品质的形成。

另外，土壤紧实胁迫也显著影响花生籽仁氨基酸组成及含量（高波，2015）。与非紧实胁迫处理相比，土壤紧实胁迫显著降低了苏氨酸、亮氨酸、苯丙氨酸、赖氨酸、谷氨酸等含量，蛋白质品质下降明显。

第四节　土壤紧实胁迫下花生养分吸收特性

作物生长需要松紧适宜的土壤环境条件。土壤紧实度变化常常引起土壤水分、通气性、温度、生物活性和机械阻力等的变化，直接或间接影响根系吸收养分及养分在植株体的累积与分配（石彦琴等，2010）。明确土壤紧实胁迫下花生养分吸收特性，可为改善花生营养状况及花生高产高效生产提供重要依据。

一、氮素吸收分配

氮是作物生长发育的基础元素，参与作物各项生理作用，其供应充足与否直接影响作物生长的好坏，最终影响作物产量。花生属于豆科作物，氮素来源主要有根瘤固氮、土壤氮和肥料氮，其中根瘤固氮对氮素积累的贡献率在50%以上，通过根瘤将大气中的氮气转化为有机氮固定于植株体内，直接影响着植株地上部生长和产量形成（郑永美等，2019）。花生对氮素的需求较禾谷类作物高，缺氮植株叶片小而黄、分枝数少、荚果小、秕果多。花生能够直接从土壤吸收的无机氮主要是硝态氮和铵态氮（刘学良等，2019）。氮素的吸收利用因土壤质地、肥力水平、肥料种类、肥料用量和花生品种类型的不同有较大差异（王敬勇，2013）。田间成熟期花生根系、茎叶、壳针、籽仁含氮量变化范围在0.80%～4.57%，以籽仁含氮量最高，根系、茎叶次之，壳针最低；中度土壤紧实胁迫仅显著减少了成熟期籽仁含氮量（表4-1）。高度土壤紧实胁迫下盆栽结荚期植株各器官含氮量均显著下降，平均减少0.52个百分点。

表4-1　田间中度与盆栽高度紧实胁迫下花生各器官含氮量变化（罗盛，2016；张亚如等，2017a）

植株部分	结荚期含氮量（%）		成熟期含氮量（%）	
	高度紧实胁迫	非紧实胁迫	中度紧实胁迫	非紧实胁迫
根系	4.18b	5.37a	1.39a	1.06b
茎叶	1.91b	2.17a	1.13a	1.15a
壳针	1.72b	2.13a	0.90a	0.80b
籽仁	3.85b	4.44a	4.29b	4.57a
平均	2.55b	3.07a	1.93a	1.89a

注：不同字母表示同一植株部分紧实胁迫与非紧实胁迫处理间的差异达到显著水平（$P<0.05$）。

如图4-20所示，土壤紧实胁迫显著降低了花生氮素累积量。田间成熟期花生植株氮主要累积在籽仁，占比75%以上，其次为茎叶，再次为壳针，根系氮累积量最少；中度土壤紧实胁迫使得籽仁氮累积量显著降低了31.4%，茎叶、壳针等没有显著变化。而盆栽结荚期植株累积的氮主要分配在茎叶，其次是籽仁，壳针再次之，根系最少；高度土壤紧实胁迫下植株各器官氮累积量均显著下降，平均减少了一半左右。由此可见，土壤容重增大，土壤水分和气体含量降低，机械阻力增加，影响根系生长，导致花生对氮的吸收减少（刘崇彬等，2002），同时根瘤固氮酶活性低，固氮能力越弱，供给花生生长所需要的氮素又显著减少（张亚如等，2017a）。适宜的土壤紧实程度有利于促进花生植株吸收氮素，并加速向籽粒运转，利于籽仁蛋白质合成（罗盛，2016）。

可见，土壤紧实胁迫对花生养分（氮）吸收的影响，与紧实胁迫的程度有很大关系，高度土壤紧实胁迫对养分（氮）累积量产生显著抑制，同时显著降低了植株各部分养分（氮）含量状况，而中度紧实胁迫仅能影响养分累积量，还没有到达显著抑制花生养分含量的程度。此外，田间试验受外界降水、气温及管理措施的影响，可能消除了部分直接由紧实胁迫造成的危害。

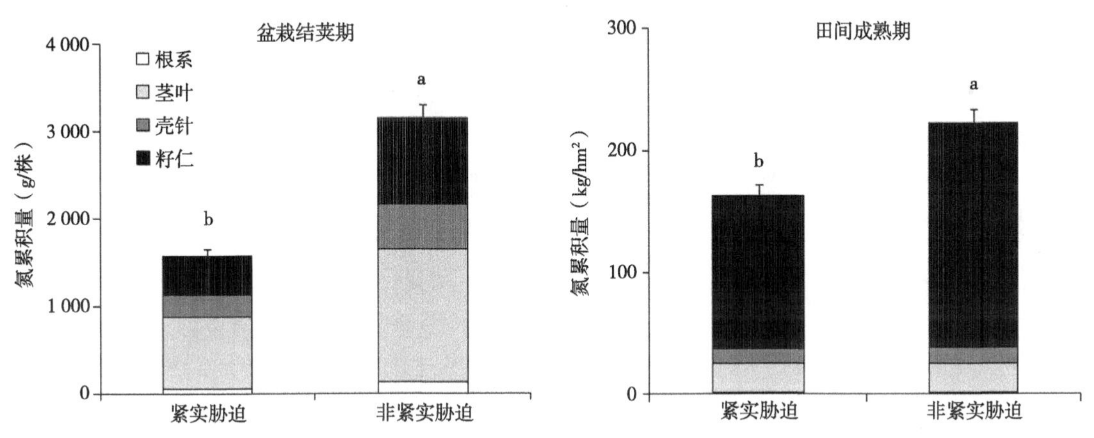

图4-20　田间中度与盆栽高度紧实胁迫下花生各器官氮累积分配变化（罗盛，2016；张亚如等，2017a）

注：不同字母表示紧实胁迫与非紧实胁迫处理间总氮累积量的差异达到显著水平（$P<0.05$）。

二、磷素吸收分配

磷是花生体内合成核酸、磷脂和蛋白质等的重要成分，对花生根瘤形成、固氮及油脂合成等具有重要作用（黄尚书等，2018）。田间成熟期花生根系、茎叶、壳针、籽仁含磷量变化范围在0.09%～0.44%，以籽仁和根系含磷量最高，壳针次之，茎叶最低；中度紧实胁迫对成熟期植株各器官含磷量的影响不显著，壳针和根系含磷量反而增加（表4-2）。不同的是，盆栽结荚期高度土壤紧实胁迫均显著降低了植株各器官含磷量，平均减少了0.06个百分点。

表4-2　田间中度与盆栽高度紧实胁迫下花生各器官含磷量变化（罗盛，2016；张亚如等，2017a）

植株部分	结荚期含磷量（%）		成熟期含磷量（%）	
	高度紧实胁迫	非紧实胁迫	中度紧实胁迫	非紧实胁迫
根系	0.38b	0.50a	0.44a	0.35b
茎叶	0.18b	0.21a	0.14a	0.09b

（续表）

植株部分	结荚期含磷量（%）		成熟期含磷量（%）	
	高度紧实胁迫	非紧实胁迫	中度紧实胁迫	非紧实胁迫
壳针	0.21b	0.24a	0.27a	0.17b
籽仁	0.24b	0.32a	0.47a	0.46a
平均	0.23b	0.29a	0.33a	0.27a

注：不同字母表示同一植株部分紧实胁迫与非紧实胁迫处理间的差异达到显著水平（$P<0.05$）。

土壤紧实胁迫显著降低了花生植株总磷累积量（图4-21）。田间成熟期花生植株磷主要累积在籽仁部分，占比在65%以上，其次是茎叶和壳针，根部系磷累积量最少；籽仁受土壤紧实胁迫的影响，籽仁磷累积量显著下降25.7%，但是紧实胁迫下根系、茎叶和壳针中磷累积量在紧实胁迫下没有下降，且均高于非紧实胁迫处理。另有研究发现，盆栽结荚期花生植株磷主要分配在茎叶，其次是籽仁和壳针，根系最少；从磷累积量变化看，土壤紧实胁迫下植株各部分器官磷累积量受土壤紧实胁迫影响也均下降50%左右。土壤紧实胁迫下由于花生根系的适应性反映，也会出现根系占比增加的现象，进而使得部分养分在植株各部分器官含量增加，但紧实胁迫对植株总累积量变化趋势是一致的。

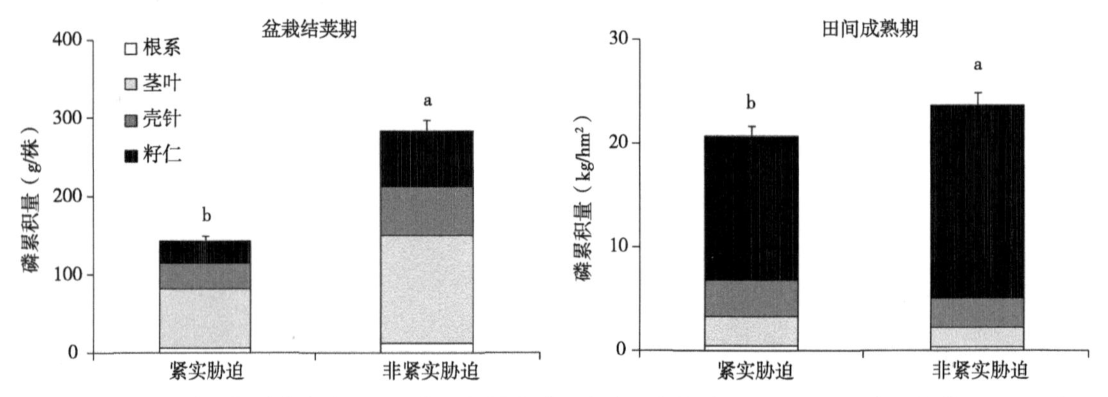

图4-21　田间中度与盆栽高度紧实下花生各器官磷累积分配变化（罗盛，2016；张亚如等，2017a）

注：不同字母表示紧实胁迫与非紧实胁迫处理间总磷累积量的差异达到显著水平（$P<0.05$）。

三、钾素吸收分配

钾对花生生长有着至关重要的作用，参与花生光合作用，还能提高花生抗逆性，增加光合产物积累，参与花生蛋白质的合成（罗盛，2016）。田间成熟期花生植株各器官含钾量变化范围在0.49%～1.74%，茎叶、根系含钾量高于籽仁和壳针；中度紧实胁迫对成熟期植株各器官含钾量的影响也不显著，反而会增加根系含钾量（表4-3）。在盆栽试验条件下，盆栽结荚期高度土壤紧实胁迫均显著降低了植株各器官含钾量，平均减少了0.37个百分点。

表4-3　田间中度与盆栽高度紧实胁迫下花生各器官含钾量变化（罗盛，2016；张亚如等，2017a）

植株部分	结荚期含钾量（%）		成熟期含钾量（%）	
	高度紧实胁迫	非紧实胁迫	中度紧实胁迫	非紧实胁迫
根系	0.85b	1.50a	1.01a	0.75b
茎叶	0.63b	1.02a	1.46a	1.74a
壳针	0.78b	0.97a	0.51a	0.57a
籽仁	0.53b	0.94a	0.49a	0.52a
平均	0.70b	1.07a	0.87a	0.90a

注：不同字母表示同一植株部分紧实胁迫与非紧实胁迫处理间的差异达到显著水平（$P<0.05$）。

土壤紧实胁迫引起花生总钾累积量显著下降（图4-22）。田间成熟期花生植株钾主要累积在茎叶，占比在50%以上，其次是籽仁和壳针，根部钾累积量最少；茎叶、壳针、籽仁钾累积量均受土壤紧实胁迫影响而显著下降，以籽仁下降最多，为31.5%。盆栽试验中，结荚期钾累积量在茎叶、壳针较多，籽仁次之，根系最少；植株各器官受土壤紧实胁迫影响平均下降58.7%。可见，打破紧实胁迫、改善土壤物理结构的同时，可促进花生对钾的吸收累积总量。

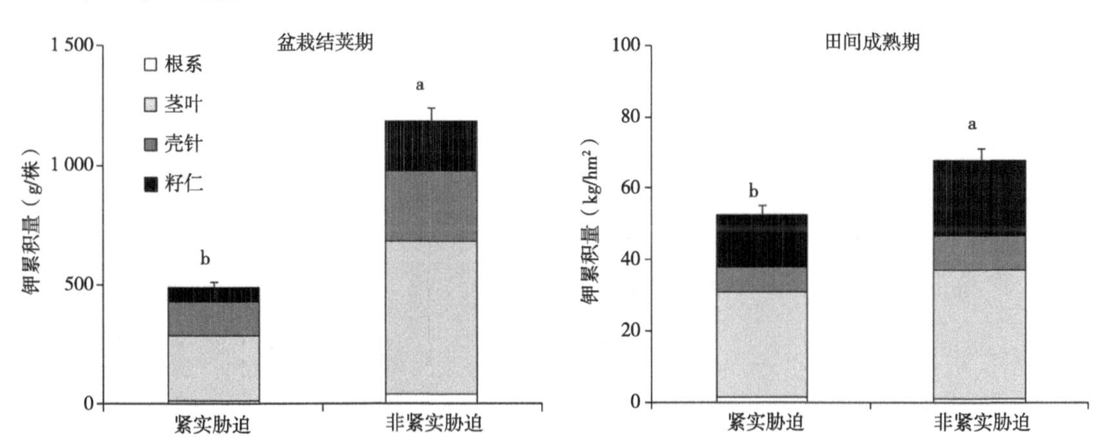

图4-22　田间中度与盆栽高度紧实胁迫下花生各器官钾累积分配变化（罗盛，2016；张亚如等，2017a）

注：不同字母表示紧实胁迫与非紧实胁迫处理间总钾累积量的差异达到显著水平（$P<0.05$）。

四、钙素吸收分配

钙是植物细胞壁结构的成分，对细胞膜起稳定作用，能够调节介质的生理平衡，增加叶片叶绿素含量，提高光合作用，促进光合产物的运转及蛋白质代谢。花生需钙量较大，对钙的需求量甚至超过大量元素磷。田间成熟期植株各器官含钙量变化范围在0.45%～1.26%，茎叶含量较高，中度紧实胁迫对田间成熟期植株各器官含钙量的影响不显著（表4-4）。盆栽结荚期除根系外，盆栽高度土壤紧实胁迫下茎叶、壳针、籽仁含钙量均低于非紧实胁迫处理，平均减少0.32个百分点。

表4-4　田间中度与盆栽高度紧实胁迫下花生各器官含钙量变化（沈浦等，2017b；张亚如等，2017a）

植株部分	结荚期含钙量（%）		成熟期含钙量（%）	
	高度紧实胁迫	非紧实胁迫	中度紧实胁迫	非紧实胁迫
根系	1.90a	2.01a	0.70a	0.72a
茎叶	2.00b	2.18a	1.19a	1.26a
壳针	0.94b	1.31a	0.45a	0.46a
籽仁	0.53b	0.94a	0.75a	0.73a
平均	1.38b	1.65a	0.77a	0.79a

注：不同字母表示同一植株部分紧实胁迫与非紧实胁迫处理间的差异达到显著水平（$P<0.05$）。

土壤紧实胁迫显著降低了花生总钙累积量（图4-23）。田间成熟期花生钙在植株各器官的累积表现为：籽仁>壳针>茎叶>根系；受土壤紧实胁迫影响籽仁、壳针钙累积量均显著下降，以籽仁下降最多，为29.0%。盆栽结荚期钙累积量在茎叶较多，壳针次之，籽仁再次之，根系最少；受土壤紧实胁迫影响植株各器官下降了45.7%～63.5%。花生荚果发育所需钙素90%以上靠果针、荚果从土壤中直接吸收，由于钙素在土壤移动性较差，即使土壤总钙含量足够，也常常发生缺钙，出现空壳现象，造成严重减产。适宜的土壤紧实程度能够构建良好的土壤结构，促进土壤养分（包括钙）活化，增加花生吸收累积钙素，有利于花生荚果生长发育（沈浦等，2017b）。

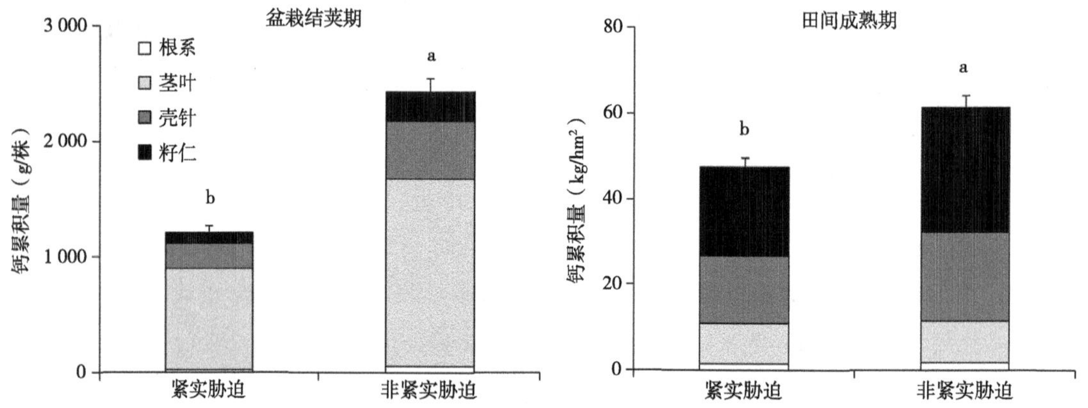

图4-23　田间中度与盆栽高度紧实胁迫下花生各器官钙累积分配变化（沈浦等，2017b；张亚如等，2017a）

注：不同字母表示紧实胁迫与非紧实胁迫处理间总钙累积量的差异达到显著水平（$P<0.05$）。

五、镁素吸收分配

镁是植株体内叶绿素分子的中心原子、核糖体的结构组分及多种酶的活化剂，能激发磷酸转移酶的活性，在花生脂肪等物质代谢和能量转化中发挥重要作用。由表4-5

可知，田间成熟期植株各部分含镁量变化范围在2.1～10.6g/kg，茎叶含镁量最高，根系次之，壳针和籽仁含量最低；中度紧实胁迫除了降低茎叶含镁量，对其他器官含镁量没有显著抑制。成熟期花生镁在植株各器官的累积表现为：茎叶>籽仁>壳针>根系。土壤紧实胁迫引起花生总镁累积量显著下降，除根系外，籽仁、壳针、茎叶镁累积量下降18.3%～24.1%。田间实践中，花生对镁的需求量大，总需求量甚至超过对磷的需求。当花生缺镁时，叶片生理活性低、易早衰，茎秆矮化，制约花生生长发育和产量形成（郑亚萍等，2018）。适宜的土壤紧实度可以使土壤通气、透水，有利于微生物的生命活动，使土壤中非有效态镁向有效态转化（交换性镁），而植株吸收的镁，能激发磷酸转移酶的活性，促进磷酸盐的运转，同时有利于蛋白质的增加，参与脂肪代谢合成，促进含油率提高。

表4-5　田间中度紧实胁迫下成熟期花生各器官含镁量和镁累积量变化（郑亚萍等，2018）

植株部分	含镁量（g/kg）		镁积累量（kg/hm^2）	
	中度紧实胁迫	非紧实胁迫	中度紧实胁迫	非紧实胁迫
根系	4.9a	4.3a	0.6a	0.5a
茎叶	8.8b	10.6a	18.0b	22.0a
壳针	2.2a	2.3a	2.9b	3.8a
籽仁	2.3a	2.1a	6.8b	8.5a
平均/合计	4.5a	4.8a	28.2b	34.8a

注：不同字母表示同一植株部分紧实胁迫与非紧实胁迫处理间的差异达到显著水平（$P<0.05$）。

六、铁素吸收分配

花生对铁敏感，铁能够影响氮素代谢和叶绿素形成，参与花生的光合作用、生物固氮作用、呼吸作用及产量形成（沈浦等，2017a）。田间成熟期花生植株各器官含铁量变化差异十分大，壳针含量可达1 000mg/kg以上，而籽仁含铁量仅为20mg/kg左右，两者相差近50倍，茎叶和根系含铁量在285～790mg/kg（表4-6）。与植株体内大量元素（氮、磷、钾）和中量元素（钙、镁）对紧实胁迫的响应截然不同，中度紧实胁迫下植株各器官含铁量均显著增加，根系、茎叶、壳针、籽仁分别增加了31.5%、29.7%、20.9%和20.9%。在紧实胁迫下花生总铁累积量显著增加，尤其是提高了壳针、根系铁的累积量（8.0%～31.4%），茎叶铁的累积量没有显著变化，而籽仁铁的累积量显著下降27.7%。有研究表明，植物铁营养的改善有利于提高植株的光合作用，有利于促进蛋白的合成，而花生不同器官中铁的累积与产量的关系较为复杂，茎、叶、果针、果壳等器官铁的累积与花生产量的相关性并不显著。花生属于机理Ⅰ植物，在生理水平上，通过根系形态和生理的变化来适应缺铁，在土壤通气不良的条件下，土壤还原性增强，氧化还原电位下降会将三价铁（Fe^{3+}）还原为二价铁（Fe^{2+}），能够增加土壤中植物可利用的可溶性铁改善植物铁营养（丁红等，2011）。因而，紧实胁迫下花生针壳、茎叶等含铁量及浓度增加，可能更多的是植株对铁的奢侈吸收。

表4-6 田间中度紧实胁迫下成熟期花生各器官含铁量和铁累积量变化（沈浦等，2017a）

植株部分	含铁量（mg/kg）		铁积累量（g/hm^2）	
	中度紧实胁迫	非紧实胁迫	中度紧实胁迫	非紧实胁迫
根系	787.3a	598.7b	61.3b	84.9a
茎叶	369.0a	284.6b	753.0a	744.4a
壳针	1 200.5a	993.2b	1 612.6a	1 492.3b
籽仁	20.8a	17.2b	92.0a	70.0b
平均/合计	594.4a	473.4b	2 518.9a	2 391.5b

注：不同字母表示同一植株部分紧实胁迫与非紧实胁迫处理间的差异达到显著水平（P<0.05）。

七、锌素吸收分配

锌是花生体内多种酶的组成成分，参与IAA、叶绿素合成及碳水化合物转化（孙莲强，2014），缺锌显著降低花生叶片抗氧化酶活性，抑制叶片光合效能，影响植物根系和地上部蛋白质和脂肪的合成（甄志高等，2005；司贤宗等，2018）。花生成熟期植株不同器官含锌量变化范围在8.8～28.5mg/kg，籽仁含锌量略高于其他部分（表4-7）。中度土壤紧实胁迫对植株含锌量的影响，主要是提高壳针含量、降低根系含量，对茎叶、籽仁没有显著影响。植株各部分锌累积量大小顺序为籽仁>茎叶>壳针>根系，且土壤紧实胁迫显著降低籽仁锌累积量25.3%，其他部分锌累积量没有受到显著影响。花生生产中要及时消除土壤紧实胁迫，促进锌元素的吸收，有助于维持花生正常生长发育。

表4-7 田间中度紧实胁迫下成熟期花生各器官含锌量和锌累积量变化（沈浦等，待发表）

植株部分	含锌量（mg/kg）		锌积累量（g/hm^2）	
	中度紧实胁迫	非紧实胁迫	中度紧实胁迫	非紧实胁迫
根系	13.5b	15.7a	1.6a	1.8a
茎叶	12.9a	14.5a	26.3a	30.4a
壳针	10.9a	8.8b	14.7a	14.5a
籽仁	28.5a	27.8a	83.9b	112.3a
平均/合计	16.5a	16.7a	126.4b	159.0a

注：不同字母表示同一植株部分紧实胁迫与非紧实胁迫处理间的差异达到显著水平（P<0.05）。

八、铜素吸收分配

铜（Cu）参与花生体内的氧化还原反应，是铜蛋白的成分，参与光合作用，可促进花器官的发育及蛋白质的合成。如表4-8所示，成熟期植株含铜量变化范围在2.9～11.1mg/kg，以根系含量最高、茎叶含量最低。土壤紧实胁迫除了显著减少根系含铜量外，对植株其他部分含铜量没有显著影响。植株各部分铜累积量表现为：籽仁>壳针>茎叶>根系，土壤紧实胁迫显著影响花生植株总铜累积量，且籽仁和壳针均显著受土壤紧实胁迫影响分别下降30.9%和13.6%。与上述其他养分变化管理相似，打破土壤紧实危害维持适宜紧实度，有利于花生籽仁铜的累积及品质的提高。

表4-8　田间中度紧实胁迫下成熟期花生各器官含铜量和铜累积量变化（沈浦等，待发表）

植株部分	含铜量（mg/kg）		铜积累量（g/hm^2）	
	中度紧实胁迫	非紧实胁迫	中度紧实胁迫	非紧实胁迫
根系	8.3b	11.1a	1.0a	1.3a
茎叶	2.9a	3.0a	5.8a	6.3a
壳针	6.6a	6.2a	8.9b	10.3a
籽仁	6.9a	7.2a	20.1b	29.1a
平均/合计	6.2a	6.9a	35.8b	46.9a

注：不同字母表示同一植株部分紧实胁迫与非紧实胁迫处理间的差异达到显著水平（$P<0.05$）。

此外，土壤紧实胁迫会影响硫、硼、锰、钼、氯等元素的吸收与分配状况，将进一步影响花生的固氮作用、光合作用、开花结实、抗逆能力等，使得花生生长发育、产量品质等发生不良反应。植株各营养元素之间相互作用今后还需要探究，例如铁、钼等元素能明显改善氮代谢过程，促进根瘤生长及提高固氮能力，土壤紧实胁迫下铁、钼与氮的互作机制还不清楚；钾与钙在花生上能发生拮抗作用，而紧实胁迫下钾与钙的关系如何，也需深入开展研究。

参考文献

艾天成，李方敏，周治安，等，2000. 作物叶片叶绿素含量与SPAD值相关性研究[J]. 湖北农学院学报（1）：6-8.

曹立为，2015. 耕层深度及土壤容重对大豆生长发育和产量的影响[D]. 哈尔滨：东北农业大学.

陈德朝，邹玉和，鄢武先，等，2018. 干旱胁迫对治沙植物形态结构和生理特征的影响[J]. 四川林业科技，39（6）：81-85.

崔洁亚，侯凯旋，崔晓明，等，2017. 土壤紧实度对花生荚果生长发育的影响[J]. 中国油料作物学报，39（4）：496-501.

崔晓明，张亚如，张晓军，等，2016. 土壤紧实度对花生根系生长和活性变化的影响[J]. 华北农学报，31（6）：131-136.

丁红，宋文武，张智猛，等，2011. 花生铁营养研究进展[J]. 花生学报，40（1）：39-43.

高波，2015. 栽培方式对土壤理化性状及夏直播花生生理特性、产量品质的影响[D]. 泰安：山东农业大学.

高飞，翟志席，王铭伦，2011. 密度对夏直播花生光合特性及产量的影响[J]. 中国农学通报，27（9）：320-323.

黄尚书，武琳，叶川，等，2018. 耕作深度对红壤坡耕地花生根系生长及活力的影响[J]. 江西农业学报，30（12）：13-16.
李潮海，李胜利，王群，等，2005. 下层土壤容重对玉米根系生长及吸收活力的影响[J]. 中国农业科学，38（8）：1 706-1 711.
李潮海，赵霞，王群，等，2007. 下层土壤容重对玉米生育后期叶片衰老的生理效应[J]. 玉米科学，15（2）：61-63.
刘崇彬，张天伦，王敏强，2002. 提高豆科作物根瘤固氮能力的措施[J]. 河南农业科学，31（5）：39-39.
刘晚苟，山仑，邓西平，2001. 植物对土壤紧实度的反应[J]. 植物生理学通讯，37（3）：254-260.
刘晚苟，山仑，邓西平，2002. 不同土壤水分条件下土壤容重对玉米根系生长的影响[J]. 西北植物学报（4）：831-838.
刘晚苟，陈燕，山仑，2006. 不同土壤水分条件下土壤容重对玉米木质部汁液中ABA浓度和气孔导度的影响[J]. 植物生理学通讯，2006，42（5）：831-834.
刘璇，许婷婷，沈浦，等，2019. 不同品种花生产量与品质对耕作方式的响应特征[J]. 山东农业科学，51（9）：144-150.
刘学良，修俊杰，张一楠，2019. 不同氮肥用量对花生生长发育的影响[J]. 农业科技通讯（3）：86-89.
刘妍，2018. 冬闲期耕作方式对连作花生土壤微环境、生理特性、产量和品质的影响[D]. 泰安：山东农业大学.
刘兆娜，田树飞，邹晓霞，等，2019. 土壤紧实度对花生干物质积累和产量的影响[J]. 青岛农业大学学报（自然科学版），36（1）：34-40.
鲁成凯，张晓军，王铭伦，等，2017. 根土空间对花生光合特性、保护酶活性和产量的影响[J]. 花生学报，46（2）：18-23.
罗盛，2016. 玉米秸秆还田与耕作方式对花生田土壤质量和花生养分吸收的影响[D]. 长沙：湖南农业大学.
潘晓迪，张颖，邵萌，等，2017. 作物根系结构对干旱胁迫的适应性研究进展[J]. 中国农业科技导报，1（2）：51-58.
尚庆文，孔祥波，王玉霞，等，2008. 土壤紧实度对生姜植株衰老的影响[J]. 应用生态学报（4）：90-94.
沈浦，冯昊，罗盛，等，2015. 油料作物对土壤紧实胁迫响应研究进展[J]. 山东农业科学，12：111-114.
沈浦，王才斌，于天一，等，2017a. 免耕和翻耕下典型棕壤花生铁营养特性差异[J]. 核农学报，31（9）：1 818-1 826.
沈浦，吴正锋，王才斌，等，2017b. 花生钙营养效应及其与磷协同吸收特征[J]. 中国油料作物学报，39（1）：85-90.
沈彦，张克斌，边振，等，2007. 人工封育区土壤紧实度对植被特征的影响[J]. 水土保持研究，14（6）：81-84.
石彦琴，陈源泉，隋鹏，等，2010. 农田土壤紧实的发生、影响及其改良[J]. 生态学杂志，29（10）：2 057-2 064.
司贤宗，张翔，索炎炎，等，2018. 施锌和遮阴对花生叶片生理特性、光合性能及产量的影响[J]. 河南农业科学，47（10）：52-56.
宋家祥，庄恒扬，陈后庆，1997. 不同土壤紧实度对棉花根系生长的影响[J]. 作物学报，23（6）：719-726.
孙莲强，2014. 锌对花生生理特性、产量和品质的影响及其对镉胁迫的调控[D]. 泰安：山东农业大学.
孙艳，王益权，杨梅，等，2005. 土壤紧实胁迫对黄瓜根系活力和叶片光合作用的影响[J]. 植物生理与分子生物学学报（5）：545-550.
孙艳，王益权，冯嘉玥，等，2006. 土壤紧实胁迫对黄瓜生长、产量及养分吸收的影响[J]. 植物营养与肥料学报，12（4）：559-564.

田树飞，刘兆娜，邹晓霞，等，2018. 土壤紧实度对花生光合与衰老特性和产量的影响[J]. 花生学报，47（3）：40-46.
万书波，2003. 中国花生栽培学[M]. 上海：上海科学技术出版社.
万书波，2008. 花生品种改良与高产优质栽培[M]. 北京：中国农业出版社.
王德玉，孙艳，郑俊骞，等，2013. 土壤紧实胁迫对黄瓜根系生长及氮代谢的影响[J]. 应用生态学报，24（5）：1 394-1 400.
王敬勇，2013. 花生对营养元素的吸收与积累[J]. 中国农业信息（21）：125.
吴亚维，邹养军，马锋旺，等，2008. 土壤紧实度对平邑甜茶幼苗生长及叶绿素荧光参数的影响[J]. 西北农林科技大学学报：自然科学版，36（8）：177-181.
武维华，2006. 植物生理学[M]. 北京：中国科学出版社.
杨富军，赵长星，闫萌萌，等，2013. 栽培方式对夏直播花生植株生长及产量的影响[J]. 中国农学通报，29（3）：141-146.
杨晓娟，李春俭，2008. 机械压实对土壤质量、作物生长、土壤生物及环境的影响[J]. 中国农业科学，41（7）：2 008-2 015.
尹永强，梁开朝，何明雄，等，2007. 酸化对土壤质量和烟叶品质的影响及改良措施研究进展[C]//广东省烟草学会. 中南片2007年烟草学术交流会论文集. 北京：中国烟草学会：57-65.
张国红，张振贤，梁勇，等，2004. 土壤紧实度对温室番茄生长发育、产量及品质的影响[J]. 中国生态农业学报，12（3）：65-67.
张佳蕾，2013. 不同品质类型花生品质形成差异的机理与调控[D]. 泰安：山东农业大学.
张亚如，崔洁亚，侯凯旋，等，2017a. 土壤容重对花生结荚期氮、磷、钾、钙吸收与分配的影响[J]. 华北农学报，32（6）：198-204.
张亚如，侯凯旋，崔洁亚，等，2017b. 不同土层土壤容重组合对花生衰老特性及产量的影响[J]. 花生学报，46（3）：26-31，47.
张亚如，侯凯旋，崔洁亚，等，2018. 不同土层土壤容重组合对花生光合特性和干物质积累的影响[J]. 山东农业科学，50（6）：101-106.
赵黎明，2009. 植物激素及其对水稻植株发育调控的研究进展[J]. 北方水稻，39（6）：63-69.
甄志高，段莹，吴峰，等，2005. Zn、B、Mo、Ca肥对花生产量和品质的影响[J]. 土壤肥料，2005（3）：48-50.
郑亚萍，吴正锋，王春晓，等，2018. 棕壤花生镁营养特性对不同耕作措施的响应[J]. 核农学报，32（12）：124-131.
郑亚萍，信彩云，王才斌，等，2013. 磷肥对花生根系形态、生理特性及产量的影响[J]. 植物生态学报，37（8）：777-785.
郑永美，杜连涛，王春晓，等，2019. 不同花生品种根瘤固氮特点及其与产量的关系[J]. 应用生态学报，30（03）：961-968.
邹晓霞，张晓军，王铭伦，等，2018. 土壤容重对花生根系生长性状和内源激素含量的影响[J]. 植物生理学报，54（6）：1 130-1 136.
ANDRADE A，WOLF D W，FERERES E，1993. Leaf expansion，photosynthesis，and water relations of sunflower plants growth on compacted soil[J]. Plant and Soil，149：175-184.
ARVIDSSON J，1999. Nutrient uptake and growth of barley as affected by soil compaction[J]. Plant and Soil，208：9-19.
BARLOW P W，BALUSKA F，2000. Cytoskeletal perspectives on root growth and morphogenesis[J]. Annual Review of Plant Biology，51：289-322.

BOWLER C，MONTAGU M V，INZE D，1992. Superoxide dismutase and stress tolerance[J]. Annual Review of Plant Physiology and Plant Molecular Biology，43（1）：83–116.

BUTTERY B R，TAN C C，DRURY C F，1998. The effects of soil compaction，soil moisture and soil type on growth and nodulation of soybean and common bean[J]. Canadian Journal of Plant Science，78（4）：571–576.

CLARK L J，WHALLEY W R，DEXTER A R，et al.，1996. Complete mechanical impedance increases the turgor of cells in the apex of pea roots[J]. Plant Cell and Environment，19（9）：1 099–1 102.

GRATH T，ARVIDSSON J，1997. Effect of soil compaction on plant nutrition uptake and growth of peas and barley on a sandy loam[J]. Swedish Journal of Agricaltral Research，27：95–104.

GREACEN E L，OH J S，1972. Physicso froot growth[J]. Nature New Biology，235（53）：24–25.

HURLEY M B，ROWARTH J S，1999. Resistance to root growth and changes in the concentration of ABA within the root and xylemsap during root-restriction stress[J]. Journal of Experimental Botany.，335：799–804.

ISHAQ M，IBRAHIM M，HASSAN A，et al.，2001.Subsoil compaction effects on crops in Punjab，Pakistan：II. Root growth and nutrient uptake of wheat and sorghum[J].Soil Tillage Research，60（3–4）：153–161.

SARQUIS J I，JORDAN W R，MORGAN P W，1991. Ethylene evolution from maize（*Zeamays* L.）seedling roots and shoots in response to mechanical impedance[J]. Plant Physiology，96，1 171–1 177.

SEGUEL O，HORN R，2005. Mechanical behavior of a volcanic ash soil（Typic Hapludand）under static and dynamic loading[J]. Soil Tillage Research，82（1）：109–116.

SHEN P，WU Z，WANG C，et al.，2016. Contributions of rational soil tillage to compaction stress in main peanut producing areas of china[J]. Scientific Reports，6：38629.

STIRZAKER R J，PASSIOURA J B，SUTTON B G，et al.，1993. Soil management for irrigated vegetable production. II. Possible causes for slow vegetative growth of lettuce associated with zero tillage[J]. Australian Journal of Agricultural Research，44（4）：831–844.

YOUNG I M，MONTAGU K，CONBOY J，et al.，1997. Mechanical impedance of root growth directly reduces leaf elongation rates of cereals[J]. New Phytologist，135：613–619.

第五章　花生田外源调节物质对土壤紧实胁迫的消减作用

土壤紧实胁迫对花生的危害主要体现在植物生长发育受阻及土壤质量下降。施入外源调节物质作用于土壤和花生，具有消减土壤紧实胁迫及花生危害的效果，有利于维持花生田可持续生产。利用人工制成的土壤和植物调节物质，影响花生体内的内源激素系统、养分吸收及生理代谢等，能够有效改善土壤紧实胁迫状况，消减花生受到的不良影响。

第一节　外源调节物质概述

现阶段能够消减花生田土壤紧实胁迫的外源调节物质，主要包括土壤和植物调节物质两大类。土壤外源调节物质即为土壤调理剂，一方面能够促进大团粒结构形成，降低土壤紧实度，使土壤吸附大量离子形态养分，增强土壤向植物根系的供肥强度，促进植物健壮生长；另一方面，含功能性微生物及其分泌物或提取的活性物质，能丰富土壤中微生物多样性，促进土壤中养分循环，促进植物生长发育（周红梅等，2013；王双千等，2017）。植物调节物质即为植物生长调节剂，能够直接促进土壤紧实胁迫下花生生长发育，改善其生理活动，提高其抵抗力和适应性，促进花生正常生长或向良好方向发展（臧秀旺等，2010；魏玉强等，2018）。

一、土壤外源调节物质的种类与功能

土壤外源调节物质即土壤调理剂，是指可以改善土壤物理性，促进作物养分吸收，而本身不提供植物养分的一种物料（叶鑫等，2012；孙蓟锋等，2013；孙学武等，2018）。常用土壤调理剂根据物料性质一般分为有机型土壤调理剂、无机型土壤调理剂和有机—无机型土壤调理剂。有机型土壤调理剂可改善土壤的物理性质或生物活性，主要原材料有腐植酸、生物炭、褐煤、城市污泥、酒糟等。无机型土壤调理剂主要原材料有草木灰、磷矿粉、石灰石、碳酸钙、磷石膏、膨润土、沸石、高岭石、粉煤灰、碱渣、脱硫废弃物等。有机—无机型土壤调理剂兼具两者优点，是土壤调理剂未来发展的趋势。

按照土壤调理剂主要作用功能，可分为调节土壤酸碱度型、改善土壤结构型、活化土壤养分型、刺激根系生长型见表5-1，土壤调理剂对花生生长发育的总体影响见表5-2。

表5-1　按照主要作用功能土壤调理剂的分类

类型	种类	主要作用功能
调节土壤酸碱度型	草木灰、生物炭、碳酸钙及含碳酸钙的矿物或煅烧产物等	酸性土壤调理剂，能够中和土壤酸性、提高土壤pH值的碱性物料
	硫酸钙、磷石膏等	碱性土壤调理剂，能够中和土壤碱性、降低土壤pH值的酸性物料
改善土壤结构型	含腐植酸、泥炭土、玉米支链淀粉和聚丙烯酰胺及有机质等物质	能形成土壤大团粒结构的天然的或人工合成的高分子有机物质，能调节土壤黏性、增加土壤通透性的物料
活化土壤养分型	含γ-谷氨酸、天门冬氨酸、环氧琥珀酸、乙二酸四乙酸、聚γ-谷氨酸、聚天门冬氨酸、聚环氧琥珀酸等低分子有机螯合物的物料	含有较强螯合土壤中难溶解的养分阳离子的能力，从而使不同被植物吸收、利用的养分阳离子变成易被植物吸收、利用的有效养分
刺激根系生长型	含微生物、微生物制剂或提取物、海藻提取物、甲壳素和壳聚糖、生长调节剂、生物活性物质等	具有刺激植物根系生长的物质

表5-2　土壤调理剂对花生生长发育的影响

作用对象	土壤调理剂	影响效果	文献来源
农艺性状	含月桂醇乙氧基硫酸铵	促进侧枝生长，增加总分枝数、结果枝数	陈建生等，2014
叶片生理	含月桂醇乙氧基硫酸铵	功能叶片净光合速率在苗期、结荚期、饱果期、收获期分别提高8.3%、7.6%、21.5%、11.4%	
荚果经济性状	特贝钙土壤调理剂	总果数增加16.7%～74.1%，百果重增加7.7%～30.8%，花生荚果增加10.2%～23.8%	柳开楼等，2017
品质指标	含菌肥土壤调节剂	总糖含量7.9%～18.9%	侯睿等，2017
	含钙土壤调节剂	蛋白质增加5.5%～7.8%，脂肪增加3.8%～4.0%，油酸增加3.2%～7.8%	周录英等，2008

二、植物外源调节物质的种类与功能

植物外源调节物质即植物生长调节剂，用于调节植物生长发育，是人类合成的大量用于调节植物生长等的化合物（饶卫华等，2015）。常用的植物生长调节剂大致分两类：生长促进剂（如赤霉素、三十烷醇等）和生长延缓剂（如多效唑、烯效唑等），有关种类及主要作用功能见表5-3，其对花生生长发育的影响见表5-4。

表5-3　常用的植物生长调理剂的分类

种类	主要作用功能
	生长促进剂类
赤霉素	参与生长发育多个生物学过程，刺激叶和芽的生长，提高产量
三十烷醇	促进根系发育，有利于壮苗和促进分枝的早生快发
芸薹素内酯	有效增加叶绿素含量，提高光合作用效率，促根壮苗、保花保果；提高作物的抗寒、抗旱、抗盐碱等抗逆性
ABT生根粉	刺激根部内鞘部位细胞分裂生长，快速促进根系形成，促使植株生长健壮
GGR6生根粉	补充根系生长发育所需外源生长素和促进植物体内源生长素合成的双重功能
DTA-6	促进花生种子萌发，提高发芽势和发芽率
	生长延缓剂类
多效唑	抑制茎秆伸长，缩短节间、促进植物分蘖、增加植物抗逆性能
烯效唑	控制营养生长，抑制细胞伸长、缩短节间、矮化植株
矮壮素	抑制赤霉素的生物合成，抑制细胞伸长而不抑制细胞分裂，抑制茎部生长而不抑制性器官发育
缩节胺	降低植株体内赤霉素的活性，从而抑制细胞伸长，顶芽长势减弱，控制植株纵横生长，使植株节间缩短，防止植株旺长
壮饱安	抑制赤霉素的合成，减少细胞分裂和伸长，提高根系活力，改善光合产物运转分配
调环酸钙	抑制赤霉酸的合成，缩短许多植物的茎秆伸长

表5-4　植物生长调理剂对花生生长发育的影响

作用对象	植物生长调理剂	影响效果	文献来源
农艺性状	多效唑、缩节胺、壮饱安	主茎高缩短幅度达6.6～7.0cm，侧枝长缩短幅度达7.2～8.2cm	王庆峰等，2011
叶片生理	三十烷醇	叶片叶绿素含量比对照高16.7%，叶片净光合速率显著增加	聂呈荣等，1997
荚果经济性状	甲哌鎓	促进荚果发育中营养物质的积累，提高花生荚果数、饱果数、百果重	钟瑞春等，2013
品质指标	多效唑	籽仁的油、亚比值提高13%，可溶性糖提高9.3%	王玉红，2010

第二节　土壤外源调节物质的影响与消减作用

土壤外源调节物质含有植物必需的营养元素，施入土壤能为植物生长发育提供营养元素。在砂姜黑土等紧实度大、质地黏重的土壤，土壤调理剂能降低土壤紧实度，增加土壤的通气性，便于植物的根系伸展，从而吸收更多的养分和水分。在团粒结构性差、容重大、易引起养分随水流失的砂质土壤上，能形成大团粒结构，降低土壤容重，使土壤能吸附大量离子形态的养分，增强土壤向植物根系的供肥强度，促进植物健壮生长。土壤调理剂也能调节土壤的pH值，提高土壤中养分离子的活性，增加养分的利用效率。而含有功能性微生物及其分泌物或提取的活性物质，或具有刺激植物根系生长的天然的或人工合成的高活性物质的土壤调理剂，能丰富土壤中微生物的多样性，促进土壤中养分循环，提高养分的利用效率。

一、土壤外源调节物质对土壤紧实度及肥力的影响

合理使用土壤调理剂，能够影响水分、养分、空气、温度及其他支撑条件，进而影响土壤紧实状况，以及土壤物理、化学和生物学性质等方面。

（一）对土壤紧实及物理肥力的影响

土壤容重越大、紧实度越大，团聚体粒径相对较小，土壤三相中固相部分相对较高，气相和液相部分相对较少，造成土壤通气性差，当土壤毛管吸附力大于根系吸附力时，液相中溶解的养分离子不能被植物吸收、利用。土壤容重越小，土壤紧实度越小，土壤越松软，土壤孔隙度越大，团聚体粒径相对较大；土壤固、液、气三相比例为50：25：25时，土壤通气性好，保肥、供肥能力强。

周红梅等（2013）采用麦饭石、牡蛎壳、蒙脱石、硅钙矿和有机肥5种土壤调理剂为主处理，900kg/hm^{2}和1 800kg/hm^{2}施用量为副处理，研究其对土壤理化性质的影响，结果表明，5种调理剂均能降低土壤容重，提高土壤孔隙度；与不施土壤调理剂相比，土壤调理剂施用量为900kg/hm^{2}时，施用麦饭石、牡蛎壳、蒙脱石、硅钙矿和有机肥的土壤容重分别降低6.07%、2.27%、5.27%、3.14%、2.60%；土壤调理剂施用量为1 800kg/hm^{2}时，分别降低8.41%、6.27%、2.47%、5.74%、3.94%。司贤宗等（2015）在砂姜黑土研究中发现，与不施土壤调理剂相比，施用腐植酸、生物炭、秸秆灰分均能降低土壤的容重，其中，施用秸秆灰分的容重最小，平均为1.34g/cm^3，降幅最大，为8.25%。

冯兆滨等（2017）等在花生收获前1周，通过测定土壤容重、孔隙度和团聚体粒径分布，研究了施用土壤调理剂对土壤容重、孔隙度和大团聚体的影响，与对照不施土壤调理剂相比，施用调理剂的土壤容重显著降低，随着土壤调理剂施用量的增加，土壤容重呈降低趋势；施用调理剂的土壤孔隙度明显增加，随着土壤调理剂施用量的增加，土壤孔隙度呈增加趋势，但差异未达到显著水平；这说明，只要施用一定量的土壤调理剂，就可以降低土壤容重，增加孔隙度，改善土壤的通气性能；随着调理剂用量的增加，容重依次降低，孔隙度逐渐增加，能有效降低土壤的板结、黏重等性状。与对照不施土壤调理剂相比，施用土壤调理剂能增加土壤中大团聚体的比例，降低土壤微团聚体比例，且差异显

著；不同土壤调理剂施用量之间差异不显著，土壤调理剂施用量为1 500kg/hm^2、2 250kg/hm^{2}和3 000kg/hm^{2}时，土壤大团聚体分别比不施调理剂的增加14.0个百分点、1.9个百分点和1.6个百分点，土壤微团聚体分别降低了13.7个百分点、2.0个百分点、1.5个百分点。一般认为，土壤中大于0.25mm水稳性团聚体比例与土壤有机碳、氮、磷含量呈极显著正相关，土壤中50%～90%的碳、氮、磷分布在大团聚体中；因此，施用土壤调理剂增加土壤中大于0.25mm水稳性团聚体的比例，这说明，施用土壤调理剂不仅改善了土壤质地，还提高了土壤保肥、供肥性能（表5-5）。

表5-5　不同调理剂用量对土壤容重、孔隙度和团聚体的影响（冯兆滨等，2017）

处理	容重（g/cm^3）	土壤孔隙度（%）	微团聚体（<0.25mm）	大团聚体（>0.25mm）
对照	1.26a	54.20b	51.27a	48.73b
调理剂（1 500kg/hm^2）	1.18b	57.27ab	50.54ab	49.46ab
调理剂（2 250kg/hm^2）	1.15b	59.04ab	50.44ab	49.56ab
调理剂（3 000kg/hm^2）	1.13c	59.23a	44.45b	55.55a

注：不同字母表示同一土壤物理性状不同处理间的差异达到显著水平（$P<0.05$）。

对于土壤物理肥力而言，是指由于土壤的质地、结构、孔隙度、水分和温度等因子变化，协调土壤中水、肥、气、热，影响土壤的含氧量、氧化还原性和通气状况，进而影响土壤中养分的转化速率和存在状态、土壤水分的性质和运行规律以及植物根系活力和生长势。因此，土壤物理肥力具有相互协调和易于人工调节的特点。

施用土壤调理剂能改变土壤的容重、土壤孔隙度等，进而影响土壤的保肥、保水性能，提高土壤中养分的利用效率，促进植物根系生长、改善植物农艺性状，提高植物的生产能力。杨枫等（2018）研究表明施用土壤调理剂，0～25cm土层的土壤有机质含量提高14%，土壤调理剂对25～50cm土层的土壤物理性质改良效果最好，土壤容重约降低18%，土壤含水量和总孔隙度分别增加10%和12%，产量增产273.3kg/hm^2，增产率接近10%。姜多等（2017）研究认为，施用土壤调理剂的果园所产果实可溶性固形物提高0.3～2.3个百分点、固酸比提高0.5～10.0，每100g果实的维生素C含量提高0.90～5.61mg。施用土壤调理剂能增加土壤的电导率，在花生上研究结果表明，与不施调理剂相比，施用土壤调理剂能提高土壤电导率，且差异达显著水平，调理剂施用量分别为1 500kg/hm^2、2 250kg/hm^2、3 000kg/hm^{2}时，土壤电导率分别提高42.7%、76.4%、82.0%（冯兆滨等，2017）。

（二）对土壤化学肥力的影响

影响土壤化学肥力的主要指标有土壤酸碱度、阳离子吸附交换能力、土壤氧化还原能力、土壤含盐量及其他有毒物质的含量，它们直接影响土壤中养分的形态、吸附和解吸、转化，从而影响养分的有效性，进而影响植物的生长发育、产量和品质。

施用土壤调理剂能改变土壤的酸碱度，而土壤酸碱度对土壤养分的有效性有明显的影响，衡量土壤酸碱度的指标通常用pH值表示。一般认为，偏酸或偏碱土壤中存在大量可溶性盐类或大量还原性物质及其他有毒物质，导致大多数植物难以正常生长发育。随土壤pH值的降低，土壤中锌、铜、锰、铁、硼等营养元素的有效性呈增加趋势，而钼有效性呈降低趋势，这表明，在酸性条件下锌、铜、锰、铁、硼等溶解度较大，易被植物根系吸收，在碱性土壤中钼的有效性增大；当pH值低于6时，土壤中磷易于和铁、铝离子结合，形成难溶的磷酸铁铝；当pH值高于7时，易于和钙离子结合，形成难溶的磷酸钙盐，因此，土壤磷在pH值为6～7时，有效性最大。

栗方亮等（2018）通过连续3年在酸性土壤上施用土壤调理剂硅钙钾镁肥，研究土壤调理剂对土壤理化性状、蜜柚产量、品质的影响，结果表明，施用土壤调理剂能提高土壤pH值，增加土壤中有效磷、速效钾、交换性钙和交换性镁含量，增强土壤抗酸化能力。增加蜜柚的产量，提高蜜柚维生素C含量、可溶性糖含量，酸度呈现下降趋势，硅钙钾镁肥以750kg/hm^{2}的用量对蜜柚增产效果及品质最好。

花生对土壤酸碱度适应范围较广，在pH值为4.5～8.0的土壤均可生长。微酸性（pH值为6.5）土壤，有利于磷肥的吸收；土壤pH值为6.0～7.2时，有利于根瘤的形成和固氮功能的发挥；土壤pH值低于5.0的酸性土壤中，花生植株根系欠发达、侧根少、较短，根尖多为黑色，会出现花生不结果甚至植株腐烂死亡的现象。冯兆滨等（2017）在酸性红壤花生上的研究结果表明，施入调理剂，土壤的pH值升高，随着调理剂用量的增加，土壤pH值从对照处理的5.28升高到5.82，与对照相比较，差异显著，土壤中铵态氮、硝态氮、有效磷、速效钾含量呈增加趋势，土壤有机碳、矿质态氮、有效磷、速效钾含量均提高，提高幅度在4.3%～143.7%；同时，随着调理剂用量的增加，各养分含量呈现递增的趋势。特别是施中量、高量调理剂后，土壤中的矿质态氮、速效钾、有效磷含量显著提高。因此，施调理剂能消减土壤的酸性，减轻土壤的酸化程度，提高土壤的速效氮磷钾的含量。

柳开楼等（2017）发现，与对照相比，土壤调理剂施用量为750kg/hm^2、1 500kg/hm^{2}时、2 250kg/hm^2，土壤碱解氮分别增加21.65%、43.2%、118.1%，土壤有效磷分别提高28.2%、56.9%、74.1%，土壤速效钾分别增加22.6%、36.5%、47.0%。土壤中某些离子过多和不足，对土壤肥力也会产生不利的影响（沈浦等，2016；2017）。如钠离子过多时，会使土壤呈碱性反应和产生钠离子毒害，不利于植物生长；钙离子不足时，会降低土壤团聚体的稳定性；由于二价钙离子的吸附能力大于一价钠离子，因此，施用含钙丰富的土壤调理剂能增加土壤团聚体的稳定性，减轻钠离子的毒害。

也有研究表明，与不施土壤调理剂的对照相比，施用石灰、硅钙肥和生物有机肥土壤全钙增加25.0%、21.0%、17.0%，有效钙含量增加186.8%、116.7%和148.2%（于天一等，2018）。孙学武等（2018）研究结果表明，在酸性土壤上施用土壤调理剂可以提高土壤pH值、交换性钙含量和碱解氮含量，但对速效磷和速效钾无显著影响。

（三）对土壤生物肥力的影响

土壤的生物肥力是指生活在土壤中的微生物促进和满足植物生长、发育、产量形成和品质改善，供应养分的能力。土壤微生物在土壤养分转化循环、系统稳定性和抗干扰能力，以及土壤可持续生产力中有重要作用；微生物的作用主要体现在土壤有机质分解，腐殖质的合成，对氮、磷、钾、硫等营养元素的转化和提升有效性方面上，如根瘤菌的生物固氮作用，可增加土壤有效氮的来源；磷细菌和钾细菌能分解土壤难溶磷酸盐和钾矿物，增加植物有效磷钾的作用；微生物代谢产物和分泌物，具有生物活性，能刺激植物根系的生长，增加植物对养分的吸收能力；另外，微生物机体死亡，分解后，也可向植物提供营养物质。宋以玲等（2019）研究了不同比例的复合微生物肥料替代复合肥对花生产量的影响，结果表明施用复合微生物肥料替代30%～70%复合肥时，能提高花生各生育期土壤中速效钾含量以及结荚期和成熟期土壤有效磷含量。

二、土壤外源调节物质对高紧实下花生生长发育的影响

砂姜黑土质地黏重，容重在1.4g/cm^{3}以上，透水通气性差、结构性差、土壤紧实，对花生的生长发育有影响，而施用土壤调理剂对砂姜黑土上花生生长发育有明显的影响。司贤宗等（2015；2016）在基础地力为有机质13.25g/kg、全氮0.87g/kg、速效氮83.6mg/kg、速效磷35.8mg/kg、速效钾118.9mg/kg，pH值为5.8的砂姜黑土，研究了施用腐植酸、秸秆灰分等土壤调理剂对花生生长发育的作用效果。

（一）对花生叶片叶绿素含量的影响

施用秸秆灰分处理的花生叶片叶绿素含量高于腐植酸处理的。花生叶片SPAD值高表明花生叶片颜色较浓绿，土壤供肥能力强。因此，施用秸秆灰分能提高土壤的供肥能力，增加花生对营养元素的吸收利用（表5-6）。

表5-6　土壤调理剂对花生不同生育时期叶片SPAD值的影响（司贤宗等，2015）

处理	苗期	开花期	结荚期	饱果期
对照	34.3c	35.7c	40.7b	36.0b
腐植酸	37.4b	37.3b	43.4b	38.8b
秸秆灰分	40.0a	39.7a	45.7a	43.6a

注：不同字母表示同一生长期不同处理间叶片SPAD值的差异达到显著水平（$P<0.05$）。

（二）对花生农艺性状的影响

增施土壤调理剂可以提高花生株高、侧枝长，增加花生分枝数、结果枝数，进而提高花生产量。土壤调理剂对花生株高、侧枝长、分枝数、结果枝的影响表现为：秸秆灰分的高于腐植酸的（表5-7）。

表5-7　土壤调理剂对花生农艺性状的影响（司贤宗等，2016）

处理	株高（cm）	侧枝长（cm）	分枝数（个）	结果枝数（个）
对照	27.8b	30.4b	8.5b	8.0b
腐植酸	29.8b	32.7b	10.4b	8.8b
秸秆灰分	37.1a	38.6a	11.2a	10.5a

注：不同字母表示同一农艺性状不同处理间的差异达到显著水平（P<0.05）。

（三）对花生经济性状和产量的影响

施用土壤调理剂均能增加花生的产量，增产幅度为5.6%～25.6%，土壤调理剂对花生产量的影响达到显著水平；其中，施用秸秆灰分的产量均最高，施用腐植酸的较低；施用秸秆灰分的花生饱果数、百果重和出仁率高于施用腐植酸的（表5-8）。

表5-8　土壤调理剂对花生经济性状和产量的影响（司贤宗等，2016）

处理	饱果数（个/株）	百果重（g）	出仁率（%）	产量（kg/hm^2）
对照	5.4c	146.2b	70.1b	4 014.6b
腐植酸	9.1b	151.1b	71.2ab	4 273.6b
秸秆灰分	14.5a	161.1a	72.0a	4 906.0a

注：不同字母表示同一经济性质或产量不同处理间的差异达到显著水平（P<0.05）。

（四）对花生籽仁养分含量的影响

施用秸秆灰分的花生籽仁中氮、磷和钾含量略微高于施用腐植酸，施用腐植酸的略微高于不施土壤调理剂，但均没有达到显著水平（表5-9）。

表5-9　土壤调理剂对花生籽仁氮磷钾含量的影响（司贤宗等，2016）　（单位：%）

处理	氮（N）	磷（P）	钾（K）
对照	4.49	0.31	0.58
腐植酸	4.53	0.36	0.60
秸秆灰分	4.57	0.38	0.64

（五）对花生籽仁蛋白质、粗脂肪的影响

施用秸秆灰分的花生籽仁中蛋白质和粗脂肪含量最高，其次是施用腐植酸，不施土壤调理剂的最低（表5-10）。其中，花生籽仁中粗脂肪含量显著高于不施土壤调理剂。施用土壤调理剂花生的蛋白质和粗脂肪产量增产幅度为6.78%～28.18%、6.28%～30.09%，土壤调理剂对花生蛋白质和粗脂肪产量的影响均达到显著水平，施用秸秆灰分的蛋白质和粗

脂肪产量均高于施用腐植酸。

表5-10　土壤调理剂对花生蛋白质、粗脂肪的影响（司贤宗等，2016）

处理	蛋白质		粗脂肪	
	含量（%）	产量（kg/hm²）	含量（%）	产量（kg/hm²）
对照	28.1a	1 126.4c	41.9a	1 682.3b
腐植酸	28.3a	1 209.6b	42.1a	1 799.1b
秸秆灰分	28.5a	1 399.6a	43.0a	2 108.4a

注：不同字母表示同一品质指标不同处理间的差异达到显著水平（$P<0.05$）。

（六）对花生脂肪酸含量的影响

施用秸秆灰分处理的花生籽仁中棕榈酸、亚油酸、花生一烯酸、山嵛酸、二十四烷酸等含量略微高于施用腐植酸；施用腐植酸的略微高于不施土壤调理剂，但均没有达到显著水平（表5-11）。施用秸秆灰分的花生籽仁中油酸含量、硬脂酸和花生酸含量最低，其次是施用腐植酸，不施土壤调理剂最高。

表5-11　土壤调理剂对花生脂肪酸的影响（司贤宗等，2016）　（单位：%）

处理	棕榈酸	硬脂酸	油酸	亚油酸	花生酸	花生一烯酸	山嵛酸	二十四烷酸
对照	12.47	3.48	37.72	38.50	1.61	1.02	3.82	1.47
腐植酸	12.82	3.34	37.07	38.75	1.56	1.02	3.83	1.49
秸秆灰分	12.94	3.21	36.30	39.55	1.51	1.04	3.89	1.51

此外，冯兆滨等（2017）在第四纪红色黏土发育而成的第四纪红壤上，研究了不同土壤调理剂用量对花生荚果的影响。研究结果表明，调理剂施用量为3 000kg/hm²时，花生平均产量最高，达到4 224.53kg/hm²，不施调理剂的平均产量最低，施用调理剂的3个处理产量均显著高于对照，花生的增产幅度在13.1%～24.8%。综合土壤理化性状、花生产量及调理剂的投入成本，在南方红壤区旱地的施用推荐量为2 250～3 000kg/hm²比较合适（表5-12）。

表5-12　不同调理剂用量对花生荚果产量的影响（冯兆滨等，2017）　（单位：kg/hm²）

处理	花生产量			
	2012年	2013年	2014年	平均
对照	3 837.1b	3 180.0b	3 132.0a	3 383.0b
调理剂（1 500kg/hm²）	4 183.5a	4 081.0a	4 204.5a	4 156.5a
调理剂（2 250kg/hm²）	4 081.6a	4 312.5a	4 155.5a	4 183.0a
调理剂（3 000kg/hm²）	4 155.0a	4 189.5a	4 329.0a	4 224.5a

注：不同字母表示同一年份不同处理间花生产量的差异达到显著水平（$P<0.05$）。

总的来看，健康花生田土壤培育的主要任务是消除影响花生生长的土壤障碍因子，减肥增效，丰富土壤微生物的多样性，增强花生抵抗不良环境的能力，提高花生田的生态环境，达到花生生产的提质增效。而影响花生生长的重要的土壤障碍因子是土壤的紧实度，土壤紧实度是反映土壤固液气三相能否满足花生良好生长的综合指标，固液气三相的比例为50∶25∶25时，能使花生“住得好、吃得饱”，良好的固液气三相的比例是土壤紧实度障碍因子消减的理想目标之一。因此，要重视施用土壤调理剂，把合理施用土壤调理剂和科学施肥并重，才能使花生优质、高产，资源高效利用，生态环境友好。

三、高效土壤疏松剂及施用技术

土壤疏松剂是一种高效外源调节物质，能够疏松土壤、提高土壤透气性、改变土壤理化性状，增加田间持水量和土壤中微生物数量，提高土壤肥力，从而促进根系生长，增强植株的抗逆性。目前，土壤疏松剂主要有松土精（高分子高活性的聚合物）、松土菌剂（包括微生物菌肥、微生物菌剂）等。

松土精是目前应用广泛的土壤疏松剂，为白色微粒固体，多为晶体状，很少有粉末和油状，离子度/水解度一般在5%～80%，分子量集中在300万～2 200万，呈中性或碱性，适合应用与同等pH值环境中。松土精吸水性十分强，易溶于水，但性状稳定，适用范围特别广，在酸性、碱性、中性、黏性、沙性等不同土壤类型下都可以发挥作用，并且可以和化肥、冲施肥、杀虫剂等其他物质同时使用（王洪福等，2018）。松土菌剂主要包括微生物菌肥和微生物菌剂两种。微生物菌肥是指一类含有活微生物的特定生物活体制品，主要剂型有液体和固体，固体剂型包含粉状和粒状。微生物菌肥主要通过改善土壤团粒结构来疏松土壤。土壤团粒结构是土壤生态环境的基础结构，过量施用化肥会破坏土壤团粒结构。微生物菌剂是指目标微生物（有效菌）经过工业化生产扩繁后，利用多孔的物质作为吸附剂（如草炭、蛭石），吸附菌体的发酵液加工制成的活菌制剂。这种菌剂用于拌种或蘸根，具有直接或间接改良土壤、恢复地力、预防土传病害、维持根际微生物区系平衡和降解有毒害物质等作用。松土精和松土菌剂的使用方式不同，施用技术要点如下。

松土精不能长期使用，要避免调节过度，否则导致过度矫正而更不利于农作物生长。对于黑土、沙壤土和各种免耕、少耕的土地，每年应在春、夏、秋季节，每亩用200g对水100kg喷施地表1～2次；黄壤、红壤、棕壤等黏性大、土块硬、板结严重、水肥分布不均、耕作层较浅的土壤，每年应在春、夏、秋季节，每亩用300～400g对水100kg喷施地表2次；按以上标准使用为一次土壤改良过程，以后逐年减少施药量和次数，直至不施。松土精具体使用方法可以参考以下步骤。

（1）农作物种植之前，针对土壤板结严重的土地，可以通过沟施、穴施或均匀撒施。将松土精1～2kg与20～30kg的细粉干土或者肥料充分均匀混合，然后沟施、穴施或均匀撒施，再进行深耕旋耕土壤。

（2）在农作物的生长期过程中，可以通过滴灌或者喷灌方式施用。将松土精按照合适用量用水溶解，以滴灌或者喷灌方式施用。在溶解松土精时要特别注意，要少量多次慢慢溶解在清水中，全部稀释成母液后再用清水冲施到田地中。

（3）对于缺水干旱的地区，在每次下雨或者浇水之前，先将1 000～1 500g松土精与适量的细干土均匀搅拌，撒施到土壤表面或者农作物根系附近。需要保证土壤湿润，有利于松土精发挥效果。

（4）松土精与化肥混合使用，这样在撒施时容易均匀撒施到土壤表层，易于松土精发挥作用。拌土拌肥料撒施可以避免将松土精暴晒在土壤表层和空气中降低松土精的使用效果。

（5）在5～20cm土层之间施用松土精时，疏松土壤形成土壤团粒的效果最好。

松土菌剂对疏松土壤起主要作用原因是微生物活动。要保证有适宜的环境条件，这样才能保证菌体为活性状态，并且不断繁殖，从而起到疏松土壤的作用。微生物菌生存需要合适的温度范围，温度过高或者过低都会影响其使用效果，因此施用时应选择阴天或晴天的傍晚进行，并结合盖土、盖粪、浇水，达到保水保湿效果，使微生物菌快速繁殖。细菌的繁殖离不开水分，所以土壤要保持一定的湿度才能有利于生物菌的繁殖扩增，但要注意土壤不能太湿。此外，微生物菌肥和菌剂都含有很少或者不含有无机养分，需要和其他肥料一起施用才能产生好的效果，比如说无机肥。微生物菌的生长和繁殖是通过分解有机物质来完成的，在施用微生物菌剂前，最好要先施用足够的有机肥。此外，微生物菌肥和菌剂在贮藏过程中要避开强烈的光照，如果在存储或使用时菌体长时间暴露在强光下，生物菌肥的应用效果就会受到影响，持续时间越长，生物菌被杀灭的就越多，效果也就越不好。受目前肥料生产技术水平的限制，大多数微生物菌肥的保存有效期是一年，若超过保质期，菌种的休眠状态可能被破坏，使活菌数量大大降低，即使休眠不被破坏，存放时间久了，有效菌的活性也会大大降低。

随着土壤利用年限增长，土地质量不断下降，水土流失、土壤酸化、紧实化等现象呈加速扩展的趋势，新型土壤高效疏松剂的研发为解决土壤紧实问题提供了很好的途径，但不同种类的土壤疏松剂也存在一定的问题。松土精等土壤疏松剂一般用于作物难以正常生长的土壤环境中，想要彻底解决土壤存在的各种问题，则需大量施用疏松剂。如果土壤紧实状况严重，可能需要多次施用，这会增加农业成本。松土菌剂为新型的高效土壤疏松剂，由于微生物菌肥具有生态适应性，只能有针对性地筛选出高适应的功能菌种，才达到较佳的作用效果。微生物菌肥的应用效果受很多因素影响，除肥料本身的活性菌种类、含量、纯度等内在因素外，环境条件也是影响肥料效果的重要因素，如底物浓度、温度、湿度、土壤pH值等，导致很多微生物菌肥的使用效果与预期相差很多，并且地块间、年度间的差别很大，给微生物菌肥的推广造成了很大的困难。微生物菌肥和菌剂贮藏也需要一定的条件，在生产、运输、贮存及使用等环节中容易失效，致使肥效不稳定，影响肥料质量。另外，农民普遍认为施用微生物菌肥和菌剂烦琐、起效慢。

土壤疏松剂是一种技术上可行、经济上合理的土壤改良方法。目前在紧实及退化土壤改良的应用研究表明，土壤疏松剂在土壤改良，实现农业高产、优质、高效方面具有十分重要的意义。新型土壤疏松剂在未来的开发过程中，应当增加土壤疏松剂的功能，例如能同时具有保水、增肥、防止水土流失等多项功能的土壤疏松剂将会成为今后其发展的一个方向，同时开发技术、降低成本，这样才能更好地推广应用。

第三节　植物外源调节物质的影响与消减作用

植物外源调节物质即植株生长调节剂，能在花生体内形成控制因子，调节花生的营养生长与生殖生长的平衡，它不但能提高花生的根系活力，以及根系的吸收和合成能力，形成壮根，而且能提高花生的结瘤性和固氮能力，合理地分配植株吸收的营养物质，形成壮秆，有效降低植株的高度，解决花生徒长的生产难题，使花生的株型向人们设计的方向生长，大大提高花生的抗倒能力，为花生后期的生长打下坚实的基础。

一、植物外源调节物质对土壤紧实度及肥力的影响

植物生长调节剂对土壤紧实度及肥力性质的直接影响相对土壤调理剂而言较小，多是通过改变植株生长发育活动（尤其是根系和荚果生长变化）产生影响，然而残留在土壤中的植物生长调节剂是否对土壤肥力产生影响及带来潜在环境污染风险，需要持续关注。

（一）对土壤紧实度及物理肥力的影响

植物生长调节剂对土壤紧实度、蓄水保水能力、透气性及固液气三相比等物理性状的影响主要是通过影响花生根系生长发育实现的。土壤紧实状况容易受到花生根系发育的影响，高效施用调节剂不仅能促进根系生长发育、提高土壤孔隙度，还能够改善土壤结构，改善土壤的透水透气性等物理性状。GGR6号生根粉、烯效唑、ABT-4号生根粉可促进根系发育，增加单株根干重，促进根的生长，提高根冠比，从而能够影响根系分布区域土壤含水量状况。赵继文等（2003）发现用浓度20mg/kg的GGR6号浸种4h，花生始花期主根长度比对照长10cm；次生根条数比对照增加8.2条，比对照多45.05%；单株根系干重比对照增加0.798g，比对照高63.43%。适期和适量施用芸薹素内酯、抗倒胺、多效唑等也有促进花生根系生长及活力增加的作用，可通过改变根系粗细及构型，有效改善土壤团粒结构。有研究表明，在0～100cm土层，根系含量、土壤团聚体稳定性和抗侵蚀能力均随土层深度的增大而减小，且根系改善土壤团粒结构的性能主要取决于<1mm根系含量。

另外花生荚果多少及大小受植物调节剂的影响很大，而荚果的发育也会对周边土壤紧实状况及其他物理性状造成影响。一般而言，荚果数量多、产量高，周边土壤较为疏松、

紧实度相对较小、土壤通透性较好。

（二）对土壤化学肥力的影响

植物生长调节剂可有效影响花生的生长发育，致使植物养分吸收量发生变化，进而影响了土壤中养分平衡与循环过程。一方面生长素、赤霉素、烯效唑等调节剂可增加植物干物质及产量，提高了花生荚果及植株从土壤中的吸收带走量，致使土壤中有效养分含量降低。另一方面，喷施的调节剂能直接增加植物对养分的吸收。喷施缩节胺可以提高花生根系合成氨基酸的能力，促进根系对无机磷的吸收；DTA-6可提高花生根系活力和伤流量，根系的吸收和合成能力得到加强，花生氮素供给能力明显提高（张明才等，2003）。

土壤养分对植物生长调节剂的响应，还受到根系分泌物及其活化作用的影响。根分泌物中的低分子化合物，如糖类、有机酸、氨基酸及酚类化合物，可作为微生物的养分和能源，活化土壤中磷、铁、锌、锰、铜等养分，同时提高其他相关养分的有效性。调节植物根系分泌物种类和量，通过溶解、螯合、还原等作用活化土壤总铜、锌等微量元素含量，提高其植物有效性，或是固定和钝化这些元素，降低其移动性（徐卫红等，2006）。

土壤有机质含量在一定程度受到植物生长调节剂的影响，通过调节花生根系影响土壤有机碳的转化，一是在有机物质合成过程中，分泌有益于腐殖质合成的物质；另一个是根系残留在土壤中分解转化成土壤有机碳，从而增加土壤有机质。

（三）对土壤生物肥力的影响

植物生长调节剂也是一种化学合成物质，会对土壤微生物等生命活动造成很大直接和间接影响。调节剂通过影响花生根系，能够对蔗糖酶、碱性磷酸酶、脲酶和蛋白酶活性产生影响，尤其是对根际土壤酶活性影响大于非根际；同时促进根直径小于1mm的吸收根和细根数量的增加，也能够显著提高土壤酶活性。

植物生长调节剂能够大幅度加快培养根瘤菌在培养基中的生长速率和总数量，但是浓度过高及过低会对根瘤菌生长造成抑制。聂呈荣等（1997）发现，始花后7天喷施调节膦，可增加花生根瘤数和根瘤重量，根瘤菌的固氮活性提高67.9%。GA3和PIX都能够导致大豆根瘤菌氧化还原蛋白上调，说明植物生长调节剂能够影响该蛋白的表达，从而控制根瘤菌发育。植物根与根瘤菌之间存在着复杂的信号交换，在这个过程中，植物生长调节剂将发挥重要的作用，细胞分裂素、生长素、赤霉素等都能对根瘤菌生长起到正调节作用，而乙烯以及应激激素则能够进行负调节。植物生长调节剂对根瘤菌确实存在着复杂的调控作用，主要通过基因表达、蛋白表达等方式影响大豆根瘤菌的生长与活性，说明通过植物生长调节剂的适量施用，能够促进根瘤菌发育，提高固氮效率，进一步提高花生产量（周圣骄等，2016）。

此外，由于一些植物生长调节剂残留率高，其对土壤生物肥力的影响还应受到长期观测。例如，多效唑的理化性质较为稳定，降解较慢，在田间的淋溶性、渗透性较差，其在土壤中的行为受有机质、粒径、pH值及环境因素影响，而且土壤残留量与施用浓度呈显著正相关，与施药天数呈显著负相关。

二、植物外源调节物质对土壤高紧实下花生生长发育的影响

（一）对花生根系生长的影响

土壤紧实胁迫下花生根部发育首先受到抑制，扎根深度受限，根系发育及养分吸收受阻，进而影响花生其他的生长发育过程。有研究表明，植物生长调节剂烯效唑、ABT-4号生根粉、GGR6号生根粉、多效唑、缩节胺等均可促进根系发育，增强根系活力。

烯效唑浸种可促长根系，浓度以5mg/L效果最好，盛花期花生叶面喷施80mg/kg烯效唑可以增加单株根干重，促进根的生长，提高根冠比。ABT-4号生根粉对花生苗期根系活力与主根生长有明显的影响，以10mg/L溶液浸种4h根系活力增强最强，对小花生的影响比大花生显著。ABT生根粉浸种还可明显促进花生幼苗根系生长，并提高其生长的整齐度，提高幼根中IAA、玉米素（Zeatin）、玉米素核苷（ZR）、CTK含量，幼根中蛋白质、游离氨基酸和可溶性糖含量降低，下胚轴中3类物质的含量也发生了变化，生根粉还增加了根内生长素和细胞分裂素的绝对含量，有利于侧根的发生。

花生幼苗期用不同浓度的多效唑溶液处理，减弱了根部过氧化物酶和吲哚乙酸氧化酶的活性，控制了吲哚乙酸的分解，使其提高到适宜的浓度，从而促进了根的生长。在花生花针期和结荚期叶面喷施150mg/L的缩节胺，可以提高花生根系合成氨基酸的能力，促进根系对无机磷的吸收，调节糖类物质的利用和转化，从而提高根系活力，延缓根系衰老。花生花针期和结荚期喷施150mg/L缩节胺可增加根系伤流量，结荚后期喷施的根系活力也有明显提高。研究表明，缩节胺可提高根系合成氨基酸和吸收矿质营养的能力，从而增加根系向地上部输送养分的数量。

（二）对花生出苗的影响

花生一半以上的幼苗出土并且开始展开第一片真叶期间对土壤紧实状况的响应尤为显著。土壤紧实胁迫下，通气透水性状差，种子出苗所需要的含水量及氧气状况常常不能得到满足。研究表明GGR6号生根粉可促进出苗和幼苗的生长发育，提高幼苗抗性。通过GGR6号生根粉浸种（20mg/kg）以及花期、结荚期每亩各喷施药液60kg，与对照相比，出苗天数减少2天，出苗率增加6%，苗势强（赵继文等，2003）。

除此之外，赤霉素、芸薹素内酯、三十烷醇等植物调节物质也能促进花生出苗。播种前用赤霉素浸种，出苗可提早2～3天。用浓度为0.01～0.1mg/L芸薹素内酯浸种24h，可提高出苗率，促进花生幼苗的生长，提高单株鲜重，提高氨基酸、可溶性糖、叶绿素含量，还可提高幼苗的抗寒能力，预防春花生常受“倒春寒”影响而导致的缺苗现象。对于苗期长势较弱的中低产田，0.5～1.0mg/L芸薹素内酯茎叶喷施可促进幼苗的生长，对株高、根

长、株鲜重、茎叶鲜重等生长指标均有一定的促进作用，同时还能提高植物对低温的抵抗能力。用0.1mg/L、0.5mg/L三十烷醇浸种11h，能提高种子的发芽势，促使苗全、苗壮，浸种浓度以0.1mg/L效果最佳。花生长至4～5片叶时，可用0.1～0.5mg/L三十烷醇叶面喷施，能增加叶绿素含量，促进光合作用，增加有效花数及结荚数量。GGR6号生根粉处理出苗比对照提早2.5天，全苗时间提早2天，出苗率提高6个百分点，出苗早、苗势强、苗全、苗匀、苗壮，均明显优于对照，为花生中后期生长发育打下良好基础。

（三）对花生叶片衰老相关生理指标的影响

花生叶片活性氧产生和清除平衡系统受到土壤紧实胁迫的影响，产生的活性氧会对细胞的膜系统进行氧化，造成细胞代谢功能不可修复的损伤。盛花期花生叶面喷施烯效唑可以提高叶片SOD、POD活性，延缓叶片MDA中的积累进程，随着喷施浓度增大，叶片中含量的增加值越小，同时能够显著增加叶片细胞内叶绿体数、基粒片层数和叶绿体基粒数，可以有效避免苗期徒长及弱光环境导致的生理伤害。烯效唑处理花生幼苗后，还可增加花生幼苗的叶片含水量，降低脯氨酸含量和质膜相对透性值，降低蒸腾速率，最终增强抗旱性能。另外，在花生开始下针时，用0.02～0.04mg/L芸薹素内酯叶面喷施处理，可明显提高过氧化物酶的活性与脯氨酸的含量，植株生长稳健，可有效消减因土壤紧实胁迫造成的早衰。

（四）对花生开花下针的影响

花生开花下针期间，营养生长和生殖生长并进，花生植株大量开花下针，营养体迅速生长，对土壤紧实状况及水分、光照和温度等的反应十分敏感，利用植物生长调节剂可有效地控制花生的开花时间、时空分布以及开花数量。研究发现，三十烷醇可增加花生前期花量，用0.1mg/L、0.5mg/L三十烷醇在苗期喷施，能增加有效花数及结荚数量，花生苗期喷施0.5mg/L三十烷醇可使花量增多，使得花针集中。此外，单株盛花高峰期后10天左右，用1.5g/L调节膦喷施，花数在6天后急剧减少，花朵明显变小、花药里花粉不能形成，花生后期空果针明显减少。

（五）对花生荚果产量的影响

与根系相似，花生荚果在土壤内发育，养分吸收转化、物质合成等生理生化反应均受到土壤紧实胁迫的显著影响。有研究发现，在花生盛花期叶面喷施烯效唑药液可以增加单株荚果和籽仁干重，提高经济系数，从而提高产量；GGR6号生根粉对花生主要经济性状，尤其对产量构成因素的影响较大，相比对照单株饱果数可增加2.4个，饱果率增加6.8个百分点，百果重增加9.0g，百仁重增加4.5g，出仁率提高1.0个百分点（赵继文等，2003）。

与耕作形成的非紧实胁迫相比，在免耕紧实胁迫下分别喷施植物生长促进剂和延缓剂，比较植物生长调节剂的消减效果（图5-1）。结果表明，与非紧实胁迫相比，紧实胁迫下花生荚果产量下降13.5%，达到显著水平。土壤紧实胁迫下，花生苗期喷施芸薹素内酯和开花下针其喷施烯效唑均能够提高荚果产量，与对照相比产量分别增加12.7%和11.8%，而与非紧实胁迫下荚果产量没有显著差异。可见，合理使用植物生长调节剂，能够显著促进花生生长发育，减少土壤紧实状况对荚果发育的不良影响，有效防治因土壤紧实胁迫造成的减产。

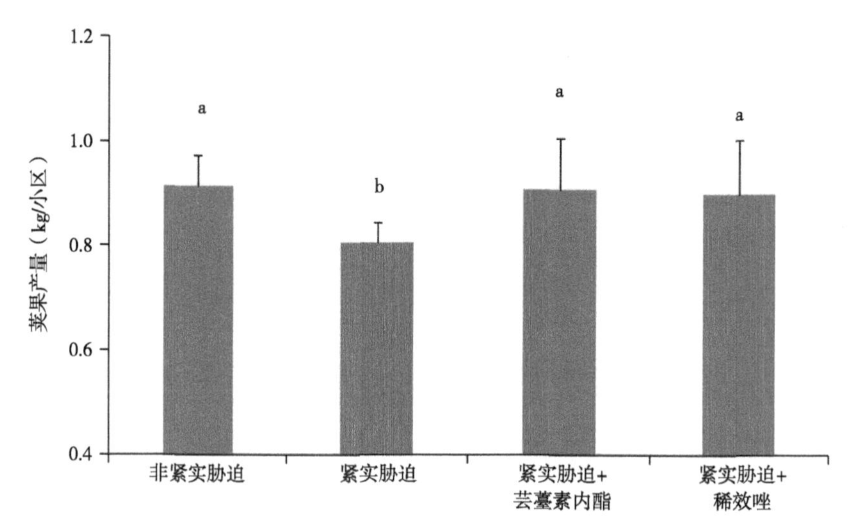

图5-1　植物生长调节剂对土壤紧实胁迫下花生荚果产量的影响（沈浦，待发表）

注：不同字母表示不同植物生长调节剂处理间的差异达到显著水平（$P<0.05$）。

此外，植物生长调节剂对土壤紧实胁迫下花生生长发育的影响与其浓度、时间息息相关，当喷施浓度和时机不适宜时，调节剂很难达到喷施效果。适时适宜浓度和剂量的调节剂能有效抑制花生赤霉素的合成，促进根系的生长，提高根系活力和吸收养分的能力，改善花生生长发育状况。通过植物生长调节剂可促进花生根系、茎叶及荚果生长，减少外源肥料等物质投入，同时对降低环境污染风险也有重要的促进作用。

三、植物外源调节物质的高效施用技术

植物生长调节剂在花生抗土壤紧实胁迫方面，能够起到很好的促进作用。对于生长促进类和生长抑制类植物调节剂，均能在一定程度消减土壤紧实胁迫危害，然而不同调节剂的使用具有自身特点，各种植物生长调节剂使用技术要点见表5-13。

表5-13　不同种类植物调节剂的使用技术要点

种类	使用时期	作用部位	使用浓度与剂量
生长促进剂类			
赤霉素	播种前	种子	浸入清水中2～3h，后用30～40mg/L赤霉素溶液浸泡1～2h，晾干后播种
	苗期	叶面	每亩花生用赤霉素溶液30～50L叶面喷洒

（续表）

种类	使用时期	作用部位	使用浓度与剂量
三十烷醇	播种前	种子	取0.1%乳剂2.5mL，加入清水5L混搅均匀，再将12～13kg（每亩用种量）花生种子浸入此溶液中4h，种子吸收完药液后即可播种
	幼苗期和盛花期	叶面	溶液浓度分别为1mg/L和0.5mg/L，每亩喷30～50L
芸薹素内酯	播种前	种子	浸种浓度为0.01～0.05mg/L
	苗期至结荚期	叶面	浸种浓度为0.01～0.05mg/L，每亩用量为40～50L
ABT生根粉	播种前	种子	适宜浓度均为10～15mg/L
	下针期至结荚初期	叶面	适宜浓度均为10～15mg/L，每亩药液用量为40～50L
GGR6号生根粉	开花期和结荚期	叶面	每亩各喷施浓度20mg/L药液60L
DTA-6	花针期	叶面	药液浓度20mg/L，每亩用药液40～50L
生长延缓剂类			
多效唑	盛花后期	叶面	浓度为100～150mg/L，每亩用药液40～50L
烯效唑	花针期或结荚期	叶面	浓度为50～70mg/L，每亩用药液40～50L
矮壮素	下针期至结荚初期	叶面	浓度为1 000～3 000mg/L，每亩用药液40～50L
缩节胺	下针期和结荚初期	叶面	浓度为150～200mg/L，每亩用药液40～50L
调环酸钙	花针期或结荚期	叶面	2g调环酸钙，对水40～50L

使用植物生长调节剂消减花生田紧实胁迫，是一种相对省时省力的调节手段，用量小、速度快、效益高、残毒少，可以有效影响花生的内源激素系统，调控花生的生长发育进程。当前植物生长调节剂多是单一使用，而土壤紧实胁迫的发生影响花生整个生育时期，从有效调节角度，应探求全生育期一体化抗紧实胁迫模式，即花生生长前期施用促进生长类调节剂，尤其是促进根系生长，缓解土壤紧实胁迫对根系的直接抑制；中期施用抑生长类调节剂，控制花生侧枝和顶端徒长、旺长，减少营养浪费及容易倒伏现象；后期补充保叶及促荚果生长膨大类调节剂。

未来土壤紧实胁迫下植物生长调节剂的高效施用，还有一些亟待解决的技术和理论难题（石程仁等，2015），主要有以下几点。

（1）植物生长调节剂对紧实胁迫下花生植株体细胞发育、酶激活的机制，尚缺乏深入研究。

（2）有关花生田土壤紧实胁迫下植物生长调节剂的作用研究，还要考虑花生植株整体、单位面积群体以及土壤—花生系统的变化特征。

（3）复合类型植物生长调节剂亟须突破，在缓解土壤紧实胁迫同时，还要协调花生的生长发育与养分吸收，同时控制病虫草害的发生发展。

（4）增加对适于紧实胁迫花生田生长调节剂残留状况的研究，以减少对花生的副作用与对生态环境的危害。

参考文献

陈建生，李文金，张利民，等，2014. 花生施用稀土微肥与土壤调理剂效应分[J]. 花生学报，43（2）：47-49.

冯兆滨，刘秀梅，冀建华，等，2017. 红壤调理剂的改土培肥及作物增产研究[J]. 中国土壤与肥料，5：122-128.

侯睿，张小红，张小军，等，2017. 生物菌肥在花生上施用效果的研究[J]. 中国农学通报，33（8）：78-83.

姜多，吴勇，唐炼丽，等，2017. 生物腐植酸土壤调理剂在蒲江地区应用效果研究[J]. 腐植酸，6：45-49.

栗方亮，张青，王煌平，等，2018. 土壤调理剂对蜜柚产量、品质及土壤性状的影响[J]. 中国农学通报，34（6）：39-44.

柳开楼，熊华荣，胡惠文，等，2017. 特贝钙土壤调理剂对红壤旱地花生产量和阻控土壤酸化的影响[J]. 广东农业科学，44（5）：93-98.

聂呈荣，凌菱生，1997. 花生不同密度群体施用植物生长调节剂对光合效能的影响[J]. 中国油料（1）：32-36，38.

饶卫华，敖礼林，2015. 花生巧用生长调节剂和微量元素肥增产更增效[J]. 科学种养（5）：37-38.

沈浦，冯昊，罗盛，等，2016. 缺氮胁迫下含Na^+叶面肥对花生生长的抑制及补氮后恢复效应[J]. 植物营养与肥料学报，22（6）：1 620-1 627.

沈浦，吴正峰，王才斌，等，2017. 花生钙营养效应及其与磷协同吸收特征[J]. 中国油料作物学报，39（1）：85-90.

石程仁，罗盛，沈浦，等，2015. 花生栽培化学定向调控研究进展[J]. 花生学报，44（3）：61-64.

司贤宗，毛家伟，张翔，等，2015. 耕作方式与土壤调理剂互作对土壤理化性质及花生产量的影响[J]. 河南农业科学，44（11）：41-44.

司贤宗，毛家伟，张翔，等，2016. 耕作方式与土壤调理剂互作对花生产量和品质的影响[J]. 中国土壤与肥料（3）：122-126.

宋以玲，马学文，于建，等，2019. 复合微生物肥料替代部分复合肥对花生生长及根际土壤微生物和理化性质的影响[J]. 山东科学，32（1）：38-45，123.

孙蓟锋，王旭，2013. 土壤调理剂的研究和应用进展[J]. 中国土壤与肥料（1）：1-7.

孙学武，于天一，沈浦，等，2018. 土壤调理剂对花生产量品质和土壤理化性状的影响[J]. 花生学报，47（1）：43-46.

王洪福，高进华，崔然，2018. 添加“松土精”的肥料颗粒强度影响因素探讨[J]. 磷肥与复肥，33（11）：7-8.

王庆峰，高华援，凤桐，等，2011. 不同植物生长调节剂在花生栽培上的试验与示范研究[J]. 现代农业科技（24）：202，207.

王双千，张琳玲，陈江辉，等，2017. 2生物菌肥在花生上的应用效果初探[J]. 浙江农业科学，58（6）：974-975，980.

王玉红，2010. 植物生长调节剂在花生上的应用效果研究[J]. 现代农业科技（16）：168-169.

魏玉强，叶新华，徐占伟，等，2018. 不同种类、浓度植物生长调节剂花生田间应用效果[J]. 农村科技（7）：20-25.

徐卫红，黄河，王爱华，等，2006. 根系分泌物对土壤重金属活化及其机理研究进展[J]. 生态环境，15（1）：184-189.

杨枫，熊孜，向玲，等，2018. 活化改性矿物基土壤调理剂的研发及产业化——（VII）蔬菜和果树施用效果研究[J]. 高新科技，12：19–22.
叶鑫，解占军，王秀娟，等，2012. 土壤调理剂在土壤改良中的应用概况[J]. 辽宁农业科学（1）：61–62.
于天一，王春晓，路亚，等，2018. 不同改良剂对酸化土壤花生钙素吸收利用及生长发育的影响[J]. 核农学报，32（8）：1 619–1 626.
臧秀旺，张新友，汤丰收，等，2010. 花生上常用的植物生长调节剂[J]. 河南农业（5）：24.
张明才，何钟佩，田晓莉，等，2003. 植物生长调节剂DTA–6对花生产量、品质及其根系生理调控研究[J]. 农药学学报（4）：47–52.
赵继文，郭继民，荆建国，等，2003. 花生应用不同植物生长调节剂的产量效应[J]. 河南农业科学（9）：24–25.
钟瑞春，陈元，唐秀梅，等，2013. 3种植物生长调节剂对花生的光合生理及产量品质的影响[J]. 中国农学通报，29（15）：112–116.
周红梅，孙蓟锋，段成鼎，等，2013. 5种土壤调理剂对大蒜田土壤理化性质和大蒜产量的影响[J]. 中国土壤与肥料（3）：26–30.
周录英，李向东，王丽丽，等，2008. 钙肥不同用量对花生生理特性及产量和品质的影响[J]. 作物学报，34（5）：879–885.
周圣骄，宋志远，2016. 植物生长调节剂对大豆根瘤菌生长及功能的调控效应[J]. 生物技术世界（5）：83.

第六章　花生田耕作措施对土壤紧实胁迫的消减作用

耕作措施是农业生产的基础措施。土壤高效耕作措施主要有两方面的作用。一是改良土壤耕层的物理性状，调节固、液、气三相比例，改善耕层构造。耕作可增加紧实土壤耕层的空隙，提高通透性，有利降水和灌溉水下渗，减少地面径流，保墒蓄水，促进微生物的好气分解，释放速效养分；耕作可减少土粒松散耕层的土壤空隙，调节土壤水、肥、气、热的关系，增加微生物的厌气分解，减缓有机物的消耗和速效养分的大量损失，为作物生长提供适宜的生长环境。二是根据当地自然条件的特点和不同作物的栽培要求，耕作使地面保持符合农业要求的状态。如平作时地面要平整，垄作时地面要有整齐的土垄，风沙地区地面要有一定的粗糙度以防风蚀，山坡地要有围山大垄或水平沟等，以此达到减少风蚀、保持水土、保蓄土壤水分、提高土壤湿度或因势排水等目的。

第一节　耕作措施概述

随着人类社会的进步和农业生产技术的改进，经历了从原始“刀耕火种”到现代机械化耕作的逐步演变。传统的翻耕在全球农业生产中长期占据着主导地位，对于农业的发展有着巨大的贡献，但长期翻耕需要多种机具多次进入田间耕作，容易破坏土壤结构和生态环境，以精耕细作为特征的传统耕作方式面临严峻挑战。尤其是20世纪30年代，美国西部发生了大规模的“黑风暴”，刮走了肥沃的表层土壤，土壤结构遭到严重破坏，给美国的农业生产带来了严重的灾难。因传统的翻耕方式会破坏土壤的坚固程度，让土地变得细碎，这样下雨时容易导致水土流失，在遇到大风时会把土地表面的土层刮走，成为沙尘暴的元凶，而保护性耕作就是解决这一顽疾的最好方法之一，因而少耕免耕等保护性耕作措施应运而生。相对于传统的耕作模式来说，保护性耕作是一种新型的耕作技术，是以减少土壤扰动和增加秸秆覆盖为主要特点的耕作方式，它主张对农田实行免耕、少耕，只要能保证种子发芽即可，尽可能减少土壤耕作，但长期采用少耕和免耕使得耕层土壤容重增加，结构性变差，不利于作物的生长。此外，土壤主要养分会在土壤表层聚集，土壤呈现“上肥下瘦”（Tiecher et al.，2018；杜昊辉，2019）。鉴于此，实施合理的耕作措施既有利于培肥农田土壤、减轻农田水土流失和土壤侵蚀，又能有效提高土地生产力，且一定程度上可改善生态环境。

一、耕作措施的种类与作用

我国农田主要推广的耕作措施有传统耕作（浅翻、深翻和深松耕）、少耕（浅耕和旋耕）和免耕（留茬和留茬覆盖等）等。翻耕是使用犁等农具将土垡铲起、松碎并翻转的一种土壤耕作方法，我国约在2 000年前就已开始使用带犁壁的犁翻耕土地，翻耕深度根据作物种类、土壤质地、当地气候、季节等多种因素而定。一般块根作物宜深耕，浅根作物宜相对浅些；黏土宜深耕，沙土宜浅耕；秋耕宜深，春耕宜浅；休闲地宜深，播种前宜浅等。翻耕可将一定深度的紧实土层变为疏松细碎的耕层，从而增加土壤孔隙度，以利于接纳和贮存雨水，促进土壤中潜在养分转化为有效养分和促使作物根系的伸展；可以将地表的作物残茬、杂草、肥料翻入土中，清洁耕层表面，从而提高整地和播种质量，翻埋的肥料则可调整养分的垂直分布；此外，将杂草种子、地下根茎、病菌孢子、害虫卵块等埋入深土层，抑制其生长繁育，也是翻耕的独特作用，但在干旱情况下翻耕，常因下层湿土被翻到上面而损失水分；在水土流失或风蚀地区，耕后土壤处于疏松状态，易引起水蚀或风蚀。

深松耕是用深松铲或凿形犁等松土农具疏松土壤而不翻转土层的一种深耕方法。深度可达30cm以上。适于经长期耕翻后形成犁底层、耕层有黏土硬盘或白浆层或土层厚而耕层薄不宜深翻的土地。深松耕可打破犁底层、白浆层或黏土硬盘，加深耕层、熟化底土，利于作物根系深扎；深松耕不翻土层，后茬作物能充分利用原耕层的养分，保持微生物区系，减轻对下层嫌气性微生物的抑制；蓄雨贮墒，减少地面径流；保留残茬，减轻风蚀、水蚀。土壤深松耕的作用主要包括以下几方面。

（1）打破犁底层，加深耕层，提高耕地质量。

（2）提高土壤蓄水能力。

（3）改善土壤结构。

（4）减少降雨径流和土壤水蚀。

（5）提高肥料利用率。

旋耕是以旋耕犁代替翻耕犁进行耕作的一种方法。旋耕法利用旋耕机旋转的刀片切削、打碎土块、疏松混拌耕层的一种耕作法。一般旋耕深度在15cm左右。旋耕的主要作用是碎土、松土、混拌、平整土壤。旋耕多用于农时紧迫的多熟地区，以及农田土壤水分含量高难以耕翻作业的地区。运用旋耕机进行旋耕作业，既能松土，又能粉碎土，地面也相当平整，集犁、耙、平三次作业于一体，对播种作业起了很好的准备作用。但多年连续单纯旋耕，易导致耕层变浅与理化状况变劣，土壤空隙较少，容易造成倒伏、水土流失等问题，故旋耕应与翻耕措施轮换应用。

免耕又称零耕、直接播种，在作物播种前不用犁、耙整理土地，直接在茬地上播种，播后作物生育期间不使用农具进行土壤管理的耕作措施，有保土、保水、保肥、省工、省力、省能及增产、增效、增收的特点。免耕常由三个环节组成。利用前作物残茬或控制生长的牧草或秋播冬黑麦或其他物质作为覆盖物，覆盖全田或者行间，借以减轻风蚀、水蚀和土壤蒸发。采用联合作业的免耕播种机，机械前部装置波浪形圆盘切刀，开出宽5～8cm、深8～15cm的沟。然后喷药、施肥、播种、覆土、镇压，一次完成作业。

此外，保护性耕作是以机械化作业为主要手段，采取少耕或免耕方法，将耕作减少到只要能保证种子发芽即可，用农作物秸秆及残茬覆盖地表，并主要用农药来控制杂草和病虫害的一种耕作技术。保护性耕作可减少劳动量，节省时间，提高水分利用率，改善土壤的可耕作性。减少土壤压实，增强土壤微粒的聚合（成为团粒结构），还可以减少土壤风蚀、水蚀。与没有保护的、经过强烈耕作的土地相比，残茬覆盖可以减少达90%的土壤侵蚀。近年来，在固定道耕作的基础上，逐渐形成了固定道保护性耕作技术，机具在作物间固定的车道上行驶，车道上不种植作物；作物生长带不被车轮碾压，为作物生长提供了良好的土壤，且长期保持秸秆覆盖，兼具两种耕作技术的优点。陈浩等（2008）研究表明，固定道保护性耕作能有效地改良土壤结构，相对于作物生长带，固定道保护性耕作可使0～20cm土层土壤容重降低6.8%，0～40cm土层土壤总孔隙度提高4.6%，0～30cm土层土壤紧实度降低31.5%。

二、耕作措施对土壤紧实状况的影响

土壤容重是反映耕作措施对土壤结构影响的重要指标，容重的大小关系到土壤机械阻力、种子萌发、出苗快慢及根系生长的好坏，间接影响土壤的水热特性、养分运移和微生物学特性（Shen et al.，2016；沈浦等，2017）。张向前（2017）研究发现，与传统翻耕相比，秸秆还田条件下免耕增加了0～20cm土层土壤容重，对深层土壤容重的影响与深松、旋耕和深翻耕作方式相同。张祥彩等（2013）报道与传统翻耕相比，免耕增大了农田0～30cm土层土壤容重，但随着土层深度的增加其容重差异则逐渐减小。国外也有学者报道免耕使0～10cm土层土壤容重增加明显（Dam et al.，2005；Ferreras et al.，2000）。但也有研究与此结果不同，Ismail等（1994）在连续长期定位条件下，发现各耕作措施对农田土壤容重的影响不显著。王昌全等（2001）则认为免耕可使土壤容重减小，并且随着保护性耕作措施的连续施用其容重也逐年减小。

旋耕、翻耕等机械力加大了土壤的疏松性，增加土壤的气相比例，增大了土壤孔隙量，由于翻耕方式可直接作用于整个农田的耕作层，使土壤孔隙度向增大的方向发展。免耕增加了土壤动物数量，进而增加了土壤孔隙度；其次，作物死亡后根系在土壤中腐烂，在不同土层内留下了大小不同的空隙，再者免耕可有效降低土壤的侵蚀性，进而减少土壤板结度，使土壤孔隙度向增大的方向发展（Qin et al.，2006；王德胜等，2008）。乔云发等（2018）研究发现，和常规耕作相比，翻耕、深翻和超深翻耕层土壤紧实度增加1.1～1.6倍，犁底层则降低8.7%～43.6%；旋耕对犁底层土壤紧实度无显著影响，但是降低耕层土壤紧实度。罗俊等（2018）报道了，与对照不深松（旋耕25cm）相比，深松

35cm+旋耕25cm及深翻50cm+旋耕25cm处理通过增加土壤耕作深度，显著改善了耕层土壤紧实度和耕层土壤容重，改善了耕层的整体疏松程度。刘爽等（2010）分析比较秸秆还田、免耕覆盖、浅旋耕和常规耕作等4种耕作措施对土壤紧实度的影响，测定结果显示连续采用不同耕作措施后，不同层次和不同时期土壤紧实度存在较大差异，免耕覆盖处理对紧实度的影响主要集中在0～15cm表层土壤，且各时期均表现为最高；15～30cm和30～45cm深层土壤中则是土壤紧实度浅旋耕和常规处理要高于其他处理，主要是由于浅旋耕和常规耕作方式由于机械的压实容易形成犁底层，导致下层土壤紧实度增加。

土壤团聚体数量分布和稳定性受耕作影响显著（Malhi et al.，2008）。相对于微团聚体，土壤中大团聚体更易受外部影响。许多研究表明耕作带来的物理破坏直接导致大团聚体破碎，释放微团聚体（Balesdent et al.，2000；Zotarelli et al.，2007）。传统耕作由于耕作次数频繁，被认为是大团聚体破碎的主要原因。耕作不仅导致团聚体破碎，同时也会造成保存于团聚体中的有机碳的分解（Andruschkewitsch et al.，2014）。免耕避免了大团聚体的破坏，同时可以促进土壤表层的生物活性，促进大团聚体的形成和稳定（李景，2014）。此外，免耕较传统耕作增加了土壤中碳水化合物、氨基酸和脂肪族的碳含量，这些有机碳对于大团聚体形成具有促进作用。免耕除了能够增加大团聚体含量外，也可降低大团聚体的周转速率（Zotarelli et al.，2007；Álvaro-Fuentes et al.，2009）。相对于耕作次数较多的传统耕作，减少耕作次数对于保持大团聚体数量和稳定性有重要作用（王碧胜，2019）。

李彤等（2017）以常规耕作翻耕为对照，探究深松耕和免耕两种保护性耕作措施下土壤微生物空间结构的变化，发现土壤真菌和细菌对耕作方式的响应都极为敏感。李景（2014）研究了少耕、免耕、深松覆盖、小麦—花生两茬和传统耕作5种典型农田管理措施下土壤细菌、真菌、古菌微生物群落结构多样性的变化规律，表明不同耕作措施主要影响细菌群落的个体数量，对种群丰富度影响不大；耕作措施影响了真菌种群的个体数量和丰富度；耕作措施对古菌种群的个体数量和丰富度均有影响，对优势种群的丰富度影响较小。与传统耕作相比，免耕、深松覆盖和两茬处理土壤细菌多样性分别提高0.3%、0.3%和0.6%，真菌分别提高23.7%、19.5%和25.8%，古菌分别提高20.2%、40.5%和49.1%。樊晓刚等（2010）对比不同耕作措施下土壤微生物多样性发现，长期免耕和少耕处理下土壤微生物种群数量显著高于传统性耕作。免耕条件下土壤脲酶、过氧化氢酶（CAT）、谷氨酰胺酶、蛋白酶、磷酸酶、芳基硫酸酯酶、β-葡萄糖苷酶等均高于常规耕作（Bergstrom et al.，1997；Kandler et al.，1999）。路怡青（2013）通过定位试验研究发现，其土壤酶活性大小表现为免耕>常耕>翻耕。究其主要原因，可能是少免耕保持了良好的表土结构使得不同土层的温度、水分、pH值等对动植物及微生物的生存空间更加适宜，使得微生物作用下的土壤表层作物根系密集，根系分泌物、残留物多，其进行土壤分解与转化物质的能力上升，有利于提高土壤营养元素有效释放并促进作物生长发育及提高各类酶活性（张英英，2016）。

第二节　花生田耕作措施对紧实胁迫下土壤微环境的影响

一、耕作措施对花生田土壤容重的影响

赵继浩等（2019）研究了深耕、旋耕和免耕对土壤理化性质及花生产量的影响，发现在0～10cm、10～20cm、20～30cm土层中，与旋耕处理和免耕处理相比，深耕处理减小了土壤容重。李英等（2017）在红壤坡耕地进行了不同耕作措施对花生产量影响的研究，结果如表6-1所示，0～10cm土层土壤容重差异不显著，0～30cm土层，土壤容重最大的是旋耕15cm。深松处理在10～20cm和20～30cm土层的容重均大于耕深20cm和30cm。相比只旋耕处理，深松处理增多了一道深松工序，拖拉机两次进地碾压，增加了压实，对比耕深20cm和30cm，没有显示出优越性。罗盛（2016）研究发现与免耕处理相比，浅耕、深耕和深松土壤容重分别比免耕低10.1%、13.4%和14.2%。秸秆还田后，各耕作处理土壤容重趋势和无稻秆还田一样，浅耕+稻秆、深耕+稻秆和深松+稻秆处理土壤容重分别比免耕+稻秆低7.4%、10.9%和12.0%。深耕和深松打破了土壤犁底层，浅耕翻动浅层，有利于改善土壤物理性状，且深耕和深松对改善土壤紧实方面优于浅耕和免耕。在秸秆还田条件下，各耕作处理土壤容重下降更明显，说明秸秆还田对改善土壤紧实有很重要的影响，特别是配合耕作措施效果更好。

表6-1　不同耕作措施对土壤容重的影响（李英等，2017）　（单位：g/cm^3）

处理	0～30cm	0～10cm	10～20cm	20～30cm
压实+翻耕20cm	1.47ab	1.31a	1.47ab	1.65ab
旋耕15cm	1.54a	1.38a	1.54a	1.69a
翻耕20cm	1.43b	1.33a	1.41b	1.56b
深耕30cm	1.44b	1.31a	1.38b	1.63ab
深松30cm+旋耕15cm	1.46b	1.32a	1.43ab	1.64ab
深松30cm+翻耕20cm	1.47ab	1.30a	1.45ab	1.65ab

注：不同字母表示同一土层不同耕作处理间的差异达到显著水平（$P<0.05$）。

二、耕作措施对花生田土壤孔隙度的影响

孔隙度作为土壤结构的重要组成部分，对土壤中水和空气的传导、运动，植物根系的穿扎和吸水具有积极的作用。赵继浩等（2019）研究发现，与免耕处理相比，深耕处理增加了0～30cm土层的总孔隙度，但在0～10cm土层中，与深耕处理和旋耕处理相比，免耕处理增加了土壤的毛管孔隙度，这可能是因为免耕没有破坏表层土壤的毛管结构（表6-2）。

表6-2　不同耕作措施对土壤孔隙度的影响（赵继浩等，2019）　　（单位：%）

处理	0～10cm土层		10～20cm土层		20～30cm土层	
	总孔隙度	毛管孔隙度	总孔隙度	毛管孔隙度	总孔隙度	毛管孔隙度
深耕	49.38a	41.72b	45.14a	37.22a	41.26a	34.27a
旋耕	47.81b	41.32b	44.56b	36.68ab	41.09ab	33.30ab
免耕	46.56c	43.07a	43.82c	36.45ab	41.03ab	33.01ab

注：不同字母表示同一土层孔隙度不同耕作处理间的差异达到显著水平（P<0.05）。

三、耕作措施对花生田土壤团聚体的影响

赵继浩等（2019）研究表明，与深耕处理和旋耕处理相比，免耕处理增加了粗大团聚体（>2mm）和细大团聚体（0.25～2mm）的质量比例，这说明与深耕处理和旋耕处理相比，免耕处理增加了0～10cm土层的大团聚体的质量比例。但在10～20cm、20～30cm土层中，与旋耕处理和免耕处理相比，深耕处理增加了大粒径团聚体的质量比例。

土壤团聚体的稳定性对土壤理化性质以及植物的生长发育具有很大的影响，团聚体稳定性常用平均重量直径、几何平均直径以及分形维数表示，平均重量直径和几何平均直径值越大，分形维数越小表示团聚体的平均粒径团聚度越高，稳定性越强。在0～10cm土层中，与深耕和旋耕处理相比，免耕处理团聚体平均重量直径分别增加了3.63%和4.83%，团聚体几何平均直径与平均重量直径值基本一致，团聚体分形维数分别减少了1.69%和2.38%。说明与深耕处理和旋耕处理相比，免耕处理增加了团聚体的平均重量直径和几何平均直径，降低了团聚体分形维数，提高了团聚体稳定性，这是因为免耕增加了土壤表面动植物残体数量，可促进土壤表层的真菌生长和土壤动物活动等，有助于大团聚体的形成，增加其稳定性。但在10～20cm及20～30cm土层中，与旋耕处理和免耕处理相比，深耕处理增加了团聚体的平均重量直径和几何平均直径值，减小了团聚体分形维数。

四、耕作措施对花生田土壤有机碳含量的影响

赵继浩等（2019）研究发现，在同一土层中，各粒径团聚体有机碳含量具有相似的趋势，表现为在大团聚体中随着团聚体粒径的降低有机碳含量逐渐降低，即有机碳含量>5mm最高，然后依次是2～5mm、1～2mm、0.5～1mm，0.25～0.5mm含量最低；但是微团聚体有机碳含量却有着明显的升高，这说明团聚体有机碳随着粒径的降低呈现一种“V”形的变化趋势。在0～10cm土层中，与深耕处理和旋耕处理相比，免耕处理显著增加了土壤总有机碳和各粒径团聚体有机碳含量；但在10～20cm及20～30cm土层中，与旋耕处理和免耕处理相比，深耕处理增加了土壤总有机碳和各粒径团聚体有机碳含量。

五、耕作措施对花生田土壤养分含量的影响

同一土层中各粒径团聚体全氮含量具有相似的趋势，表现为在大团聚体中随着团聚体粒径的降低全氮含量逐渐降低，即>5mm的全氮含量最高，然后依次是2～5mm、1～2mm、0.5～1mm，0.25～0.5mm的含量最低；但是微团聚体全氮含量却有着明显的升高，这说明团聚体全氮随着粒径的降低呈现一种“V”形的变化趋势（赵继浩等，2019）。在0～10cm土层中，与深耕处理和旋耕处理相比，免耕处理显著增加了土壤全氮和各粒径团聚体全氮含量；但在10～20cm及20～30cm土层中，与旋耕处理和免耕处理相比，深耕处理增加了土壤全氮和各粒径团聚体全氮含量。郑海金等（2016）发现与常规耕作相比，水土保持耕作措施对土壤养分含量均有不同程度的提高，平均提高了土壤全氮34.77%、碱解氮0.84%、全磷12.31%、速效磷32.17%、阳离子交换量1.73%。然而，罗盛（2016）研究发现各耕作处理对土壤碱解氮含量提高影响不大，深松相对其他耕作处理，能显著提高0～20cm土层速效钾和速效磷含量，深耕处理能显著提高土壤速效磷养分，但对土壤速效钾提升效果不明显，免耕处理对土壤肥力提高不明显，碱解氮、速效磷和速效钾养分含量低于深松处理，土壤碱解氮、磷含量低于深耕处理。

六、耕作措施对花生田土壤微生物的影响

细菌型土壤表征土壤养分含量丰富，放线菌型土壤表征有益菌数量多，而真菌型土壤表征地力肥力衰退。不同的耕作方式对土壤微环境以及微生物数量的影响很大，耕作措施可以通过调节土壤土壤温度、水分和孔隙状况的变化，为土壤微生物的生长与繁殖提供适宜的环境。赵继浩等（2019）研究表明，在0～10cm土层中，与深耕处理和旋耕处理相比，免耕处理增加了细菌、真菌、放线菌的数量，但在10～20cm及20～30cm土层中，与旋耕处理和免耕处理相比，深耕处理增加了细菌、真菌、放线菌的数量。刘研（2018）研究发现覆膜、冬闲压青和冬闲翻耕处理均可增加0～20cm土层脲酶和蔗糖酶活性，降低过氧化氢酶活性，均可显著提高0～20cm土层土壤细菌和放线菌数量，降低真菌数量，改善微生物群落结构，有利于矿质养分的活化与分解，促进植株对养分的吸收与积累。郑海金等（2016）研究发现红壤花生旱坡地采用稻草覆盖和香根草篱组合的水土保持耕作措施后，土壤有机物质流失减少，土壤透气性和腐殖化作用增强，土壤细菌数、放线菌数和土壤微生物类群总量显著高于常规耕作。比常规耕作处理的土壤磷酸酶、蔗糖酶活性分别提高48.90%和2.63%。因此在栽培过程中采取水土保持耕作措施后，良好的水分条件和土壤结构有利于微生物的生长，从而促进了土壤物质元素的分解代谢，土壤酶尤其是蔗糖酶、磷酸酶等水解酶活性增加，表明水土保持耕作措施可以促进土壤中可被植物生长利用的碳、氮、磷源物质的积累。

第三节　花生田耕作措施对紧实胁迫下花生生长发育的影响

不同耕作措施不仅改变花生田土壤理化性质，减轻土壤紧实胁迫的危害，而且影响了土壤养分的循环和生物学性状，进而影响花生生长发育、养分吸收和营养品质。

一、耕作措施对花生根系生长发育的影响

土壤紧实程度与作物根系间呈明显负相关，紧实的土壤结构会降低根系的生长速率与伸长范围，使根聚集于土壤表层严重影响根系对水分和养分的吸收，显著地抑制根系生长。通过采用不同的耕层措施可创造出疏松的土壤结构促进根系发育。汤丰收等（2012）研究认为，花生垄作能增加土壤的通透性，改善花生的生长环境，促进根系发育，花生平均增产15.00%～17.74%。罗盛（2016）研究发现不同耕作处理之间花生根干物质积累不同，深松处理的花生根干物质积累量显著高于免耕、浅耕和深耕处理，其增幅分别为8.2%、7.5%和23.4%，根干重表现为深松>深耕>免耕>浅耕。说明深耕、深松处理改善了下层土壤的紧实度，有利于花生根系下扎，从而提高根干物重（图6-1）。

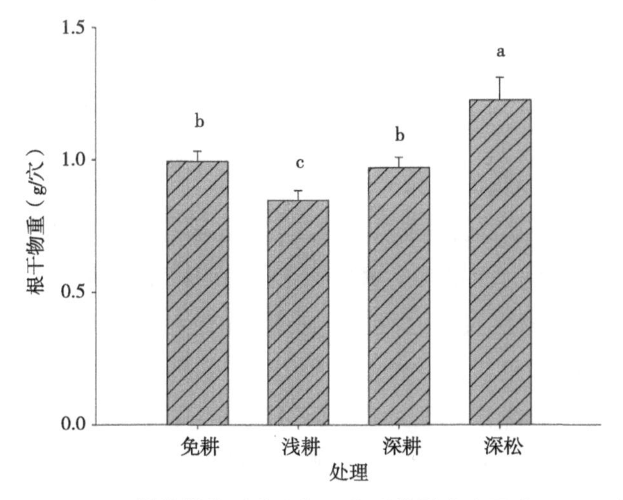

图6-1　不同耕作措施对花生根干物重的影响（罗盛，2016）

注：不同字母表示不同耕作处理间的差异达到显著水平（$P<0.05$）。

二、耕作措施对花生农艺性状的影响

花生的地上部分生长状况及荚果性状作为最直观反映花生生长状况情况的指标，在一定程度上反映了花生生长及产量的好坏。罗盛（2016）研究发现土壤容重与花生株高、侧枝长、叶龄、分枝数均呈负相关，且与分枝数显著性较高，土壤容重与百果重和百仁重达到显著负相关，说明容重越高、土壤越紧实花生植株生长越受到阻碍。通过不同耕作方式

分析比较发现，浅耕处理的花生株高、侧枝长、叶龄、分枝数要显著高于深耕和深松，且浅耕、深耕和深松处理的植株性状都要显著好于免耕，说明浅耕、深耕和深松减轻了土壤紧实胁迫，能为花生生长提供良好土壤环境。此外，李东广等（2008）研究表明，花生垄作能加厚活土层，使花生壮苗早发，主茎高度降低2～4cm，分枝长降低3～5cm，缩短了果针与地面的距离，使果针入土快、入土早，花生结果时间提前，花生结果早、结果多，产量增加超过25%以上。司贤宗等（2016）研究了覆盖小麦秸秆下免耕与耕作起垄对远杂6和远杂9307产量及品质的影响。结果如表6-3所示，两品种花生株高、侧枝长、分枝数、结果枝的大小顺序均为耕作起垄>免耕，表明紧实胁迫下耕作起垄处理下花生株高等农艺性状较好（表6-3）。

表6-3　不同耕作措施对花生农艺性状的影响（司贤宗等，2016）

耕作措施	品种	株高（cm）	侧枝长（cm）	分枝数	结果枝
耕作起垄	远杂6	34.7b	41.3a	12.0a	12.7a
	远杂9307	36.7a	43.0a	13.3a	12.8a
免耕	远杂6	30.3c	36.0b	9.7b	9.3b
	远杂9307	32.3bc	36.7b	11.7ab	10.3ab

注：不同字母表示同一农艺性状不同耕作处理间的差异达到显著水平（$P<0.05$）。

三、耕作措施对花生产量的影响

分析土壤性质与花生产量的相关关系发现土壤容重对花生壳针、籽仁、产量影响显著，与花生壳针、籽仁、产量呈极显著负相关，说明土壤容重会显著影响花生荚果的生长，紧实的土壤会使得花生减产，疏松的土壤会提高花生的产量。研究比较不同耕作措施的干物质产量发现，花生总干物重表现为浅耕、深耕>深松>免耕，深耕和深松处理茎叶干物质积累不如浅耕，但都高于免耕，且壳针和籽仁的积累量要显著高于免耕处理，且不低于浅耕处理，由此说明深耕和深松处理促进了花生植株养分营养器官向花生生殖器官转移，促进籽仁干物质积累。通过产量比较发现浅耕、深耕处理产量较高为6 044～6 142kg/hm^2，免耕最低为4 521kg/hm^2，深耕和浅耕产量差异不大但都显著高于免耕（图6-2）。说明耕地改善土壤理化性状，促进土壤养分释放，降低土壤紧实度，促进根系对养分吸收，为后期花生生长提供充足的养分。

此外，司贤宗等（2016）研究认为，覆盖小麦秸秆下耕作起垄处理的花生产量最高，比免耕处理分别增产818.1kg/hm^2，增产率为25.0%。刘璇等（2019）在典型棕壤地块开展耕作试验，研究大花生品种（鲁花11、花育22和中花24）和小花生品种（BL、花育39和日本花生）的产量对免耕、耕翻20cm、耕翻20cm+起垄8.5cm的响应差异。结果表明，鲁花11大花生耕翻起垄处理的单产最高，为366.3kg，小花生品种BL各耕作处理的单产为148.5～170.7kg，总体低于其他花生品种。小花生品种间，免耕处理产量水平较高的日本花生，其耕翻和耕翻起垄处理的单产均高于BL和花育39。大花生品种也有类似趋势，均以鲁花11较高。免耕、耕翻和耕翻起垄3种耕作方式下，同一品种花生的产量有很大差异，小花生品种产量对不同耕作处理的响应不显著，而大花生品种产量对不同耕作处理的响应显著。中花24、鲁花11、花育22耕翻起垄处理比免耕单产分别增加88.3%、52.2%和19.0%，耕翻处理比免耕分别增加34.9%、28.2%和4.1%。大花生与小花生对耕作方式的响应有显著差异，这可能与大、小花生对土壤紧实胁迫的敏感程度有关，大花生品种更易受到土壤紧实胁迫的抑制作用，造成减产。赵继浩等（2019）研究表明，在不同的耕作方式下，与旋耕处理和免耕处理相比，深耕处理还增加了干物质的积累量，提高了花生荚果产量和籽仁产量。

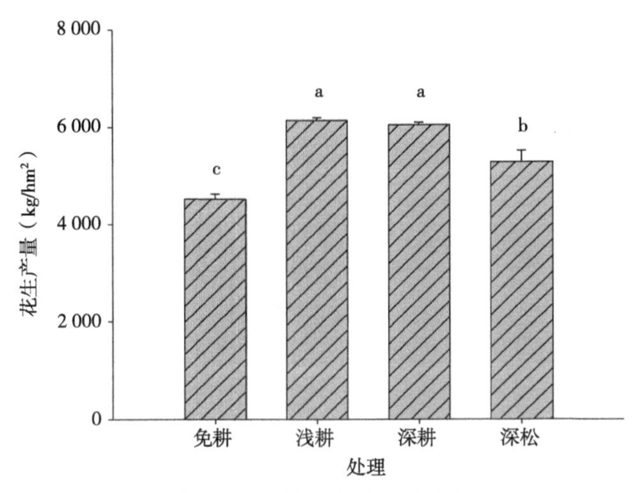

图6-2　不同耕作措施对花生产量的影响（罗盛，2016）

注：不同字母表示不同耕作处理间的差异达到显著水平（$P<0.05$）。

四、耕作措施对花生品质的影响

刘璇等（2019）研究发现，大花生品种蛋白质产量对不同耕作方式的响应则表现出显著差异，为耕翻起垄 > 耕翻 > 免耕，小花生品种蛋白质产量则响应不显著。同一品种的含油率在不同耕作方式下没有表现出显著差异。同一大花生品种的产油量受不同耕作方式的影响显著，也表现为耕翻起垄 > 耕翻 > 免耕。

耕作措施对花生籽仁中氮磷钾含量影响显著。司贤宗等（2016）研究认为，覆盖小麦秸秆下耕作起垄有利于花生更好地吸收氮素，而免耕处理不利于花生吸收利用氮素。远杂6和远杂9307花生籽仁中磷、钾含量大小顺序均为耕作起垄>免耕，表明免耕不利于花生吸收利用磷、钾营养元素（表6-4）。耕作起垄花生蛋白质、粗脂肪产量最高，且远杂9307高于远杂6。花生耕作起垄种植（小麦秸秆覆盖量4 500kg/hm^2），远杂9307的花生产量、蛋白质产量和粗脂肪产量均最高，分别为4 290.0kg/hm^2、1 294.3kg/hm^2、

1 881.9kg/hm^2（表6-5）。不同耕作措施与花生品种互作对花生脂肪酸组分没有显著的影响（表6-6）。

表6-4　不同耕作措施对花生籽粒中氮磷钾含量的影响（司贤宗等，2016）　（单位：%）

耕作措施	品种	氮（N）	磷（P）	钾（K）
耕作起垄	远杂6	4.62b	2.67a	6.63a
	远杂9307	4.83a	2.40ab	6.35ab
免耕	远杂6	4.64b	2.37b	6.51ab
	远杂9307	4.72ab	2.17b	6.07b

注：不同字母表示同一养分含量不同耕作处理间的差异达到显著水平（$P<0.05$）。

表6-5　不同耕作措施对花生蛋白质、粗脂肪的影响（司贤宗等，2016）

耕作措施	品种	蛋白质		粗脂肪	
		含量（%）	产量（kg/hm^2）	含量（%）	产量（kg/hm^2）
耕作起垄	远杂6	28.86bc	1 126.7b	43.19a	1 686.1b
	远杂9307	30.17a	1 294.3a	43.86a	1 881.9a
免耕	远杂6	28.98b	880.7c	42.88a	1 303.1c
	远杂9307	29.51ab	1 038.4b	43.87a	1 543.8b

注：不同字母表示同一品质指标不同耕作处理间的差异达到显著水平（$P<0.05$）。

表6-6　不同耕作措施对花生脂肪酸的影响（司贤宗等，2016）　（单位：%）

耕作措施	品种	棕榈酸	硬脂酸	油酸	亚油酸	花生酸	花生一烯酸	山嵛酸	二十四烷酸
耕作起垄	远杂6	12.37a	3.75a	37.50ab	38.67a	1.62b	1.00a	3.79a	1.45a
	远杂9307	12.83a	3.90a	36.73bc	38.70a	1.68ab	0.96a	3.79a	1.55a
免耕	远杂6	12.50a	3.81a	37.73a	38.27a	1.61b	1.02a	3.88a	1.51a
	远杂9307	12.60a	3.92a	36.57c	38.87a	1.75a	0.99a	3.81a	1.55a

注：不同字母表示同一脂肪酸成分不同耕作处理间的差异达到显著水平（$P<0.05$）。

我国在过去的30年中，多采用传统耕作习惯，机械化较落后，达不到深耕标准或者未能合理地利用旋耕或深翻的方式，致使土壤压实、硬度增加、犁底层增厚并上移，土壤有效孔隙度降低，透性差，持水保肥能力下降。耕作措施可改变土壤结构，改善土壤环境，进而影响土壤养分的转化与循环，促进作物根系健康生长。但各单项的土壤耕作措施，都只有各自独特的效能。频繁翻耕减少了土壤有机质含量、加重养分损失，致使土壤养分含量降低。与传统耕作措施相比，少、免耕结合秸秆还田技术能有效降低土壤侵蚀和土壤养分流失，增加土壤养分，促进作物增产和养分利用效率，但长期免耕或深松秸秆覆盖后，会出现土壤养分表层富集现象。要达到良好的耕层结构和土壤状况，必须根据当地自然条件和作物种植方式等，通过翻耕、深松和免耕措施的轮换，建立合理的耕作措施，避免出现单一耕作弊病，才能有效降低土壤扰动和机械压实，均衡耕层土壤养分含量，减缓养分损失，抑制养分表层富集现象，提高土壤肥力，既可为作物生长发育创造良好的土壤环境条件，也可促进作物增产增收。

参考文献

陈浩，李洪文，高焕文，等，2008. 多年固定道保护性耕作对土壤结构的影响[J]. 农业工程学报，24（11）：122-125.

杜昊辉，2019. 不同耕作与施肥措施对渭北旱塬土壤养分性状和小麦产量的影响[D]. 杨凌：西北农林科技大学.

樊晓刚，2010. 耕作对土壤微生物多样性的影响[D]. 北京：中国农业科学院.

李东广，余辉，2008. 花生垄作增产机理及配套栽培技术[J]. 农业科技通讯（2）：103-104.

李景，2014. 长期耕作对土壤团聚体有机碳及微生物多样性的影响[D]. 北京：中国农业科学院.

李彤，王梓廷，刘露，等，2017. 保护性耕作对西北旱区土壤微生物空间分布及土壤理化性质的影响[J]. 中国农业科学，50（5）：859-870.

李英，李集勤，袁清华，等，2017. 不同耕作方式对坡耕地花生产量影响研究初探[J]. 种植技术，34（3）：21-24.

刘爽，何文清，严昌荣，等，2010. 不同耕作措施对旱地农田土壤物理特性的影响[J]. 干旱地区农业研究，28（2）：65-70.

刘璇，许婷婷，沈浦，等，2019. 不同品种花生产量与品质对耕作方式的响应特征[J]. 山东农业科学，51（9）：144-150.

刘研，2018. 冬闲期耕作方式对连作花生土壤微环境、生理特性、产量和品质的影响[D]. 泰安：山东农业大学.

路怡青，2013. 保护性耕作对潮土酶活性、微生物群落及肥力的影响[D]. 南京：南京农业大学.

罗俊，林兆里，阙友雄，等，2018. 不同耕整地方式对甘蔗耕层结构特性及产量的影响[J]. 中国生态农业学报，26（6）：824-836.

罗盛，2016. 玉米秸秆还田与耕作方式对花生田土壤质量和花生养分吸收的影响[D]. 长沙：湖南农业大学.

乔云发，苗淑杰，陆欣春，等，2018. 不同土壤耕作方式对东北风沙土区玉米田土壤质量及产量的影响[J]. 水土保持通报，38（3）：19-23.

沈浦，王才斌，于天一，等，2017. 免耕和翻耕下典型棕壤花生铁营养特性差异[J]. 核农学报，31（9）：1 818-1 826.

司贤宗，张翔，毛家伟，等，2016. 耕作方式与秸秆覆盖对花生产量和品质的影响[J]. 中国油料作物学报，38（3）：350-354.

汤丰收，臧秀旺，韩锁义，等，2012. 淮河流域夏播花生规范化种植技术集成与示范[J]. 河南农业科学，41（6）：54-57.

王碧胜，2019. 长期保护性耕作土壤团聚体有机碳转化过程及机制[D]. 北京：中国农业科学院.

王昌全，魏成明，李廷强，等，2001. 不同免耕方式对作物产量和土壤理化性状的影响[J]. 四川农业大学学报，19（2）：152-154，187.

王德胜，马永清，左胜鹏，等，2008. 黄土高原旱作小麦化感表达在根际土中的时空异质性研就[J]. 中国生态农业学报，16（3）：537-542.

张祥彩，李洪文，何进，等，2013. 耕作方式对华北一年两熟区土壤及作物特性的影响[J]. 农业机械学报，44（S1）：71，77-82.

张向前，2017. 耕作方式对华北平原麦玉两熟农田土壤固碳及作物生长的影响[D]. 北京：中国农业大学.

张英英，2016. 不同耕作措施下旱作农田土壤活性有机碳组分与酶活性关系的研究[D]. 兰州：甘肃农业大学.

赵继浩，李颖，钱必长，等，2019. 秸秆还田与耕作方式对麦后复种花生田土壤性质和产量的影响[J]. 水土保持学报，33（5）：272-287.

郑海金，杨洁，黄鹏飞，等，2016. 覆盖和草篱对红壤坡耕地花生生长和土壤特性的影响[J]. 农业机械学报（4）：119-126.

ÁLVARO-FUENTES J，CANTERO-MARTÍNEZ C，LÓPEZ M V，et al.，2009. Soil aggregation and soil organic carbon stabilization：effects of management in semiarid Mediterranean agroecosystems[J]. Soil Science Society of America Journal，73（5）：1 519-1 529.

ANDRUSCHKEWITSCH R，KOCH H J，LUDWIG B，2014. Effect of long-term tillage treatments on the temporal dynamics of water-stable aggregates and on macro-aggregate turnover at three German sites[J]. Geoderma，217：57-64.

BALESDENT J，CHENU C，BALABANE M，2000. Relationship of soil organic matter dynamics to physical protection and tillage[J]. Soil and Tillage Research，53（3-4）：215-230.

BERGSTROM D W，MONREAL C M，KING D J，1997. Sensitivity of soil enzyme activities to conservation practices[J]. Soil Science Society of America Journal，62（5）：1 286-1 295.

DAM R，MEHDI B，BURGESS M，et al.，2005. Soil bulk density and crop yield under eleven consecutive years of corn with different tillage and residue practices in a sandy loam soil in central Canada[J]. Soil and Tillage Research，84（1）：41-53.

FERRERAS L，COSTA J，GARCIA F，et al.，2000. Effect of no-tillage on some soil physical properties of a structural degraded petrocalcic paleudoll of the southern “pampa” of argentina[J]. Soil and Tillage Research，54（1）：31-39.

ISMAIL BLEVINS R L，FRYE W W，1994. Long-term No-tillage effects on soil properties and continuous corn yields[J]. Soil Science Society of America Journal，58（1）：193-198.

KANDLER E，STEMMER M，KLLIMANEK E M，1999. Response of soil microbial biomass，urease and xylanase within particle size fractions to long-term soil management[J]. Soil Biology and Biochemistry. 31（2）：261-273.

MALHI S S，MOULIN A P，JOHNSTON A M，et al.，2008. Short-term and long-term effects of tillage and crop rotation on soil physical properties，organic C and N in a Black Chernozem in Northeastern Saskatchewan[J]. Canadian Journal of Soil Science，88（3）：273-282.

QIN R，STAMP P，RICHNER W，2006. Impact of tillage on maize rooting in a cambisol and luvisol in Switzerland[J]. Soil and Tillage Research，85（1）：50-61.

SHEN P，WU Z F，WANG C X，et al.，2016. Contribution of rational soil tillage to compaction stress in main peanut producing areas of China[J]. Scientific Reports，6：38 629.

TIECHER T，MINELLA J P G，EVRARD O，et al.，2018. Finger printing sediment sources in a large agricultural catchment under no-tillage in Southern Brazil[J]. Land Degradation and Development，29（4）：939-951.

ZOTARELLI L，ALVES B J R，URQUIAGA S，et al.，2007. Impact of tillage and crop rotation on light fraction and intra-aggregate soil organic matter in two Oxisols[J]. Soil and Tillage Research，95（1-2）：196-206.

第七章　花生田其他常用措施对土壤紧实胁迫的消减作用

随着农业机械化的应用普及和农田粗放管理等，土壤板结、容重增大现象突出，土壤紧实胁迫已成为影响花生生产的重要非生物胁迫因子。在明确花生营养与生理生态对土壤紧实胁迫响应的基础上，明确种植模式、合理密植、高效施肥、水分管理、秸秆还田和地膜覆盖栽培管理措施对土壤紧实胁迫的消减作用，探究土壤紧实胁迫的高效消减手段，为培育高质量花生田及促进花生高产高效提供理论与实践依据。

第一节　花生田其他常用措施概述

田间管理除了耕作措施外，其他有关栽培措施，如施肥、灌溉、秸秆、地膜、密度等，也能够在一定程度上影响土壤紧实变化及其他性质，进而对植物生长发育产生显著影响。

一、施肥对土壤紧实状况的影响

长期不合理施用化学肥料不仅容易造成土壤紧实胁迫，难以发挥肥料的作用效果，甚至较不施肥处理降低土壤供肥能力（石彦琴等，2010）。许多长期定位试验研究显示，常年施用化肥会增加土壤密实度，土壤孔隙所占比重减小（Kaiser et al.，2005）。尽管有研究表明，与不施肥相比，施用化肥未显著提高土壤容重（付威等，2017；杨果等，2007）。总的来说，连续施肥尤其是偏施单一化肥，会逐渐减少土壤有机和无机胶结物质数量，破坏土壤结构，增加土壤容重，降低土壤孔隙度，引起土壤紧实胁迫，降低土壤肥力（赖庆旺等，1992；焦彩强等，2009；沈浦等，2015）。根据土壤性质和品种特性，选择适宜肥料，注重有机无机配施，补施钙肥及使用生物炭、微生物肥料等，能够增加土壤胶体的调控技能，易于形成土壤团聚体，从而减少土壤板结和紧实胁迫的发生（郑亚萍等，2011；姜灿烂等，2010；崔红艳等，2015）。

（一）有机无机配施

施用有机肥料进行土壤培肥在我国有着悠久的历史，施用有机肥料是改良土壤、提升土壤肥力和提高作物产量的有效措施，利用有机肥料培肥土壤、参与农业生态系统养分循环是我国农业的特色之一。国内外学者普遍认为有机肥能够有效改善土壤容重、土壤结构、孔隙性、水分等物理性质。在西藏拉萨市的不同施肥处理表明，化肥与有机肥配施能够改善土壤容重、紧实度和土壤结构，与对照相比，施用有机肥显著降低了耕层土壤的容重，羊粪+氮肥+磷肥和单施羊粪时，土壤容重均接近1.25g/cm，分别比对照低10.37%和7.41%，达到适宜青稞生长的土壤容重。

在典型的黄土丘陵区开展的长期定位试验表明，施低量有机肥及有机无机配施处理土壤容重18年来基本保持原有水平；高量有机肥与化肥配合施用，容重略有降低趋势，18年后分别较初始值降低0.85%～1.71%，较不施肥对照降低了8.66%～9.45%（王改兰等，2006）。辽宁风沙区培肥与抗连作定位试验表明，有机肥（猪粪）和氮磷钾肥配施处理土壤容重最低，为1.44g/cm^3；化肥和有机肥配施处理土壤容重较不施肥处理降低了6.4%～8.0%。在新垦植盐碱荒地的试验表明，有机无机肥配合施用能显著改善土壤物理性状，0～10cm、10～20cm和20～40cm土层平均容重分别降低了9.31%、6.16%和4.29%，且随着有机肥用量的增加，降低幅度越大（霍琳等，2015）。在关中塿土上开展的25年长期定位试验表明，有机肥与氮磷钾肥配施处理土壤容重为1.11g/cm^3，与不施肥（1.23g/cm^3）、单施氮肥（1.29g/cm^3）、氮磷钾肥（1.21g/cm^3）处理相比，显著降低了土壤容重（兰志龙等，2018）。在灌溉田间系统中，有机肥与化肥配施则会减小土壤容重，增加土壤有机质含量，提高导水性，改善土壤结构。聂军等（2010）研究了27年连续施用化肥及其与猪粪、稻草配施处理对红壤性水稻土质量的影响，表明长期施用化肥（氮磷、氮钾）处理土壤容重均增加，而化肥与猪粪或稻草配施处理土壤容重则趋于下降，降幅为5.26%～6.14%；土壤土粒密度基本表现为化肥与猪粪或稻草配施处理低于长期施用化肥处理，最大可降低3.96%；土壤最大持水量则表现为化肥与猪粪或稻草配施处理高于单施化肥处理，最大可提高28.19%，这可能与长期施用有机物质更有利于增强土壤凝聚作用和提高有机碳含量有关。因此，氮磷钾肥与有机肥配施是提升土壤质量的有效措施。王道中等（2015）研究表明，与长期单施氮磷钾肥处理相比，长期增施有机物料可降低土壤容重。不同处理间以氮磷钾肥增施牛粪处理土壤容重降低最多，较单施氮磷钾肥处理可降低15.37%，增施猪粪和全量麦秸的处理较单施氮磷钾肥处理可降低8.36%～8.96%，增施低量的麦秸降低最少，较单施氮磷钾肥处理降低7.01%。

（二）生物炭

生物炭是一种在限氧条件下热解生物质而得到的富碳性材料，含有大量含碳量高且更为稳定的有机碳，含少量矿物质和挥发性有机化合物，呈碱性，不易为微生物分解。生物炭多孔、表面积巨大，其组成呈高度芳香化结构，同时含有羟基、酚羟基、羧基、脂族双键，可以提高土壤有机碳含量水平，降低黏质土壤容重，从而改善土壤质地及耕作性能。与传统耕作处理相比，生物炭处理可显著增加土壤孔隙度，降低土壤容重（付威，2018）。在沈阳开展的连续4年的定位试验发现，生物炭处理的土壤毛管孔隙度和田间持水量显著高于其他处理，但容重和土壤总孔隙度与秸秆还田和施用猪厩肥处理差异不显著，土壤紧实度的改良作用与秸秆还田和施用猪厩肥相近（战秀梅等，2015）。以潮土和红壤为供试土壤的盆栽试验表明，在花生壳生物炭掺入质量比为4%时，土壤容重较空白处理分别下降14.9%和14.2%，差异显著（方明等，2018）。花生壳生物炭对中国北方典型果园酸化土壤改性研究中表明，经过44天的培育，土壤容重均表现出明显降低（$P<0.05$）。其中，以5%的比例添加BC400生物炭处理的土壤容重最低，比对照组降低了8.2%（王震宇等，2013）。

（三）微生物菌剂

微生物菌剂是指目标微生物（有效菌）经过工业化生产扩繁后加工制成的活菌制剂。具有直接或间接改良土壤、恢复地力、预防土传病害、维持根际微生物区系平衡和降解有毒害物质等作用。农用微生物菌剂恰当使用可以提高农产品产量、改善农产品品质、减少化肥用量、改良土壤、保护生态环境。众多研究也表明微生物菌剂可以有效改良土壤性状，提高土壤生产力及产出效益。云贵高原花生生产区典型红壤土，设置0、10%、30%、50%、70%、90%共6个水平的EM菌剂浓度，试验发现，各浓度梯度土壤容重为1.3～1.61g/cm^3，土壤容重随EM菌剂浓度的升高而减小，以90%浓度最小，各施用菌剂浓度的土壤容重比不施菌剂处理分别降低了1.24%、9.32%、11.8%、13.7%、17.4%（卢锦钊等，2018）。但也有研究表明，微生物菌剂对土壤容重无明显影响，沈阳农业大学国家花生产业技术体系土壤肥料长期定位实验基地开展的长期定位试验（6年）表明，与空白对照相比，在0～40cm土层中，微生物菌剂处理对土壤容重无显著影响（马迪，2018）。

（四）绿肥

绿肥作为一种养分全面的优质生物肥源，是我国农作物种植制度中重要的轮作倒茬作物，它在为农作物提供所需养分、改善农田生态环境和防止侵蚀及污染等方面均有良好的作用。2009—2011年在湖北恩施连续3年开展的绿肥翻压试验表明，连年翻压绿肥显著降低了10cm土层处的土壤紧实度，且以翻压高量绿肥处理（30 000kg/hm^2+85%化肥）的土壤紧实度最低，其土壤紧实度较常规施肥和不施肥处理分别降低了25.4%和29.9%；翻压高常量绿肥处理（15 000kg/hm^2+85%化肥）的土壤紧实度也较常规施肥和不施肥处理分别降低了22.0%和17.14%（佀国涵等，2014）。

二、灌溉对土壤紧实状况的影响

在作物受到干旱胁迫时，灌溉是解除干旱胁迫的有效措施。花生田灌溉除大水漫灌外，还有地面灌（畦灌和沟灌）、喷灌、滴灌等高效节水灌溉方法。地面沟畦灌将灌溉区域分为畦或沟，通过畦或沟进行灌溉。与大田漫灌相比，地面沟畦灌可以减少田间积水量、减少地面蒸发，是一种简易低成本的节水灌溉方式。地面沟畦灌需控制每次灌水量，以防灌水量过大产生地面径流，造成农田土壤深层水渗漏。喷灌可以使灌溉水形成细小雨滴均匀降落到花生植株和地面，选择合适的喷灌时间和时长可以减少地面积水，从而减少腾发量。滴灌是节水效果最好的灌溉技术之一，以小流量出流实现局部灌溉。滴灌是目前干旱缺水地区最有效的一种节水灌溉方式，较喷灌具有更高的节水增产效果，同时可以结合施肥，达到水肥一体化的效果（杨静，2018）。

（一）膜下滴灌技术

膜下滴灌技术综合了滴灌与覆膜种植技术，借助滴灌枢纽系统，按照农作物生长周期的需求配置水、肥、农药的混合物，通过管道的方式均匀地、定时定量地浸润农作物的根系发育区域，从而起到节约水源的灌溉作用。在我国，对于旱与半干旱地区膜下滴灌的研究较多，涉及作物主要包括玉米、小麦、大豆等。膜下滴灌技术的运用既可以降低农作物之间的水分蒸发，还能够提升水资源的利用效率，具有高效节水节肥、有效驱盐抑盐、增产、防病害和省力的优点。与传统灌溉、喷灌、露地滴灌的用水量相比，膜下滴灌的用量占比分别为12%、50%和70%（孙兆强，2020）。膜下滴灌有助于提升土壤的疏松性和通透性，促进土壤中微生物参与有机物的分解、合成，进而提升土壤的活性和肥力。膜下滴灌技术的运用，能够定时、定量地为农作物根部输送水和肥料，改善植株的温度与湿度，进而优化植物生长的微量空间气候。谭帅（2018）研究发现在膜下滴灌技术中，水管将水滴浸入土壤的表层，在滴灌水滴浸润的范围内，土壤中的盐分被水冲走，通过水滴对农作物主根系的冲洗，实现盐分的冲刷。

（二）水肥一体化技术

水肥一体化技术是指根据作物需求，对农田水分和养分进行综合调控、一体化管理，以水促肥、以肥调水，实现水肥耦合。主要的应用模式有三种：滴灌水肥一体化技术、微喷灌水肥一体化技术和膜下滴灌水肥一体化技术。滴灌水肥一体化技术是最先进的精量灌溉、精准施肥技术之一，将具有一定压力的水肥通过灌溉管道与安装在毛管上的滴头，将水与肥缓慢均匀的滴灌在作物根系附近的灌水方法，节水、节肥、省工、灌溉均匀、不破坏土壤结构、降低耗能、提高农作物品质、增产增效。据王振民等（2020）和尹飞虎（2018）报道，滴灌水肥一体化技术可节水50%以上，农作物增产20%以上，水产比提高80%以上，农药化肥使用量减少30%以上，对提高肥料的利用率和保护环境有重要作用。微喷灌水肥一体化技术是水肥以较大的流速由低压管道系统的微喷头喷出，通过微喷头喷洒在土壤和农作物表面。可通过控制灌溉水量，避免灌水过程中产生地面径流和深层渗漏，通过肥料分次施用来提高水量和水分利用率。刘彩彩（2019）研究发现微喷水肥一体化与传统漫灌处理相比，节水2 550m^3/hm^2，灌水量减少63%，施氮量减少25%，作物产量提高16.25%。膜下滴灌水肥一体化技术是将滴灌管道铺设在膜下，通过管道系统将水肥送入滴灌带，滴灌带设有滴头，使水肥不断滴入土壤中直至渗入作物根部。它将滴灌技术与地膜覆盖栽培技术相结合，充分利用滴灌技术省工、节水、节肥优势，配合地膜覆盖的增温、保墒、除草等特点。屈志敏（2019）发现和漫灌相比，膜下滴灌水肥一体化节水率为50%～60%，节约肥料5%～10%，肥料利用率超过15%。水肥一体化技术的运用，在提高水分及肥料资源利用效率的同时，能够显著改变土壤的理化性状，影响土壤紧实状况及作物的生长发育。

三、秸秆还田对土壤紧实状况的影响

秸秆中含有大量的营养元素，如豆科作物的秸秆含氮较高，禾本科作物秸秆含钾较高。作物秸秆提供的养分约占我国有机肥总养分的13%～19%，是农业生产重要的有机肥源。秸秆的作用巨大，秸秆粉碎后撒到土壤中，可以增加土壤有机质，提升土壤肥力，进而实现增产增收，对降低环境污染、促进农业的可持续发展具有重要现实意义。秸秆有效还田方式主要包括覆盖还田、粉碎翻压还田、堆肥还田、过腹还田和碳化还田5类（庄秋丽等，2019）。秸秆覆盖还田腐解后能够增加土壤中有机质含量，补充土壤氮、磷、钾和微量元素含量，改善土壤理化性状，有利于加快土壤物质的生物循环，秸秆覆盖还田可提高土壤饱和导水率，增强土壤蓄水性能，提高水分利用率，促进植株生长发育（伍玉鹏等，2014）。粉碎翻压还田能够加快秸秆在土壤中的腐解速度，从而快速释放到土壤中，改善土壤团粒结构和理化性状，节约化肥用量，培肥土壤地力，促进农作物持续增产增收。堆肥还田在高温厌氧环境下经微生物分解形成的肥料，可提供多种营养元素并改良土壤理化性状，对沙土、黏土和盐渍土改良效果较好。过腹还田就是用作物秸秆作为家畜饲料喂养家畜，通过动物将秸秆进行消化以畜禽粪便形式归还给土壤，从而增加土壤中的养分，改善土壤状况。碳化还田是将收获的农作物秸秆直接燃烧或用辅助燃料燃烧后进行还田的一种方式，虽然该方法将秸秆全部还于土壤中，培肥效果最为明显，但会造成大气环境的污染。秸秆直接还田，因其碳氮比高，为了避免微生物与幼苗争夺氮素现象，旱田地区进行秸秆还田时，应施用一定量的氮肥。若秸秆还田量太少对土壤养分的影响效果不明显，过多则容易导致土壤因高温缺氧，秸秆腐解速率慢，而影响营养元素的释放，不利于土壤养分的循环。陈冬林等（2010）对土壤耕作方式与秸秆还田量的研究认为，在免耕条件配合2/3的秸秆还田量条件下，土壤碱解氮和有效磷的含量更高，深耕和少耕条件下秸秆全量还田对土壤有效磷和速效钾影响更显著。

四、地膜覆盖对土壤紧实状况的影响

地膜种类繁多，按功能分类，可分为普通地膜和特殊地膜。特殊地膜可分为防病除草膜、生态增温膜、黑白配色膜、可降解膜等，不同地膜对土壤紧实状况及其他性质的影响有一定的差异。王振振（2012）采用大田和盆栽试验相结合的方法发现，与不覆膜对照相比，覆膜降低了土壤容重，透明膜和黑色膜降低幅度分别为2.31%和2.78%，土壤孔隙度与土壤容重呈相反的趋势，透明膜和黑色膜平均提高幅度分别为2.49%和2.99%，覆膜栽培可改善土壤的理化性状，降低土壤容重，增加土壤孔隙度，增强土壤透气性。唐文雪等（2016）研究了不同厚度地膜对土壤物理性状及地膜残留量的影响，表明0～40cm土层，随着地膜厚度的增加，土壤紧实度和土壤容重降低（图7-1）。刘术新等（2012）研究了不同地膜覆盖栽培对李园土壤性状的影响，结果表明反光膜和普通透光膜使土壤含水量分别提高了50%和32%，土壤容重分别降低了11.0%和7.9%。适宜的土壤温湿度，有利于土壤微生物活动，在分解植物根系和动植物残体的过程中有利于土壤团粒结构形成，降低土壤容重，增大土壤孔隙度。覆盖地膜后，土壤温度和湿度增加，透气性增强，促进了土壤中好气性微生物的活化和各种酶的活性，加速了土壤中营养物质的分解与转化，使土壤中速效态氮、磷和钾等养分增加（罗兴录等，2010；刘术新等，2012；孔猛等，2016）。杜社妮和白岗栓等（2007）研究发现地膜覆盖增加了土壤碱性磷酸酶和蔗糖酶的活性，增加了细菌、真菌和放线菌的数量，而降低了过氧化氢酶和脲酶的活性。因此覆盖栽培技术有明显的保温、保水、保肥、防涝的作用，起到节省成本、省工省时、充分利用肥料，防流失，减少病虫为害，有效提高产品的产量和质量，能帮助农民创造较好的经济效益（刘庆伦和田玲，2009；贾剑和张志平，2017）。

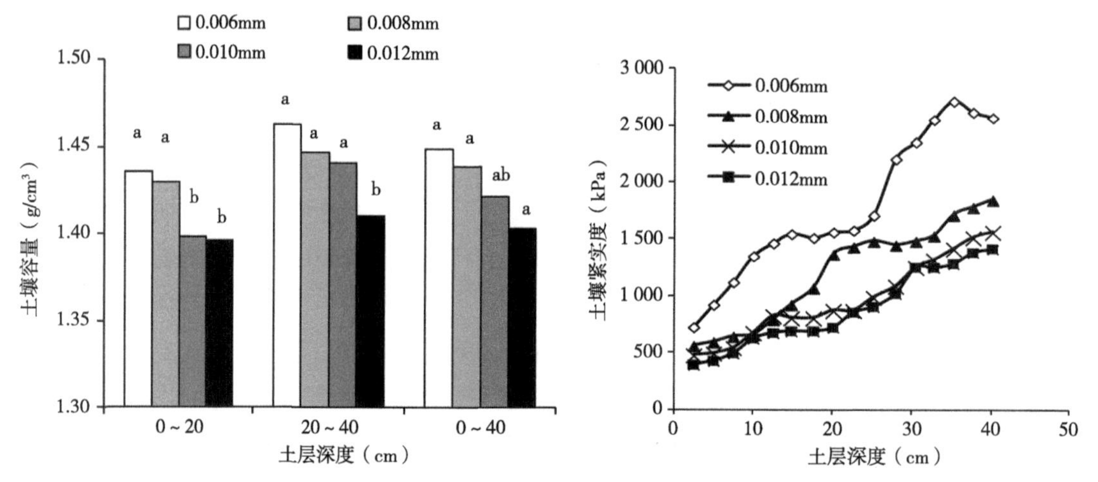

图7-1　不同地膜厚度对土壤容重和土壤紧实度的影响（唐文雪等，2016）

注：不同字母表示同一土层不同厚度地膜处理间差异达到显著水平（$P<0.05$）。

五、种植密度对土壤紧实状况的影响

种植密度是影响土壤紧实及肥力和作物生长发育的重要因素。适宜的种植密度，根系分布合理，个体发育较好，单株结果适中，群体与个体之间、土壤与植株之间发展协调。因此合理密植，建立合理的群体结构，充分发挥土、肥、水、光、气、热的效能，使群体与个体、地上部与地下部、营养器官与生殖器官、生育前期与后期均得到健壮协调的发展，从而达到土壤培肥和高产的目的。王亮等（2015）认为在新疆膜下滴灌条件下，花育25号单粒精播的最佳种植密度为18.0万穴/hm^2。不同状况的土壤适合不同的种植密度，土壤结构差、蓄水保肥能力有限，导致花生等作物单株生长力有限，可适当增加种植密度，发挥群体生长优势；反之，如果土壤肥沃、紧实度适宜、土质结构较好，花生个体生长有保证，长势较强，可适当减低种植密度，发挥个体生长优势。

六、种植模式对土壤紧实状况的影响

相比于长期连作，轮作在同一田块上有顺序地在季节间和年度间轮换种植不同作物，能够改变土壤的理化性状及土壤的微生物群落。刘珊廷等（2019）发现甘蔗—甘薯—玉米—木薯轮作土壤容重明显低于4年连作木薯，差异达显著水平（$P<0.05$）。由此可见，木薯轮作可以降低土壤容重。土壤容重降低，土壤紧实度变小，有利于木薯块根生长发育和淀粉积累。彭现宪（2011）采集长期休耕、连作、轮作种植模式下的耕层和剖面土壤样品进行分析发现，长期持续耕作提高了耕层土壤容重，显著降低了水稳定性大团聚体和的比例，从而降低了土壤团聚体的稳定性和土壤的抗侵蚀能力。与作物连作处理相比，轮作显著提高了土壤团聚体的值，并且土壤团聚体的值有上升的趋势，轮作有改善土壤结构和提高土壤团聚体稳定性的作用。另外，间作在同一田地上于同一生长期内，分行或分带相间种植两种或两种以上作物，提高土地利用率，对土壤物理结构、土壤养分含量影响较大。杨文龙（2018）研究发现间作种植能降低土壤容重，增加土壤毛管孔隙、非毛管孔隙和总孔隙。土壤容重的降低，一方面与增加了枯落物数量与种类及土壤有机质有关，进而改善土壤结构；另一方面可能与增加植物根系生物量，根系在土壤中的伸长穿插和死亡形成了更多的通道，从而使土壤更疏松多孔有关。

第二节　花生田其他常用措施对紧实胁迫下土壤微环境的影响

土壤紧实及其他物理、化学和生物学性质受花生田施肥、灌溉、秸秆还田等栽培措施的影响而发生显著变化，不同栽培措施对紧实胁迫下土壤微环境的影响各不相同。

一、高效施肥对紧实胁迫下土壤微环境的影响

（一）对花生田土壤物理性状的影响

良好的土壤物理环境是农业高产稳产的基础，而容重是土壤结构性的重要评价标志。一般认为，土壤容重小，说明其结构性好，比较疏松、孔隙多，蓄水保肥能力强；反之，

容重大，土壤紧实，孔隙度低，蓄水保肥能力差，对作物生长不利。刘婷如等（2018）研究发现，施用有机肥对田间土壤物理性状存在显著影响，可有效消减土壤紧实胁迫。施用有机肥可显著降低土壤容重，而且随有机肥施用量的增加逐渐降低，0～10cm土层低量和高量有机肥处理较不施有机肥（对照）分别降低10.56%和19.72%，10～20cm土层低量和高量有机肥处理较对照分别降低5.10%和10.19%。非毛管孔隙度、毛管孔隙度及总毛管孔隙度则均随有机肥施用量的增加逐渐增大，0～10cm和10～20cm土层非毛管孔隙度较对照增大幅度为32.35%～92.37%，毛管孔隙度较对照增大幅度为2.82%～8.67%，总毛管孔隙度较对照增大幅度为6.75%～23.69%（表7-1）。2009—2015年在沈阳农业大学风沙区花生培肥与抗连作定位试验表明，单施有机肥与不施肥、有机无机配施与单施无机肥（氮肥、氮磷肥、氮磷钾肥）相比土壤容重均有所降低，说明施有机肥能降低花生连作土壤容重，改善土壤物理性状。与试验前相比，有机肥区土壤容重大幅减低，说明随着花生连作年限的增加，土壤容重有所增加，但有机无机肥配施可有效降低土壤容重，改善土壤物理状况（张诗雨，2017）。

表7-1　有机肥对花生田间土壤物理性质的影响（刘婷如等，2018）

土层	处理	容重（g/cm³）	非毛管孔隙度（%）	毛管孔隙度（%）	总毛管孔隙度（%）
0～10cm	CK	1.42a	8.13c	37.16b	45.29c
	Y1	1.27b	13.31b	39.56a	52.87b
	Y2	1.14c	15.64a	40.38a	56.02a
10～20cm	CK	1.57a	5.41c	35.16b	40.57c
	Y1	1.49b	7.16b	36.15a	43.31b
	Y2	1.41b	8.46a	36.84a	45.30a

注：CK，复合肥；Y1，复合肥+有机肥（400kg/亩）；Y2，复合肥+有机肥（800kg/亩）。
不同字母表示同一土层土壤物理性状处理间差异达到显著水平（$P<0.05$）。

吴崇海（1993）连续4年采用有机肥与等量化肥配施定位培肥试验，表明有机无机肥配施可有效改良土壤。与对照（CK）相比施肥处理可降低土壤容重，而且有机无机肥配施降低更大，其中以麦秸配施氮磷钾肥（NPK）效果最好，较CK和（NPK）处理分别降低6.85%和4.90%。配施有机肥还可增大土壤孔隙度，不同处理间表现为NPK+麦秸>NPK+玉米秸>NPK+圈肥>NPK>CK，NPK+麦秸处理较CK和（NPK）处理分别可提高8.46%和5.87%。配施有机肥可明显增加土壤含水量，NPK+麦秸处理含水量最大，NPK+玉米秸和NPK+圈肥处理间无差异，但均大于NPK处理和CK。因此，施肥可有效改良土壤，有机无机肥配施的效果要好于单施无机肥处理。在云贵高原花生生产区典型红壤土，设置0、10%、30%、50%、70%、90%共6个水平的EM菌剂浓度，试验发现，各浓度梯度土壤容重为1.3～1.61g/cm³，土壤容重随EM菌剂浓度的升高而减小，以90%浓度最小，各施用菌剂浓度的土壤容重比不施菌剂处理分别降低了1.24%、9.32%、11.8%、13.7%、17.4%（卢锦钊等，2018）。

花生施用钙镁磷肥不仅可以增加产量，而且是培肥地力的重要途径，可以改良红壤的理化性状，降低土壤容重，增加土壤团粒结构（侯必新等，2005）。与施肥前基础土样相比，增施钙镁磷肥可以升高土壤pH值，pH值随施肥量的增加逐渐增大，最大较基础土样增大19.92%，可消减土壤酸化胁迫。土壤有机质含量较基础土样处理明显增大，但不同施肥处理间基本没差异，而且最高施肥量处理土壤有机质含量有降低的趋势。施用钙镁磷肥可显著降低土壤容重，不同处理土壤容重较基础土样可降低8.27%～9.77%，而且随施肥量的增加土壤容重呈先降后增的趋势。

（二）对花生田土壤化学性质影响

土壤养分供应状况与作物体内养分状况、作物对养分需求和作物吸收养分能力具有密不可分的关系。张诗雨（2017）通过长期定位试验研究长期施肥对连作花生土壤肥力影响发现，长期施肥使土壤养分含量增加，改善了土壤物理状况，化肥与有机肥配施有效地增加了耕层土壤全氮和碱解氮、全磷和有效磷、速效钾和有机质含量，但对全钾影响较小。在增加有机质含量上单施有机肥处理效果最好，在增加全氮和碱解氮、有效磷、速效钾含量上有机肥和化肥配施处理效果最好。相关性分析发现花生产量与收获期耕层土壤全氮、全磷、碱解氮、速效磷、速效钾含量呈显著正相关（$P<0.05$），因此在一定范围内，土壤养分含量越高，花生产量越可观。与不施肥处理相比，施用不同用量（0、450kg/hm^2、600kg/hm^2、750kg/hm^{2}和900kg/hm^2）的控释肥均可以不同程度地提高花生田土壤碱解氮、速效磷、速效钾的含量。花生整个生育期，土壤碱解氮、速效磷、速效钾含量均先升高后降低，且随着控释肥用量的增加呈递增趋势。花生整个生育期，土壤碱解氮、速效磷、速效钾含量均大于对照，后期差异显著（张海焕等，2016）。刘小虎等（2013）发现炭基缓释花生专用肥施入后土壤中速效氮磷钾含量明显高于施用普通的氮磷钾肥，与普通氮磷钾相比铵态氮和硝态氮含量分别提高了4.8%和13%，速效磷含量提高了9%，速效钾含量提高了4.2%。此外，炭基肥和生物炭均能显著提高土壤速效钾和有效磷的含量，在等炭和等养分条件下，炭基肥对于土壤速效磷、速效钾的提高效果最显著，但是炭基肥对土壤碱解氮的提高效果不如氮磷钾化肥处理（刘小华，2018）。花生炭基肥和生物菌肥配合施用能够增加土壤铵态氮含量，尤其是开花下针期后，效果更显著（张雪娇，2015）。

（三）对花生田土壤生物学性质的影响

土壤中微生物种群及数量是反映土壤肥力的主要指标之一。细菌、真菌、放线菌直接参与了土壤碳、氮、硫等营养元素的循环和能量流动，其数量和活性反映了微生物对土壤肥力、植物生长的作用和影响。许小伟等（2014）发现在紧实胁迫的红壤花生旱地土壤中，土壤0～30cm耕层土壤微生物组成以细菌为主，放线菌次之，真菌最少。从花生生长全生育期来看，3种土壤可培养微生物数量随着生育期的延长先增加后降低，真菌数量最大值出现在花针期，而细菌和放线菌数量最大值则出现在结荚期。从全生育期平均值来看，施肥对细菌的影响明显大于放线菌和真菌，而不同配施比例之间则表现为随着配施比例增大可培养微生物数量随即增多。一方面有机肥中含有大量的碳水化合物和矿质元素，为细菌的生长提供了丰富的碳氮源，比化肥更能激发可培养细菌的生长和繁育，从而极大地提高土壤中可培养细菌的数量；另一方面，无机肥提供的无机养分促进了花生的生长发育，增加了花生根系分泌物的释放，而这些根系分泌物不仅能供给微生物能源，还与其繁殖密切相关。因此有机肥配施有利于增加土壤可培养微生物数量。

土壤酶在生态系统的有机质分解和养分循环所必需的催化反应中起重要作用。土壤酶与土壤微生物密切相关，脱离活体酶的唯一来源是微生物，因此在不同配施比例条件下，土壤酶活性的变化趋势和土壤可培养微生物一致。许小伟等（2014）研究发现，施肥可以显著提高土壤脲酶、酸性磷酸酶、蔗糖转化酶活性，其中有机无机中量配施（40%有机肥）、高量配施（60%、80%有机肥）显著高于其他处理，低量有机肥配施（20%有机肥）接近于常规施肥水平即使在花生当季施肥。王月等（2016）研究连续5年不施肥（CK）、单施氮肥（N）、氮磷肥（NP）、氮磷钾肥（NPK）、单施有机肥（M）、有机肥与氮肥配施（MN）、有机肥与氮磷肥配施（MNP）、有机肥与氮磷钾肥配施（MNPK）处理耕层土壤微生物量、酶活性的变化，发现施有机肥处理土壤的微生物量碳（SMB-C）和微生物量氮（SMB-N）、脲酶、酸性磷酸酶和转化酶的活性较其他处理显著增加，其中MNPK处理效果最好，比CK分别增加104.1%、201.2%、68.9%、34.2%、57.5%；并且此3种酶与土壤有机碳、全氮、速效氮、有效磷、速效钾之间存在显著或极显著相关关系。因此有机无机肥配施能增加土壤微生物量和酶的活性，效果好于单施无机肥，随着有机肥的用量增加，对微生物生物量和土壤酶活性的促进作用随之增强，单纯的无机肥施用虽然对土壤酶活性有一定的促进作用，但是明显低于低量有机肥配施。

二、水分管理对紧实胁迫下土壤微环境的影响

（一）对土壤体积质量和孔隙度的影响

冀保毅等（2017）研究了不同灌溉方式对花生田土壤物理性状的影响，发现灌溉和灌溉方式均对土壤体积质量和土壤孔隙度有显著影响（表7-2）。灌溉显著增加农田土壤体积质量，降低农田土壤孔隙度；与不灌水处理相比，移动式管灌和微喷带灌溉处理的土壤体积质量分别增加了13.6%和4.9%，土壤孔隙度分别下降了12.7%和5.3%。此外灌溉和灌溉方式均对水稳定性土壤团聚体组成也有显著影响。与不灌溉处理相比，灌溉显著增加了土壤中粒径0.5～2mm的水稳定性土壤团聚体数量，降低粒径小于0.25mm水稳定性土壤团聚体数量，提高土壤中团聚体的稳定性。灌溉过程中农田土壤团聚体因为灌溉水的浸泡导致表层土壤中粒径较大的土壤团聚体被分散为粒径较小的土壤团聚体，体积较小的土壤颗

粒在水的运移和重力共同作用下填充于土壤空隙中降低了土壤孔隙度，同时耕层土壤在灌溉水的作用下坍塌沉实会导致耕层上部的土壤体积质量增加。对比灌溉方式发现微喷带灌溉对土壤物理性状的影响程度远小于移动式管灌。与移动式管灌处理相比，微喷带灌溉处理0～10cm土层土壤体积质量和粒径小于0.25mm水稳定性土壤团聚体数量分别下降7.6%和6.3%，土壤孔隙度增加8.4%。因此不同灌溉方式的水分分布特点，也是影响土壤物理性状的主要因素之一。

表7-2　不同灌溉方式下花生田土壤体积质量和孔隙度（冀保毅等，2017）

处理	2014年		2015年	
	土壤体积质量（g/cm^3）	土壤孔隙度（%）	土壤体积质量（g/cm^3）	土壤孔隙度（%）
不灌溉	1.32 ± 0.03c	51.08 ± 2.14a	1.33 ± 0.02c	52.60 ± 2.26a
微喷带灌溉	1.39 ± 0.03b	48.97 ± 2.09b	1.39 ± 0.04b	49.15 ± 1.92b
移动式管灌	1.50 ± 0.04a	45.58 ± 1.66c	1.51 ± 0.03a	44.94 ± 1.73c

注：不同字母表示同一年份不同处理间土壤质量和孔隙度的差异达到显著水平（$P<0.05$）。

（二）对土壤养分的影响

庞建新（2019）在研究不同灌溉方式对花生田土壤性质影响发现，灌水后1天，0～10cm土壤速效磷、钾效钾、碱解氮含量均表现为沟灌>喷灌>滴灌。随着时间的推移，3种营养元素的含量开始降低，而以沟灌下降最快，滴灌下降最慢。速效磷、速效钾含量在灌水后5天，3种灌溉方式间相差不大，灌水后7天滴灌最高、沟灌最低；灌水后3天，3种灌溉方式下碱解氮含量相差不大，灌水后5天滴灌最高、沟灌最低（表7-3）。因此灌水初期，灌水量越大则营养元素溶解越多，但水分越大营养元素也越容易淋溶，造成0～10cm土壤中养分含量降低越快；3种营养元素相比，磷、钾迁移性略差于氮，则氮素淋溶更快。

表7-3　不同灌溉方式对花生田土壤养分的影响（庞建新，2019）　（单位：mg/kg）

处理	速效磷				速效钾				碱解氮			
	1d	3d	5d	7d	1d	3d	5d	7d	1d	3d	5d	7d
喷灌	85b	81b	75a	71b	236b	203b	184c	169b	164b	135c	118b	106b
滴灌	81c	78c	75ab	73a	226c	203bc	188a	178a	151c	138a	127a	118a
沟灌	90a	81a	74c	66c	253a	214a	185b	165c	179a	137b	116c	97c

注：不同字母表示同一时间不同处理间土壤养分的差异达到显著水平（$P<0.05$）。

（三）对土壤微生物的影响

土壤微生物受到土壤温度、含水量的影响，细菌、真菌和放线菌对空气、土壤有机质、土壤水分的需求不同，造成了灌溉后土壤中微生物数量的差异。庞建新（2019）研究发现细菌的数量沟灌最多，滴灌最少，喷灌略低于喷灌；真菌的数量滴灌最多，沟灌最少；放线菌的数量变化趋势与细菌相似。真菌为需氧性微生物，沟灌水量大，排出土壤孔隙中绝大多数的空气而影响了真菌的存在；细菌数量的变化与真菌数量、放线菌数量的变化相关，真菌、放线菌与细菌有一定的拮抗作用；放线菌总体看来变化不明显；放线菌、真菌中有许多利于植物生长的有益菌，其数量的变化影响花生根系周围的酶活性。3种灌溉处理后，土壤酶活性表现为：滴灌>喷灌>沟灌；土壤的肥力水平也出现了差异，且可表示为：滴灌>喷灌>沟灌。

三、秸秆还田对紧实胁迫下土壤微环境的影响

（一）对土壤物理性状的影响

砂姜黑土农田土壤黏粒含量较高（>35%），且土壤所含的以2：1型蒙脱石为主，具有典型的湿胀、干缩特征等不良性状，表现为质地黏重、干缩湿胀、易旱易涝、耕性差、土壤瘠薄等，严重制约了农田质量提升与作物产量的稳定。杨晓娟等（2008）认为土壤紧实度增加影响土壤中养分资源的有效性、植物的根系形态、地上部生长及植物的光合产物分配。农作物秸秆是农业生产中最常见的有机物料，在农业生产中也常作为砂姜黑土土壤改良的重要农业措施之一。王晓波等（2015）发现长期秸秆还田可有效提高砂姜黑土有机质含量，有利于协调砂姜黑土营养元素供应，提高土壤的保肥供肥能力，改善土壤的物理性状，如增加土壤孔隙度、降低容重，改善土壤通透性和保水保肥性能等。司贤宗等（2016）通过比较免耕不覆盖小麦秸秆、起垄覆盖小麦秸秆和免耕覆盖小麦秸秆3种方式，认为在豫南砂姜黑土区起垄覆盖小麦秸秆能显著降低花生田土壤的容重，增加土温，提高酸性土壤pH值，起垄种植覆盖秸秆有利于花生田排水防涝，防止土壤板结，改善花生的生长环境，促进花生生长，提高花生产量，是砂姜黑土区花生高产稳产和秸秆有效利用的最佳栽培方式。

秸秆直接还田作为一种传统有机物料施用方式，因其具有简便易行且培肥改土等优点，已在全球范围内被广泛应用。但也有研究指出，施入秸秆等有机物料后，带来温室气体排放量增加、土壤结构疏松和土壤营养元素配制失衡等问题，秸秆直接还田还有诸多负面影响，如降低氮素的利用率，影响作物生长，或者带入病虫害。因此不同的秸秆还田方式应运而生。郭春雷（2018）对比了秸秆直接还田和秸秆碳化在花生棕壤培肥改土中的效果差异，结果发现秸秆炭化还田与直接还田均有效降低土壤容重，增加土壤孔隙度，提高了土壤含水量和田间持水量，二者之间无显著差异。秸秆直接还田因其含有丰富的有机质，且密度较低，其直接还田后对土壤起到一定的“稀释作用”，可降低土壤容重，并有效改善了土壤团粒结构。而秸秆炭化产物由于其具有多孔的内部结构，可以增加土壤的表面积及孔隙度，使水更容易渗透，并作为一种土壤改良剂来改善退化或营养贫乏土壤的理化性质。在土壤容重降低

的同时，通过增加土壤孔隙度，改善了土壤通气状况及渗水速率。进一步说明了生物炭通过改善孔隙体积和土壤表面功能进而提升了土壤保水能力。

（二）对土壤化学性状的影响

秸秆还田后在土壤微生物的分解作用下转化为土壤有机质，提高土壤有机质含量和有机碳储量。一定范围内，土壤有机质含量随着秸秆还田量的增加而增加，但最佳还田量因耕作方式、土壤类型、气候条件而异。一般认为，秸秆还田量为4 500～6 000kg/hm^2时，土壤有机质含量可保持稳定。研究发现，秸秆还田后土壤有机质含量明显增加，尤其是易氧化态有机质，降低了土壤有机质的氧化稳定系数，有助于增强土壤养分供应。秸秆除含有较多的有机质外，还含有一定量的氮、磷、钾及一些微量元素，因而土壤氮、磷、钾及微量元素含量也会受到影响。研究发现秸秆还田会显著增加土壤氮、磷、钾含量，但这种增加作用与秸秆种类、秸秆还田量、秸秆埋深、土壤肥力水平及化肥施用有关。赵继浩等（2019）发现在小麦——花生一年两熟制中，在相同的耕作方式下，与秸秆不还田处理相比，前茬小麦收获后秸秆还田播种花生处理降低了土壤容重，增加了土壤孔隙度，增加了粗大团聚体的质量比例以及土壤有机碳和全氮含量，提高了团聚体的稳定性。郭春雷（2018）研究发现相比不施肥处理，秸秆炭化还田与直接还田均显著提高了土壤有机质、碱解氮、有效磷和速效钾含量，且有机质对秸秆炭化还田的响应明显优于秸秆直接还田。唐晓雪等（2015）研究了秸秆直接还田或者化学（碱渣和$FeSO_4$）强化腐解秸秆还田对红壤性质及花生生长的影响，结果表明氮磷钾化肥配合秸秆直接还田不利于土壤速效养分积累，特别是碱解氮含量降低了7.88%～31.37%，速效磷含量降低了7.72%～23.81%。秸秆直接还田，微生物进行分解的同时，要同化利用土壤氮素，因此造成碱解氮含量的下降。而碱渣和$FeSO_4$促腐秸秆堆肥，由于化学添加物碱渣和$FeSO_4$对秸秆腐解产物的养分具有固持作用，因此含有较多的速效养分，施入土壤后，补充了由于微生物同化利用造成的氮素的消耗。由于秸秆经过化学促腐后品质较高，施入土壤通过络合作用释放出较多的磷素。同时，氮磷钾化肥配合$FeSO_4$促腐秸秆堆肥还田处理土壤脲酶活性提高了26.14%，配合碱渣促腐秸秆堆肥处理土壤转化酶活性提高了66.13%。氮磷钾化肥配合$FeSO_4$促腐秸秆堆肥处理提高了土壤微生物生物量碳含量，对花生各农艺性状指标和产量效果较好。

（三）对土壤生物学性状的影响

秸秆还田可为土壤微生物生长繁殖提供丰富的碳源和氮源，改变土壤微生物群落多样性。秸秆还田可增加土壤微生物的数量和活性，合理的秸秆还田量有利于微生物发挥最大效应，秸秆还田量过高或过低均不利于微生物生长繁殖，降低微生物数量和活性。翻耕条件下以2/3还田量处理的土壤微生物数量和活性较高，而少免耕条件下1/3还田量处理的提高作用最显著。前茬小麦收获后秸秆还田播种花生显著增加0～10cm，10～20cm，20～30cm土层中土壤细菌、真菌和放线菌数量（赵继浩等，2019）。孙巍（2013）在辽西地区间作（大扁杏/花生/大扁杏）条件下，以花生品种阜花10号为材料，研究了不同秸秆还出量（2 250kg/hm²，4 500kg/hm²，6 750kg/hm²）对花生土壤微生物量碳和产量的影响发现，还田量为6 750kg/hm²时花生土壤微生物量碳含量最高，土壤微生物量最多，对土壤有机质发酵和分解的能力相对也比较强。王慧新等（2010）发现辽宁省风沙半干旱区花生—大扁杏间作条件下，秸秆覆盖还田能显著提高土壤脲酶、土壤过氧化氢酶和土壤蛋白酶的活性，秸秆覆盖还田量为4 500kg/hm²时，花生水分利用效率、土壤酶活性和产量最高，为该地区较适宜的秸秆还田量。但秸秆还田对土壤酶活性的影响还与化肥配施、土壤类型、秸秆类型、秸秆还田量及耕作方式有关，需进一步开展相关研究。

四、地膜覆盖对紧实胁迫下土壤微环境的影响

（一）对土壤温度和水分的影响

土壤紧实度与土壤容重、土壤孔隙度有关，直接影响土壤物理性质包括土壤结构和孔隙性、土壤水分、土壤空气、土壤耕性、土壤热量和土壤温度等。土壤的温度状况对作物的生长及微生物的活动有极其重要的影响；同时，土壤温度也直接影响到土壤中水气的保持和运动以及土壤中其他一些物理过程。娄伟平等（2005）研究表明，地膜栽培具有显著的调温、调湿效果，在4—6月能提高土壤温度，促进花生营养生长，生育期提前；而7—8月降低土壤温度，减轻夏季高温对花生的危害；在连续降雨天气时能降低土壤湿度，改善土壤物理状况，促进根系生长和果实发育；而出现干旱天气时，能减少土壤水分蒸发，保持土壤湿度，增加结果量，促进果实发育而达到增产效果。地膜增温保墒效果因地膜的种类、厚度而有所不同。据焦坤等（2018）研究可知，花生生育前期各降解膜覆盖下的土壤温度和水分含量均高于露地栽培，低于普通地膜处理；7月下旬至9月中旬花生收获降解膜的地温与露栽地温相近。在夏直播花生各生育时期内，与露地处理相比，覆盖降解地膜和普通地膜均可提高地下5cm、10cm、25cm土壤温度，对地下5cm的土壤温度影响幅度最大，且在生育前期，各覆膜间差异不明显，但随着降解地膜的降解，天状3号、天状4号生物降解地膜处理的不同土层土壤温度在生育后期略低于普通地膜处理和氧化——生物双降解地膜处理。在土壤温度的日变化中，地下5cm、10cm土层土壤温度在14：00、18：00要显著高于8：00，且温度日变化幅度较大（何美娟，2017）。

花生起垄覆膜可以改善土壤结构及理化性质，减少水分蒸发提高土壤的保水能力，利于排出过量的降水，减少因降水而造成的土壤板结，减缓土壤紧实胁迫。曲杰等（2018）研究不同材质地膜覆盖对夏花生土壤保水性影响发现，4种不同处理0～5cm土壤含水量大小是：普通白色地膜>黑色地膜>降解地膜>不覆膜，且随着时间的推移，不同材质地膜覆盖土壤含水量差异逐渐变大。3种材质地膜均具有一定的保水性能，而普通白色地膜保水效果最好，黑色地膜和降解地膜次之。何美娟（2017）研究表明，覆盖降解地膜和普通地膜均使0～10cm、10～20cm土层的土壤含水量高于露地处理，且差异显著。

（二）对土壤养分的影响

高旭华等（2020）对比了生物降解膜、普通地膜和不盖膜处理对花生不同生长时期土壤的养分变化影响，结果发现生物降解膜和普通地膜提高了花生田整个生长时期土壤碱解氮、有效磷和有效钾含量。从苗期到开花下针期，花生地上部分生长迅速，需要大量的氮，土壤中的碱解氮消耗较快，而进入荚果形成期后花生对氮的需求量有所降低，造成了土壤中的碱解氮增加。所以生物降解膜和普通地膜处理土壤中的碱解氮含量表现为“先减少后增加”的趋势。何美娟（2017）研究表明，覆盖降解地膜和普通地膜提高了土壤中速效磷、速效钾和碱解氮含量，降低了土壤有机质含量，说明覆盖降解地膜与普通地膜均能改善土壤环境，加速钾的有效化，促进花生植株对速效磷和碱解氮的吸收与利用。可见，地膜覆盖能增加土壤有机养分的矿化速率、矿化量，使土壤肥力下降，覆膜后需增施氮肥和磷肥，以保持土壤肥力。

（三）对土壤活跃微生物量的影响

土壤微生物量作为土壤有机质最活跃的部分，在一定程度上反映了土壤有机质的分解速度和营养物质的存在状态，从而直接影响土壤的供肥能力和植物的生长状况。土壤微生物的呼吸作用强度反映了土壤物质的代谢能力，其强度大小直接影响到土壤中物质的转化与能量的流动进程，是表征土壤供肥能力的敏感参数之一。林英杰等（2010）研究表明花生覆膜种植显著增加了0～10cm和10～20cm土层土壤细菌数和放线菌数，降低真菌数，显著提高0～20cm土壤微生物数量、微生物量碳和活跃微生物，且春花生覆膜比夏花生覆膜效果更显著。何美娟（2017）研究表明，覆膜可显著提高土壤活跃微生物生物量，普通地膜处理的土壤活跃微生物生物量高于降解地膜处理。分析其原因可能是土壤覆膜后减少了雨水和田间作业对土壤的沉实影响，提高了土壤的通透性，改善了土壤物理性状，促进了根系的生长，从而增加了有机物的分泌，为土壤细菌、放线菌的大量繁殖生长提供了适宜的生存环境和丰富养料。

五、合理密度对紧实胁迫下土壤微环境的影响

（一）对土壤物理特性的影响

土壤容重是反映土壤紧实度的重要指标，随密度的增加，土壤容重呈降低的趋势，合理密植能够降低土壤容重，提高土壤孔隙度（图7-2）。洪立洲等（2018）研究也发现，随甘薯密度的增加，沿海滩涂的盐渍土壤pH值和土壤容重下降，土壤孔隙度提高，种植株距为25cm的处理土壤团粒结构增多，土壤的透水透气性能得到改善，为植物生长提供了良好的条件。

土壤温度、湿度以孔隙度及质地是衡量土壤物理特性的重要指标。研究发现，不同密度能够对土壤温度、湿度以及质地等产生影响。随花生种植密度的增加，土壤含水量变

化较小。合理密植能够提高土壤含水量，合理密植能使植株得到最充分的水分和养分的供应，从而达到增产的目的（徐庆全等，2019）。孙仕军等（2019）研究了种植密度对春玉米田间地温的影响，研究发现在苗期阶段，不同种植密度对耕层积温的影响差异不显著。随着地面遮阴度的增加，从拔节期到成熟期，耕层积温随着种植密度的增加而显著下降。

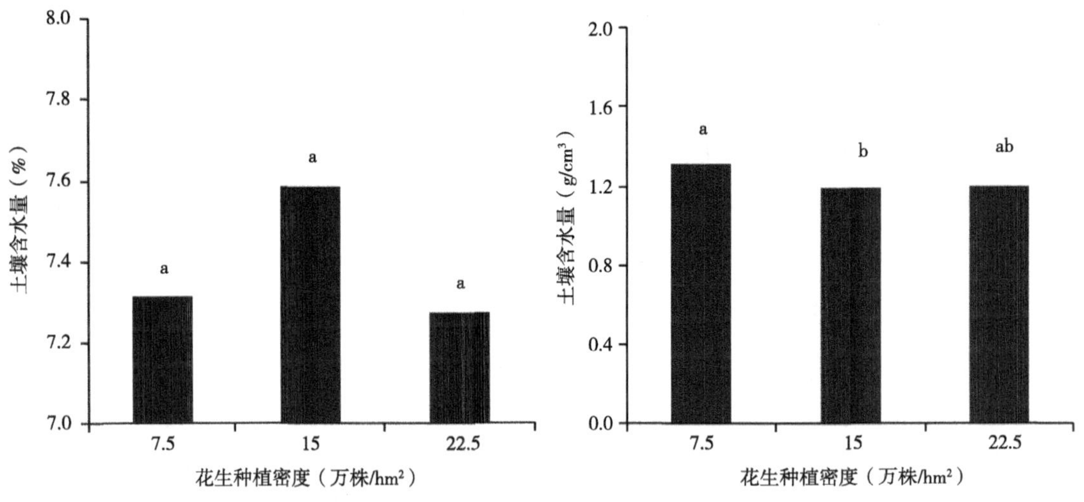

图7-2　花生种植密度对土壤含水量和土壤容重的影响（吴正锋，待发表）

注：不同字母表示不同种植密度处理间的差异达到显著水平（$P<0.05$）。

（二）种植密度对土壤化学特性的影响

土壤紧实度的大小与土壤化学特性相关，种植密度对土壤有机质以及氮、磷、钾等养分有一定的影响。赵海超等（2012）研究发现，低、高密度均增加土壤0～40cm土层有机碳质量分数，中密度促进土壤微生物生物量碳增加，并且随着种植密度的加大土壤中活性有机碳增加。陈思怿等（2016）研究表明，增加种植密度对土壤养分表现为一定程度的增加趋势，对全磷没有明显影响。在不同种植密度下，土壤肥力也会随生育期的变化而产生不同，杨瑞吉（2017）研究表明，在油菜苗期，随种植密度提高，全氮不断减少，土壤有机质、碱解氮、全磷、速效磷以及速效钾质量分数逐渐提高；而在收获期，随种植密度提高，土壤有机质先增后减，全氮、全磷不断减少，碱解氮、速效磷和氮效率不断增加。

（三）种植密度对土壤微生物特性的影响

不同种植密度影响作物根际土壤细菌、放线菌、真菌数量，同时也会对土壤酶活性产生影响。陈思怿等（2016）在大田条件下，连续3年研究了不同种植密度对小麦根际微生物数量及酶活性的影响，结果表明小麦在200株/m²的种植密度下细菌数量最多；300株/m²的种植密度下真菌和放线菌的数量最多；200株/m²的种植密度下，小麦整个生长季土壤脲酶、蛋白酶、蔗糖酶以及过氧化氢酶活性最高。另外，种植密度通过影响根系群体生物量及其分布，调节土壤微生物活性、残落物碳输入影响土壤有机碳组分。赵海超等（2012）研究认为春玉米在中密度下能促进0～40cm土层土壤微生物量碳增加，在高密度下能促进20～40cm土层土壤微生物量碳增加，种植密度通过影响根系群体生物量及其分布，调节土壤微生物活性、残落物碳输入影响土壤有机碳组分。

六、种植模式对紧实胁迫下土壤微环境的影响

我国花生主产区的种植模式主要有：轮作、连作、模拟轮作、套种和间作5种，此外还有平作与垄作等区别。花生是双子叶作物，根系分布较深，根系的穿插对土壤物理结构影响较明显，能显著改变土壤的物理结构、降低土壤容重、增加土壤孔隙度、促进土壤良好结构的形成和发展。且花生荚果生长在地下，这增加了对土壤的穿插影响，对土壤的物理结构影响较大。根据根系分布、植株高矮及作物种植结构与布局、种植次数等，选择适宜的种植模式，有利于充分利用水土光热等自然资源，提高光能利用率、土地的产出率，使土壤结构得到改善、肥力提高，土壤紧实度维持在合适范围，实现高产稳产，同时促进农田生态系统的良性循环（万书波，2003）。

（一）种植模式对土壤物理性质的影响

花生轮作是我国花生种植的一种主要方式。合理的轮作是运用作物——土壤——作物之间的相互关系，根据不同作物的茬口特性，组成适宜的前作，轮作顺序和轮作年限，做到作物间彼此取长补短，以利每作增产，持续稳产高产。与单一种植方式相比，轮作能够发挥不同植物根系在消减土壤紧实方面的作用。有些植物的根系能够穿透紧实度比较高的土壤，如红花、大豆和珍珠黍。如果将这类植物与其他植物轮作，有助于改善土壤物理性质（Rosolem et al.，2002）。沈阳农业大学国家花生产业技术体系土壤肥料长期（6年）定位试验发现，在0～20cm土层中，与花生连作处理相比，玉米——花生轮作处理显著减小了土壤容重，减小幅度为16.2%；在20～40cm土层，玉米——花生轮作方式的土壤容重下降幅度达14.3%（马迪，2018）。玉米花生间作试验表明，不同处理下玉米幅带的土壤容重表现为，玉米花生8：16>玉米花生10：10>玉米花生2：10>单作玉米，三者分别比单作玉米增加了11.73%、7.91%和6.04%，与单作玉米间差异达到显著水平；花生幅带中，容重表现为单作花生>玉米花生2：10>玉米花生8：16玉米花生10：10，三者分别比单作花生减小了1.97%、2.96%和3.83%，与单作花生间差异达到显著水平（李美，2012）。麦套花生相对于纯作花生，可以提高2～9cm和16～23cm土层的土壤容重，相对于纯作田（垄作不覆膜）分别提高13.0%和1.2%（郭峰等，2008）。垄作覆膜与平作露栽相比，0～10cm土层土壤容重显著降低，土壤总毛管孔隙度、毛管孔隙度和非毛管孔隙度显著增高；麦套与同期平作相比，0～10cm和10～20cm土层均为土壤容重显著降低，土壤总毛管孔隙度、毛管孔隙度和非毛管孔隙度显著增高（林英杰等，2010）。

（二）种植模式对土壤化学性质的影响

许多学者对种植方式与土壤肥力质量的关系进行了大量的研究。董士刚（2019）针对黄淮平原潮土区作物布局不合理问题，设置小麦——玉米、小麦——夏花生和小麦——大豆轮作试验，结果发现一个轮作周期后，小麦——大豆处理提高了土壤0～30cm土层中的有机质含量；前茬种植夏花生和大豆均能明显提高后面种植小麦碱解氮的含量。轮作周期中前茬种植夏花生有利于提高0～20cm土层的硝态氮含量，种植大豆有利于提高20～30cm土层的硝态氮含量。经过一个轮作周期，土壤铵态氮含量有明显的提升，并且小麦——夏花生和小麦——大豆处理能显著提高土壤铵态氮含量。说明一方面玉米对氮素的吸收较多，消耗了土壤中大量的养分，另一方面豆科作物因有根瘤菌可以固定空气中的氮素，故能给土壤补充氮素，所以花生和大豆作为豆科作物，均能提高土壤的氮含量。高中奎等（2018）在探讨水稻——花生轮作对土壤微生态环境及肥力变化的影响发现，水旱轮作可使土壤pH值向中性移动，同时土壤的有机质、全氮、全磷、全钾、碱解氮、速效磷和速效钾含量均高于水稻连作土壤。水旱轮作有助于改善土壤结构、提高土壤肥力及减少花生病害。玉米/花生间作是我国常用的栽培模式之一。与单作玉米和单作花生相比，玉米/花生间作显著提高了根际土壤的全氮、有效氮、有效磷含量。通过对玉米/花生间作条件下主要土壤环境因子的相关分析，发现间作根系分泌物的变化、关键土壤酶活性的增加及花生的生物固氮作用可促进土壤有效养分的活化及根际转运，进而改善间作土壤养分状况（唐秀梅等，2020）。

（三）种植模式对土壤生物学性质的影响

由于不同作物根系分泌物成分存在显著不同，根系分泌物性质的不同对土壤的理化性质也有不同的影响。不同轮作作物的土壤微生物生物量碳氮在作物生长期内变化趋势和作物的生长规律一致，但不同作物微生物生物量碳氮不同，微生物生物量碳氮为：小麦/花生>小麦/玉米。与水稻连作相比，水稻—花生轮作土壤的细菌和放线菌数量分别显著提高55.67%和65.13%，真菌数量则显著降低33.98%。花生旱地栽培及水旱季作物切换时必须对耕作层土壤进行松碎，极大改善了土壤团粒结构并增加了非毛管孔隙，使土壤通透性增强、氧化还原电位提高，从而使土壤pH值向中性移动。良好的通透性和偏中性的土壤环境促进了土壤细菌、放线菌的繁殖、抑制了有害真菌的生长；同时放线菌数量增加促使土壤形成团粒结构，两者相互影响和促进，共同对土壤环境的改善产生积极作用。张向前等（2012）研究了玉米单作，玉米/花生和玉米/大豆间作，结果表明，间作在不同施肥条件下可显著增加土壤细菌、真菌、放线菌和固氮菌的数量，同时，微生物数量与土壤酶活性呈显著或极显著正相关。间作花生根际土壤脲酶、蛋白酶、蔗糖酶和酸性磷酸酶分别比单作花生增长了8.68%、43.50%、61.03%和35.93%，其中间作花生的脲酶和酸性磷酸酶活性与单作花生处理的差异显著（唐秀梅等，2020）。因此玉米/花生间作系统的生态环境优于单作系统，机制解析为玉米/花生间作可明显促进土壤有效氮磷含量、脲酶和酸性磷酸酶活性及微生物数量的增加，进而改善土壤微生态环境。章家恩等（2009）通过大田试验研究玉米花生间作对玉米和花生根区土壤微生物和土壤养分状况的影响，与单作相比，间作能显著提高玉米和花生根区的土壤细菌数量；间作花生根区土壤真菌和放线菌数量与单作无显著差异；间作玉米根区土壤真菌和放线菌数量比单作明显提高；间作作物根区微生物群落功能多样性和代谢活性比单作有所改善玉米和花生间作不同程度提高了整个间作系统根区的土壤碱解氮、速效磷、有机质含量，其中间作玉米根区土壤养分的增加更为明显，说明玉米和花生间作可以较明显地改善两种作物根区的微生物和养分状况，土壤微生态环境的改善又会促进作物地上部的生长。

第三节　花生田其他常用措施对紧实胁迫下花生生长发育的影响

花生田施肥、水分管理、秸秆还田、合理密植、地膜覆盖和合理轮（间）作等措施显著影响花生的生长发育及产量品质形成，不同栽培措施对紧实胁迫下花生生长发育的影响各不相同。

一、高效施肥对紧实胁迫下花生生长发育的影响

生物有机肥对花生的生长发育和产量存在显著影响（李巨等，2014），增施生物有机肥可以促进分枝数的增加，较不施生物有机肥处理可增多26.47%；株长大于对照，但与对照差异不显著；增施生物有机肥还可以增加干物质的积累，地上部分和地下部分分别较对照增加16.6%和12.5%；提高植株根冠比，但未达显著水平。增施生物有机肥可有效促进花生荚果发育和提高荚果产量。增施有机肥较对照可增加有效果数，但差异不明显；可明显增加籽仁重、百仁重和干果重，分别较对照增加12.14%、13.6%和9.54%；增施生物有机肥可提高花生荚果出仁率，但差异不显著。

有机无机肥配施对花生生长，荚果产量和品质存在显著影响（孙鹰翔等，2019）。与对照相比，施肥可以显著提高花生主茎高、侧枝长和主根长，增加植株分枝数，有机无机肥配施处理增加量大于无机肥处理。有机无机肥配施处理主茎高、侧枝长、主根长和侧枝数分别较对照增加36.47%、23.89%、25.61%和29.26%；较无机肥处理分别增加10.0%、12.53%、14.44%和17.46%。施肥可以显著提高花生产量。不同处理间荚果产量、籽仁产量、百果重和单株饱果数差异性一致，均表现为有机无机配施>无机肥>对照。有机无机肥配施处理荚果产量、籽仁产量、百果重和单株饱果数分别较对照增加17.27%、20.93%、6.77%和35.58%；较无机肥处理分别增加7.09%、11.79%、5.94%和11.90%。施肥可以提高花生脂肪含量、蛋白质含量、油酸和油亚比，降低亚油酸含量。有机无机肥配施处理脂肪含量、蛋白质含量、油酸和油亚比分别较对照增加2.55%、9.59%、2.68%和8.02%，亚油

酸含量降低4.91%；脂肪含量、蛋白质含量、油酸和油亚比均大于无机肥处理，但差异未达显著性，亚油酸含量低于无机肥处理，但处理间差异不显著。

与对照相比，增施钙镁磷肥可以增大花生主茎高和侧枝长，增幅分别为5.48%～9.87%和6.33%～8.86%，随施肥量的增加呈先增后降的趋势，以每公顷增施750kg的钙镁磷肥处理最大；增施钙镁磷肥可以促进单株分枝数的增加，随施肥量的增加呈先增后减的态势，以每公顷增施1 125kg的钙镁磷肥处理最大，较对照增加40.17%；茎叶干重和根瘤干重均随钙镁磷肥施量的增加先增后减，均以每公顷增施1 125kg的钙镁磷肥处理最大，分别较对照增加56.56%和27.54%。

增施钙镁磷肥可以显著增加花生荚果重量，较对照增幅为45.4%～73.0%，其中以每公顷增施1 125kg的钙镁磷肥处理最大；出仁率随施肥量的增加逐渐增大，较对照最大可增加12.82%；仁重随施肥量的增加呈先增后减的趋势，以每公顷增施1 125kg的钙镁磷肥处理最大，较对照增加95.0%。因此，在红壤上种植花生，以施750～1 125kg/hm^{2}钙镁磷肥的增产效果显著，经济效益较高。

二、水分管理对紧实胁迫下花生生长发育的影响

（一）对花生营养生长的影响

苏君伟等（2012）研究表明在花生花针期与饱果期各滴灌一次水肥（每亩10m^3）可满足花生生育中后期的营养需求；在春旱年份苗期也可滴灌一次达到保全苗的目的。花针期是花生生长发育最旺盛期，是水分需求最敏感的时期（程曦等，2010）。刘孟娟等（2015）研究了花针期膜下滴灌对花生生长发育的影响，表明花针期灌水处理对花生主茎高和侧枝长有明显影响，各处理下各品种主茎与侧枝生长均符合Logistic拟合曲线。由表7-4可知，花针期灌水使各品种主茎与侧枝最大生长速率（v_m）出现的时间（T_m）明显提前，3品种主茎高T_m提前2～5天，侧枝长提前3～7天。花针期灌水促使花育22号和花育25号的主茎最大生长速率（v_m）分别提高21.29%、5.67%，侧枝最大生长速率分别升高3.61%和5.42%，而花育20号主茎和侧枝生长的最大生长速率（v_m）分别降低15.48%和21.81%。

表7-4　花针期灌水对不同品种花生主茎和侧枝生长的影响（刘孟娟等，2015）

项目	品种	处理	Logistic方程	R^2	T_m	v_m
	花育25号	CK	X_2=55.5072/［1+EXP（3.9693−0.1011X_1）］	0.974 5**	39.196 1	1.403 4
		水	X_2=54.5429/［1+EXP（3.8672−0.1091X_1）］	0.942 2*	35.443 1	1.487 8
主茎高	花育22号	CK	X_2=53.6120/［1+EXP（4.7674−0.1212X_1）］	0.929 3*	39.325 2	1.624 8
主茎高		水	X_2=51.6086/［1+EXP（3.6352−0.1064X_1）］	0.977 2**	34.152 6	1.373 3
	花育20号	CK	X_2=58.7773/［1+EXP（3.5998−0.0972X_1）］	0.996 2**	37.027 4	1.428 6
		水	X_2=57.1407/［1+EXP（4.8115−0.1341X_1）］	0.984 6**	35.879 9	1.815 1

（续表）

项目	品种	处理	Logistic方程	R^2	T_m	v_m
侧枝长	花育25号	CK	X_2=57.5293/［1+EXP（3.8622−0.0928X_1）］	0.995 6**	41.641 0	1.334
		水	X_2=57.2556/［1+EXP（3.1312−0.0846X_1）］	0.971 3**	37.029 3	1.410 4
	花育22号	CK	X_2=54.8279/［1+EXP（4.0395−0.1017X_1）］	0.932 1*	39.700 2	1.394 7
		水	X_2=49.4009/［1+EXP（2.8473−0.08823X_1）］	0.972 6**	32.245 8	1.090 5
	花育20号	CK	X_2=59.2658/［1+EXP（3.3011−0.0884X_1）］	0.960 0**	37.342 8	1.309 8
		水	X_2=60.7735/［1+EXP（3.2501−0.0894X_1）］	0.986 4**	36.338 3	1.358 9

注：表中X_2表示花生生长量，X_1表示采样时期，*、**分别表示拟合方程相关性达到显著水平（P<0.05）和极显著水平（P<0.01）。

根系是植物吸水的主要器官，干旱来临时其最先感知，迅速产生化学信号向地上部传递来促使气孔关闭以减少水分散失（Jia et al.，2008），并通过调整自身形态和生理生化特征以适应变化后的土壤水分环境。土壤水分状况显著影响根系构型，根系在时空的可调节性分布对根系吸水功能和作物生产力具有重要作用，根系长短和分布范围大小直接影响到吸收不同深度和范围的水分，进而影响植物根系对水分和养分的吸收运转能力。土壤水分状况对植物根系生长和形态发育有很大影响。多数研究结果认为，根系较大、根量较多、根系下扎较深的品种抗旱性强（Streda et al.，2012；Pantalone et al.，1996；Lynch，1995；Kashiwagi et al.，2006），但因干旱胁迫时期、程度及植物种类的不同，根系生长受到抑制表现的根系生物量、根/冠、根长、根系表面积和根系体积等的变化不一致（Palta et al.，2011）。

土壤水分胁迫使花生和水稻在深层土壤中的根长密度、根干重比例和根表面积增加（Kato et al.，2010；Jongrungklang et al.，2011），但土壤水分状况对大豆根系的垂直分布影响不显著。在土壤水分亏缺条件下，花生主要通过增加深层土壤内根长、根系表面积和体积等，优化空间分布构型，促进植株对深层水分的利用（丁红等，2013）。Thangthong等（2016）得到相似的结论，花生根系主要通过增加根长和深层土壤内的根系以适应中度干旱胁迫环境。花生出苗后遭遇干旱胁迫会改变根系分布，且干旱时间越长改变根系分布越明显。对甘薯研究表明前期和中期干旱均显著降低了甘薯地上和地下部生物量，但后期干旱影响较小，且各个时期干旱胁迫均显著影响甘薯根系发育（李长志等，2016）。Purushothaman等（2017）研究表明鹰嘴豆对15～30cm土层水分利用能够促进吸收更深层土壤水分，同时90～120cm土层水分利用是其干旱适应性的关键，一般而言，根长密度和土壤水分吸收与土层深度密切相关。对旱地冬小麦的研究发现，根系冗余主要发生在表土层中，更多的深土层根长密度有助于生育后期土壤水分的充分吸收，维持小麦较高的产量（方燕等，2019）。

干旱胁迫主要影响植株的营养元素生理代谢和光合作用，导致植株生长受阻、叶绿素含量减少、光合速率下降。轻度干旱下花生叶片叶绿素含量略有上升，中度和严重干旱胁迫下叶绿素含量则迅速下降（张艳侠，2006），在土壤水分缺乏时抗旱型花生光合强度略高于敏感型花生（李俊庆等，1996）。花生遇到干旱时气孔关闭和酶活性降低是光合作用降低的主要原因，花生叶片光合速率在叶片展开后20～25天达到最大，然后缓慢下降，遇干旱时光合速率迅速下降（高国庆等，1995）。水分胁迫对光合特性和叶绿素荧光参数的影响表现为，水分胁迫使PSⅡ反应中心光合潜能下降，叶片F_v/F_o和F_v/F_m显著降低；抗旱性较强的花生品种具有较强的光能转换效率，其F_v/F_m值较高；轻度和中度干旱胁迫下，气孔限制是叶片光合速率下降的主要原因，而重度干旱胁迫下非气孔限制是主导因素。花生苗期干旱降低叶片的光合性能，但复水后可产生补偿效应，光合性能有所恢复（丁红等，2012；刘吉利等，2011）。

（二）对花生荚果产量和籽仁品质的影响

丁红等（2014）连续3年研究了花针期膜下滴灌对花生产量的影响，除个别品种外，花针期膜下滴灌处理对各花生品种均有增产效果。2011年和2012年花针期膜下滴灌处理增加花育22号的单株产量，增加幅度为10%～28.75%，但2013年滴灌处理降低其产量，降低幅度为18.26%。花针期滴灌处理增加花育25号的产量，2012年和2013年均达显著差异水平，增加范围为2.5～8.71g/株。2012年花针期滴灌处理增加花育20号和花育27号的产量，2013年滴灌处理对花育20号的产量增加效应达极显著差异水平（图7-3）。

花生营养生长与生殖生长进入旺盛阶段的花针期和结荚期是花生需水敏感期和需水临界期，水分亏缺时必须通过灌水来调节体内代谢的平衡，达到高产高效。研究不同生育时期灌水对花生产量的影响表明，花针期+结荚期灌水使花生产量增加最大，其次是花针期，结荚期灌水增产效果最小。花针期灌水、花针期+结荚期灌水以及结荚期灌水比不灌水处理花生荚果产量分别增加23%～29%、31%～42%和4%～12.4%（付晓等，2015）。因此，花针期+结荚期进行灌溉是经济有效的灌水时期和方式。

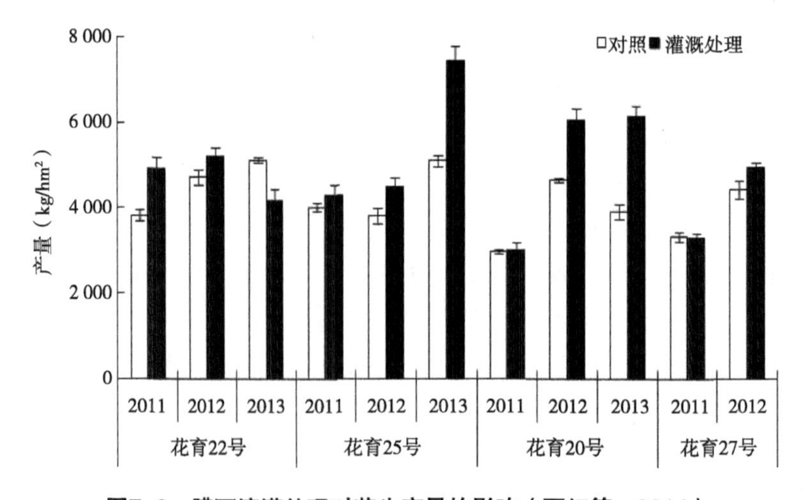

图7-3　膜下滴灌处理对花生产量的影响（丁红等，2014）

花生苗期水分胁迫提高了籽仁蛋白质含量，减少脂肪含量，降低油酸/亚油酸比值（O/L）（刘吉利等，2009）。花生全生育期内土壤水分胁迫提高了籽仁可溶性糖、蛋白质、亚油酸、山嵛酸和二十四烷酸含量，降低了脂肪、棕榈酸含量和油酸 / 亚油酸比值；水分胁迫提高了籽仁磷、钾和氮含量（李美等，2014）。干旱胁迫下花生籽仁铝含量最高，锰含量最低，铁和锌含量居中。干旱胁迫显著增加籽仁铁、锌、镉、锰等微量元素含量，且微量矿质元素协同效应明显（戴良香等，2011）。

三、秸秆还田对紧实胁迫下花生生长发育的影响

（一）对花生养分吸收利用的影响

氮、磷、钾作为作物必需的营养元素，作物对其吸收不足时会影响作物生长，最终会造成作物减产。秸秆还田不仅可促进作物根系生长，还能促进作物根系对氮、磷、钾等养分的吸收及养分向其他营养器官和籽粒的转移，提高作物养分吸收量、养分吸收利用率。司贤宗等（2016）研究认为，砂姜黑土区耕作方式与秸秆覆盖对花生籽仁中氮、磷、钾含量影响显著。垄面覆盖小麦秸秆、垄沟覆盖小麦秸秆、垄面和垄沟覆盖小麦秸秆3种秸秆覆盖方式中，秸秆覆盖比不覆盖秸秆降低了花生不同部位全氮、全磷、全钾的含量，减少了花生对氮、磷、钾的吸收积累；其中，垄沟覆盖秸秆对花生养分吸收积累的影响较小。豫南砂姜黑土夏花生种植区，小麦秸秆覆盖量为4 500kg/hm^2，花生的荚果氮、磷和钾的积累量高于垄面覆盖及垄面与垄沟混合覆盖，分别为234.6kg/hm^2，33.5kg/hm^{2}和112.5kg/hm^2（表7-5）；可见，垄沟覆盖秸秆种植花生是能保证花生养分高效的合理栽培方式。

表7-5　起垄覆盖秸秆对花生植株氮磷钾积累量的影响（司贤宗等，2016）　（单位：kg/hm^2）

处理	氮	磷	钾
不覆盖	239.4a	35.1a	115.7a
垄面覆盖	222.3b	30.2b	100.6b
垄沟覆盖	234.6a	33.5ab	112.5a
垄面和垄沟覆盖	209.3c	29.8b	99.3b

注：不同字母表示同一养分含量不同处理间的差异达到显著水平（P<0.05）。

（二）秸秆还田对花生生长、发育和产量的影响

司贤宗等（2016）认为，在花生起垄种植方式下，与不覆盖处理相比，垄面覆盖、垄沟覆盖处理的花生主茎高、侧枝长、分枝数差异不显著，但垄面和垄沟全部覆盖处理显著降低了花生主茎高、侧枝长、分枝数（表7-6），垄沟覆盖对花生地上部生长发育的不利影响最小。徐尧（2015）研究认为小麦秸秆还田比未还田可使花生生育期延长2天；株高

增加2.7cm；侧枝长增加2.4cm；单株结果数增多0.7个，增加5.5%；花生百果和百仁重分别增加30.3g和2.9g；秸秆还田的荚果产量比未还田的增加381kg/hm^2，增产幅度为6.4%，增产效果非常显著。石峰（2014）研究发现，秸秆还田后，秸秆腐解可提高土壤多种养分含量从而促进了花生代谢，加速了花生的发芽、分化和生长，从而提高了花生产量。杨富军等（2013）在裸地和覆膜栽培条件下，将秸秆切碎，均匀撒于地面，再进行旋耕还田，花生主茎高和侧枝长增加，叶片叶绿素含量和净光合速率提高，花生的生物产量、经济系数、单株结果数、千克果重、双仁果率、饱果率和出仁率也明显增加；花生产量分别为3 536.8kg/hm^2、4 006.6kg/hm^2，比不还田处理分别增产8.1%、6.5%。

表7-6　不同秸秆覆盖方式对花生植株性状的影响（司贤宗等，2016）

处理	主茎高（cm）	侧枝长（cm）	分枝数（个）
不覆盖	35.3a	38.8a	15.7a
垄面覆盖	30.6ab	33.0ab	14.3ab
垄沟覆盖	31.3ab	37.3ab	14.3ab
垄面和垄沟覆盖	25.7b	29.8b	10.3b

注：不同字母表示同一植株性状不同处理间的差异达到显著水平（$P<0.05$）。

秸秆还田还能提高花生产量。唐晓雪等（2015）研究发现氮、磷、钾化肥配合$FeSO_4$促腐秸秆堆肥处理能够提高了花生农艺指标，改善了花生植株生长状况，提高了花生产量。饶庆琳等（2019）研究发现油菜秸秆全量还田显著提高了花生出苗率、籽粒充实度、百果重和百仁重，但花生产量略有降低。综合花生田间生长状况、产量以及秸秆合理化处理需求，以油菜秸秆全量还田+复合肥150kg/hm^{2}的处理可兼顾后茬作物花生的生长与产量以及秸秆的合理处置，环境保护效应及经济效益较好。陆岩等（2011）研究发现秸秆还田不仅能提高花生的总分枝数等农艺性状，花生的单株生产力，还能提高花生百果重、百仁重和出仁率等经济性状。王才斌等（2000）研究发现，小麦秸秆还田能促进花生根系和荚果的生长，增加花生结果数，使花生增产14.2%。花生的产量与秸秆还田量也有一定关系，王慧新等（2010）发现秸秆覆盖还田量为4 500kg/hm^{2}时，花生产量和土壤水分利用效率明显高于秸秆覆盖还田量为2 250kg/hm^{2}和6 750kg/hm^{2}的。徐小林等（2017）认为花生—木薯间作种植系统中，与无覆盖稻草处理相比，春季覆盖稻草措施花生产量明显提高，增产幅度为6.7%～10.29%。王以兵等（2010）在干旱冷凉区的研究表明，麦秸秆覆盖的花生田0～30cm土层含水量比裸地种植花生增加5.1%，花生产量为2 736.0kg/hm^2，增产53.0%。司贤宗等（2016）研究认为，起垄覆盖小麦秸秆的花生产量最高，为4 480kg/hm^2，比免耕不覆盖小麦秸秆和免耕覆盖小麦秸秆分别增产664.7kg/hm^{2}和818.1kg/hm^2，增产率分别为19.4%和25.0%。起垄覆盖小麦秸秆后，花生单株饱果数、百果重、出仁率等经济性状优于免耕不覆盖小麦秸秆和免耕覆盖小麦秸秆。

（三）秸秆还田对花生品质的影响

秸秆还田不仅能影响花生生长和产量，还会对花生品质产生一定影响。秸秆还田提高了籽仁的粗脂肪、蛋氨酸、苯丙氨酸含量，秸秆还田结合地膜覆盖处理也促使花生籽仁的蛋白质含量和粗脂肪含量有不同程度地提高；免耕秸秆覆盖栽培较秸秆还田露地栽培使花生增产4.71%，粗脂肪含量最高，适宜在花生生产上进行推广应用。秸秆还田对花生品质的影响与秸秆还田方式、还田量及花生品种密切相关。司贤宗等（2016）比较了免耕不覆盖小麦秸秆、起垄覆盖小麦秸秆、免耕覆盖小麦秸秆3种耕作方式对花生产量和品质的影响，起垄覆盖小麦秸秆4 500kg/hm^{2}时，花生蛋白质、粗脂肪产量最高，且远杂9307的蛋白质和粗脂肪产量分别为1 294.3kg/hm^{2}和1 881.9kg/hm^2，均高于远杂6号（表7-7）。秸秆覆盖还能增加花生籽仁中蛋白质含量，提高棕榈酸、亚油酸、花生一烯酸、木焦油酸的含量，减少粗脂肪的含量，降低油酸、硬脂酸、花生酸的含量（表7-8）。因此，砂姜黑土夏花生产区，花生起垄种植+覆盖小麦秸秆4 500kg/hm^{2}可有效利用小麦秸秆，同时可提高花生的产量和品质。

表7-7　起垄覆盖秸秆对花生产量品质性状的影响（司贤宗等，2016）

处理	总果数（个）	饱果数（个）	百果重（g）	出仁率（%）	产量（kg/hm^2）	蛋白质含量（%）	粗脂肪含量（%）
不覆盖	30.00a	18.67a	160.05a	69.35a	4 662.4a	25.8b	46.0a
垄面覆盖	30.01a	14.33a	152.98bc	68.24a	4 195.2bc	26.7b	44.2b
垄沟覆盖	30.02a	17.33a	156.17ab	68.81a	4 481.0ab	26.1b	45.3a
垄面和垄沟覆盖	30.03a	14.33a	149.63c	68.22a	4 140.5c	28.6a	43.4b

注：不同字母表示同一产量品质性状不同处理间的差异达到显著水平（P<0.05）。

表7-8　起垄覆盖秸秆对花生脂肪酸组分含量的影响（司贤宗等，2016）　（单位：%）

处理	棕榈酸	硬脂酸	油酸	亚油酸	花生酸	花生一烯酸	山嵛酸	木焦油酸
不覆盖	11.8b	3.2a	39.8a	38.2b	1.54a	0.92b	3.1a	1.34c
垄面覆盖	12.2ab	2.9ab	38.2bc	39.1b	1.50a	0.98ab	3.3a	1.46ab
垄沟覆盖	12.3ab	3.0ab	38.6b	38.8b	1.49a	0.98ab	3.4a	1.44bc
垄面和垄沟覆盖	12.3ab	3.0ab	37.2c	40.2a	1.49a	1.08a	3.4a	1.55a

注：不同字母表示同一脂肪酸组分不同处理间的差异达到显著水平（P<0.05）。

综上，在土壤紧实的砂姜黑土夏花生种植区，起垄种植花生下覆盖小麦秸秆，可提高花生的产量和品质。不同秸秆覆盖方式相比，垄面覆盖和垄沟覆盖处理降低了花生主茎高、侧枝长、分枝数，减少了花针期、结荚期、饱果期花生叶片SPAD值，不利于花生根瘤的形成，降低了花生不同部位氮、磷、钾含量，减少了花生对氮磷钾的吸收积累量；其中，垄沟覆盖秸秆对花生生长发育及产量的影响较小，产量降低181.4kg/hm^2，降低幅度仅为3.9%。因此，小麦秸秆覆盖量为4 500kg/hm^2，花生能获得较高的荚果产量和氮、磷、钾的积累量，分别为4 481.0kg/hm^2、234.6kg/hm^2、33.5kg/hm^2、112.5kg/hm^2；在花生起垄种植方式下，垄沟覆盖秸秆种植花生是既能够充分利用小麦秸秆资源，又能保证花生丰产及养分高效的合理栽培方式。

四、地膜覆盖对紧实胁迫下花生生长发育的影响

地膜覆盖利于土壤保墒、保温、改善土壤理化性状、减轻土壤紧实胁迫、延长生育期，可大幅提高花生产量。地膜覆盖能够影响花生的生长发育，包括生育期、出苗率、茎高以及植株性状等，从而影响产量。地膜覆盖能够提高花生光合速率，促进花生的生育进程，缩短生育期，促进花生早熟、高产和稳产。郭陞垚等（2014）研究表明，与裸地花生相比，普通地膜和光解膜均能缩短花生生育期，提高花生出苗率、单株生产力、百仁重、单株结果数、饱果数，并且能够增加株高和茎叶干物质重，提高花生产量。尹光华等（2012）研究表明，与裸地花生相比，降解膜和普通地膜覆盖均能提高叶片的净光合速率、蒸腾速率、胞间CO_2浓度和气孔导度。张晓红等（2009）研究了风沙半干旱区地膜覆盖技术对花生光合特性的影响，发现覆膜栽培能提高花生的净光合速率、胞间CO_2浓度及蒸腾速率，并增大气孔导度。

不同地膜材料、颜色地膜对花生生长发育和产量品质的影响不同。吴正锋等（2016）研究表明，与普通地膜相比，生物降解膜处理花生出叶速度放缓、侧枝数减少、荚果饱满度下降、产量降低（表7-9）。吴金桐等（2015）对比了白膜、黑膜和液态膜与裸地花生在生长和产量上的差异，研究发现不同覆膜均比对照裸地种植提前出苗，生长势比对照要好，叶片颜色比对照浓绿，并且覆膜处理的饱果数多。白膜、黑膜和液态膜的增产率分别达到11.9%、13.9%、5.1%。曲杰等（2018）研究不同材质地膜覆盖与夏花生产量形成的关系发现，不同材质地膜覆盖通过影响了0～5cm土壤温度和含水量进而影响了花生植株生长发育与产量。普通白色地膜出苗和开花时间最早，黑色地膜和降解地膜出苗时间无差异，但黑色地膜开花早于降解地膜；增产幅度普通白色地膜>黑色地膜>降解地膜，普通白色地膜增产达17.0%，降解地膜增产达10.1%。何美娟（2017）研究表明与露地处理相比，生物降解地膜处理提高了夏直播花生籽仁的蛋白质、粗脂肪含量和油酸/亚油酸值，降低了可溶性糖含量，但差异不显著，而氧化—生物双降解地膜处理显著降低了花生籽仁可溶性糖、蛋白质、粗脂肪含量，油酸/亚油酸值略有降低，普通地膜处理降低了籽仁可溶性糖、蛋白质、粗脂肪含量和油酸/亚油酸值。与普通地膜处理相比，生物降解地膜处理提高了花生籽仁可溶性糖、蛋白质、粗脂肪含量和O/L值，且差异显著，氧化—生物双降解地膜处理显著提高了粗脂肪含量和O/L值，提高了蛋白质含量。说明花生覆盖降解地膜可提高籽仁品质，增加花生制品的耐储藏性，且以生物降解地膜的效果最好（表7-10）。

表7-9　不同类型地膜对荚果产量及其性状的影响（吴正锋等，2016）

处理	荚果产量（kg/hm^2）	单株结果数	饱果率（%）	秕果率（%）	双仁果率（%）
A	6 274.8b	22.2a	62.4ab	37.6ab	64.4a
B	6 405.5ab	17.8b	62.4b	37.6a	71.8a
C1	7 059.2a	22.3a	67.6ab	32.4ab	67.8a
C2	6 797.7ab	18.8ab	71.3a	28.7b	66.3a
CK	6 732.4ab	18.3ab	69.0ab	31.0ab	65.1a

注：CK表示普通PE膜，A、B、C1、C2分别代表四种不同的降解膜，A、B两种地膜厚度0.01mm，C1、C2和普通PE膜厚度均为0.004mm。不同字母表示同一产量性状不同处理间的差异达到显著水平（$P<0.05$）。

表7-10　不同降解地膜对夏直播花生籽粒品质的影响（何美娟，2017）

处理	可溶性糖（%）	蛋白质（%）	粗脂肪（%）	油酸/亚油酸
露地栽培	8.95a	25.26a	51.02b	1.40a
普通地膜	7.74bc	24.65b	44.36d	1.25b
氧化—生物双降解地膜	8.75ab	25.48a	52.31a	1.40a
生物降解地膜	7.89bc	24.77b	49.73c	1.35a

注：不同字母表示同一品质性状不同处理间的差异达到显著水平（$P<0.05$）。

五、合理密植对紧实胁迫下花生生长发育的影响

花生的生长发育状况与土壤紧实程度具有一定的关系。土壤容重过大或过小均不利于花生根系干物重积累、根系体积增加和根系活力提高，根系直径随着土壤容重的增大而增大（崔晓明等，2016），容重过大或过小不利于花生结果数增多和饱满度增大，影响荚果和籽仁产量的提高（刘兆娜等，2019）。不同紧实度下，花生的种植密度不同，总体来说，土壤容重高、结构差、蓄水保肥能力有限，导致花生单株生长力有限，可适当增加种植密度，发挥群体生长优势；反之，如果土壤肥沃、土质结构较好，花生个体生长有保证，长势较强，可适当减低种植密度，发挥个体生长优势。陈雷等（2017）研究表明；沙土下，高密度花生产量显著高于常规密度，壤土常规密度和高密度花生产量差异不显著，说明低肥力条件下，适宜增加种植密度是花生高产的关键。

（一）种植密度对花生营养生长的影响

种植密度是影响花生产量的主要因素之一，合理密植可使个体与群体协调发展，最大限度地利用周边资源，从而实现高产。花生栽培密度影响花生的根系发育、植株性状以及叶片光合等，进而影响产量。密度增加抑制根的生长和根干物质的积累，赵坤等（2011）研究了不同密度对花生苗期根的影响，结果表明总根长、根体积、根表面积随密度增加而下降，而根直径随密度增加而增加。林国林等（2012）研究发现，种植密度增加有利于根

在水平方向的生长，但抑制了根干物质的积累。花生的主茎高、侧枝长能够随种植密度的增加而增加。在一定范围内，单株分枝数随密度的增加而减少，但单位面积内的总分枝数增加；当密度超过一定范围，不仅单株分枝数减少，而且单株有效分枝数、单位面积有效分枝数亦明显减少。王亮等（2015）和陈雷等（2017）研究表明，高密度种植花生主茎高增加，总分枝数、单株生产力显著减少。张俊等（2019）研究表明，第一对侧枝基部10cm内节数减少了10.29%；有效分枝比率提高8.50%。

（二）种植密度对花生生殖生长的影响

花生生育初期的开花数量是产量构成的重要因素。栽培密度不足或过大，均不利于花生产量构成因素的形成。密度较低时，单株发育健壮，单株结果数增多，但容易使秕果、幼果的比例增加，荚果成熟时的饱满度降低；密度过大时，由于个体发育差，荚果得不到充分的营养而秕小；密度适宜时，个体发育良好，单株结果适中，个体与群体之间发展协调，有利果大、饱果。因此，合理密植是高产栽培的关键之一。陈剑洪（2006）研究了种植密度对花生开花结荚习性的影响，研究发现，在设定的种植密度范围内单株开花量均随着密度的增大而减少，但单位面积内的开花量却随密度的增大而增多，且密度越大开花持续时间越短；另外，在一定密度范围内，种植越稀，单株果针数、结荚数和饱果数越多，成针率和饱果率越低，但单位面积内的果针数和饱果数变少。单位面积内的结荚数多、荚果大，是花生高产的重要构成因素。张俊等（2019）研究表明，22.5万穴/hm^{2}密度比18万穴/hm^{2}始花时间晚1～2天；饱果率和出仁率分别提高3.81%和2.25%。王亮等（2015）研究表明，随着种植密度的增加，果数、仁数相应增加，而百果重、百仁重、荚果长、荚果宽、仁长和仁宽则呈递减趋势。

（三）种植密度对花生产量和品质的影响

密度是影响作物产量的重要因素，群体密度差异会对植物光合效率产生影响，因而合理密植能充分发挥群体效应，最大限度地利用周围环境资源，降低种植成本，增加作物产量，从而达到经济效益最大化。陈雷等（2017）研究了密度对花生产量的影响，结果表明，沙土种植花生在22.5万穴/hm^{2}的种植密度下显著高于18.0万穴/hm^2，而在壤土中差异不大。

目前，花生生产上主要有传统双粒穴播和单粒精播的栽培模式，传统双粒穴播大大提高了花生的出苗率和整齐度，但同时也增加了花生的播种量及种子成本，并且使单株生产力明显下降。梁晓艳等（2016）研究了3种密度单粒精播与传统双粒穴播之间花生产量的差异，从荚果产量看，22.5万穴/hm^{2}的单粒精播产量最高，从产量构成因素分析，该密度下产量显著提高的原因是合理的种植方式及密度改善了花生农艺性状，提高了单株生产力及经济系数。修俊杰和张伯岩（2018）研究了单粒精播模式下密度对不同类型花生产量的影响，结果表明，单播条件下适当密植有利于提高花生产量，单粒精播模式下适度密植（大粒型15万株/hm^2，中小粒型22.5万穴/hm^2）花生相对于传统双粒穴播能使花生产量显著提高。

六、种植模式对紧实胁迫下花生生长发育的影响

优化种植模式可以显著消减土壤紧实胁迫，促进花生生长发育，但不同种植模式下花生生长发育差异主要是由其他因素引起的。平作花生田土壤容重高容易发生紧实性胁迫。垄作覆膜和套种均可消减土壤紧实性胁迫。研究表明，紧实胁迫下春花生（平作）较对照（垄作覆膜）单株结果数和平均果重均降低，导致显著减产18.6%；而麦套花生则较同期平作减产34.5%（林英杰等，2010）。这说明虽然套种消减了土壤紧实胁迫对花生生长的危害，但麦套花生产量的主要限制因素是遮阴。封海胜（1996）研究发现轮作模式下花生生长发育正常，主茎高、侧枝长、分枝数均明显高于连作花生；单株结果数和饱果数也显著高于连作花生。与连作相比，轮作花生荚果产量和总生物产量明显更高。荚果产量轮作较连作增产8.8%～16.4%，3年平均增产12.1%；总生物产量轮作较连作增加5.8%～16.0%，3年平均增产11.6%（表7-11）。

表7-11　轮作对花生产量和生物量的影响（封海胜，1996）

处理	荚果产量（g/盆）				总生物产量（g/盆）			
	1990年	1991年	1992年	平均	1990年	1991年	1992年	平均
轮作	68.3	54.4	33.3	52.0	116.0	97.9	71.0	94.9
连作	58.7	50.0	30.6	46.4	100.0	87.9	67.1	85.0
轮作较连作增产（%）	16.4	8.8	8.8	12.1	16.0	11.4	5.8	11.6

山东省花生研究所在连作4年花生的田块上进行了试验，发现以小麦、水萝卜作为模拟轮作作物解除花生连作障碍的效果较好。可有效促进连作花生的植株生育，提高连作花生的总生物产量和荚果产量。花生的主茎高、侧枝长、总分枝数、单株结果数、饱果数均显著超过连作对照，接近或超过轮作对照，花生的总生物产量和荚果产量较连作对照分别增产23.98%和25.1%，较轮作对照分别增产7.9%和15.0%。播种水萝卜的效果仅次于小麦，花生的总生物产量和荚果产量较连作对照分别增产23.22%和21.20%，较轮作对照分别增产7.23%和11.40%。

玉米花生间作改变了光在作物群体的分布，影响了玉米和花生群体的光合能力。玉米花生间作下花生对光的竞争处于劣势，表现为花生功能叶光合速率的显著降低，尤以阴天及弱光下更为明显，但间作后期施加磷肥（P_2O_5）180kg/hm^{2}可以显著提高花生的光合速率。隔根处理造成间作花生的光合速率显著降低，仅存在地下的种间作用对花生的光合速率为正效应，地上种间作用表现为负效应，充分发挥地下种间优势成为提升间作花生光合速率的关键。间作改变了作物群体的光照条件，玉米根部分泌出的脱氧麦根酸（DMA）与土壤中Fe（Ⅲ）螯合形成Fe（Ⅲ）-DMA复合物，花生通过*Ah YSL1*基因的表达，将其中的一部分复合物直接吸收，促进了花生对铁的吸收，间作下玉米和花生的叶绿素Chla、Chlb和Chl（a+b）含量均显著增加。

玉米花生间作对作物光合能力的影响直接影响了作物的产量及其构成因素。与单作相比，间作花生的叶面积指数从下针期低于单作，减少了光合物质向荚果的分配和积累，导致单株果数、出仁率、百仁重、百果重低于单作花生，秕果率增加，不利于产量的形成。另外，从经济效益角度看，选择适宜玉米花生间作比例，如高肥力地块玉米：花生=2：4模式，中肥力地块玉米：花生=3：4模式，密度为每亩种植玉米4 000株、花生6 400～7 600穴。这样可以充分发挥玉米的边际效应，保证玉米亩产稳定在500kg以上，同时增收150kg花生，实现稳粮增油，缓解粮油争地矛盾。同时，禾本科与豆科轮作还具有改良土壤、降低病害等作用。

参考文献

陈冬林，易镇邪，周文新，等，2010. 不同土壤耕作方式下秸秆还田量对晚稻土壤养分与微生物的影响[J]. 环境科学学报，30（8）：1 722-1 728.

陈剑洪，2006. 种植密度对花生开花结荚习性影响的研究[J]. 福建热作科技，31（3）：4-5.

陈雷，李可，范小玉，等，2017. 不同土质下密度和化控对花生主要性状和产量的影响[J]. 山西农业科学，45（8）：1 279-1 283.

陈思怿，李升峰，朱继业，2016. 种植密度对小麦根际土壤特性及籽粒产量的影响[J]. 江苏农业科学，44（4）：132-137.

程曦，赵长星，王铭伦，等，2010. 不同生育时期干旱胁迫对花生抗旱指标值及产量的影响[J]. 青岛农业大学学报（自然科学版），27（4）：282-284.

崔红艳，胡发龙，方子森，等，2015. 有机无机肥配施对胡麻的耗水特性和干物质积累与分配的影响[J]. 水土保持学报，29（3）：282-288.

崔晓明，张亚如，张晓军，等，2016. 土壤紧实度对花生根系生长和活性变化的影响. 华北农学报（6）：131-136.

戴良香，宋文武，丁红，等，2011. 土壤水分胁迫对花生籽仁矿质元素含量的影响[J]. 生态环境学报，20（5）：869-874.

丁红，戴良香，宋文武，等，2012. 不同生育期灌水处理对小粒型花生光合生理特性的影响[J]. 中国生态农业学报，20（9）：1 149-1 157.

丁红，张智猛，戴良香，等，2013. 不同抗旱性花生品种的根系形态发育及其对干旱胁迫的响应[J]. 生态学报，33（17）：5 169-5 176.

丁红，张智猛，康涛，等，2014. 花后膜下滴灌对花生生长及产量的影响[J]. 花生学报，43（3）：37-41.

董士刚，2019. 轮作模式及小麦增密减氮对潮土理化性状及作物产量的影响[D]. 郑州：河南农业大学.

杜社妮，白岗栓，2007. 玉米地膜覆盖的土壤环境效应[J]. 干旱地区农业研究，25（5）：56-59.

方明，任天志，赖欣，等，2018. 花生壳生物炭对潮土和红壤理化性质和温室气体排放的影响[J]. 农业环境科学学报，37（6）：262-272.

方燕，闵东红，高欣，等，2019. 不同抗旱性冬小麦根系时空分布与产量的关系. 生态学报，39（8）：2 922-2 934.

封海胜，张思苏，万书波，等，1996. 解除花生连作障碍的对策研究Ⅰ. 模拟轮作的增产效果[J]. 花生科技（1）：22-24.

付威，樊军，胡雨彤，等，2017. 施肥和地膜覆盖对黄土旱塬土壤理化性质和冬小麦产量的影响[J]. 植物营养与肥料学报，23（5）：1 158-1 167.

付威，2018. 黄土旱塬田间管理措施对土壤理化性状及作物产量影响[D]. 杨凌：西北农林科技大学.
付晓，祝令晓，刘孟娟，等，2015. 不同生育时期膜下灌水对花生生长发育及产量的影响[J]. 新疆农业科学，52（12）：2 187-2 193.
高国庆，周汉群，唐荣华，1995. 花生品种抗旱性鉴定[J]. 花生科技，3：7-9，15.
高旭华，黄瑶珠，谢东，2020. 不同覆盖材料对花生养分吸收和土壤养分变化的影响[J]. 中国农学通报，36（8）：55-59.
高忠奎，蒋菁，唐秀梅，等，2018. 水旱轮作条件下花生品种筛选及土壤特性变化分析[J]. 南方农业学报，49（12）：2 403-2 409.
郭春雷，2018. 秸秆及其炭化还田对土壤酸度和活性有机碳的影响[D]. 沈阳：沈阳农业大学.
郭峰，万书波，王才斌，等，2008. 宽幅麦田套种田间小气候效应及对花生生长发育的影响[J]. 中国农业气象，29（3）：285-289.
郭陞垚，陈剑洪，肖宇，等，2014. 不同覆盖物对花生生长发育及产量的影响[J]. 南方农业学报，45（8）：1 363-1 368.
何美娟，2017. 夏直播花生覆盖降解地膜的生物学效应及其对产量品质的影响[D]. 泰安：山东农业大.
洪立洲，邢锦城，魏福友，等，2018. 滩涂地区不同种植密度下甘薯生长对盐渍土壤理化特性的影响[J]. 湖南农业科学，394（7）：52-55.
侯必新，张美桃，万海清，2015. 钙镁磷肥不同用量对花生产量及培肥地力影响的研究[J]. 湖南文理学院学报：自然科学版，17（4）：39-41，49.
霍琳，王成宝，逄焕成，等，2015. 有机无机肥配施对新垦盐碱荒地土壤理化性状和作物产量的影响[J]. 干旱地区农业研究，（4）：105-111.
冀保毅，程琴，卫云飞，等，2017. 不同灌溉方式对农田土壤性状和花生落果率的影响[J]. 灌溉排水学报，36（6）：8-12.
贾剑，张志平，2017. 地膜覆盖花生高产栽培技术[J]. 农业技术与装备，（5）.
姜灿烂，何园球，刘晓利，等，2010. 长期施用有机肥对旱地红壤团聚体结构与稳定性的影响[J]. 土壤学报，47（4）：715-722.
焦彩强，王益权，刘军，等，2009. 关中地区耕作方法与土壤紧实度时空变异及其效应分析[J]. 干旱地区农业研究，27（3）：7-12.
焦坤，陈殿绪，侯敬铖，等，2018. 生物降解膜对土壤物理性状及花生荚果产量的影响. 山东农业科学50（12）：64-67.
孔猛，2016. 半干旱黄土区地膜覆盖对玉米生长及土壤生态环境的影响[D]. 兰州：兰州大学.
赖庆旺，李茶苟，黄庆海，1992. 红镶性水稻土无机肥连施与土壤结构特性的研究[J]. 土壤学报，29（2）：168-174.
兰志龙，Khan M N，Sial T A，等，2018. 25年长期定位不同施肥措施对关中塿土水力学性质的影响[J]. 农业工程学报，34（24）：108-114.
李巨，李长喜，2014. 生物有机肥对花生生长发育及产量的影响[J]. 花生学报，43（3）：52-55.
李俊庆，芮文利，齐敏忠，等，1996. 水分胁迫对不同抗旱型花生生长发育及生理特性的影响[J]. 中国气象，17（1）：11-13，5.
李美，2012. 玉米花生间作群体互补竞争及防风蚀效应研究[D]. 沈阳：沈阳农业大学.
李美，张智猛，丁红，等，2014. 土壤水分胁迫对花生品质的影响[J]. 43（1）：28-32.
李长志，李欢，刘庆，等，2016. 不同生长时期干旱胁迫甘薯根系生长及荧光生理的特性比较[J]. 植物营养与肥料学报，22（6）：511-517.
梁晓艳，郭峰，张佳蕾，等，2016. 不同密度单粒精播对花生养分吸收及分配的影响[J]. 中国生态农业学报，24（7）：893-901.
林国林，赵坤，蒋春姬，等，2012. 种植密度和施氮水平对花生根系生长及产量的影响[J]. 土壤通报，（5）：165-168.
林英杰，李向东，周录英，等，2010. 花生不同种植方式对田间土壤微环境和产量的影响[J]. 水土保持学报，24（3）：131-135.
刘彩彩，2019. 微喷水肥一体化下土壤氮素平衡及环境效应[D]. 临汾：山西师范大学.
刘吉利，王铭伦，吴娜，等，2009. 苗期水分胁迫对花生产量、品质和水分利用效率的影响[J]. 中国农业科技导报，11（2）：114-118.
刘吉利，赵长星，吴娜，等，2011. 苗期干旱及复水对花生光合特性及水分利用效率的影响[J]. 中国农业科学，44（3）：469-476.
刘孟娟，丁红，戴良香，等，2015. 花针期灌水对花生植株生长发育及光合物质积累的影响[J]. 中国农学通报，31（27）：75-81.
刘庆伦，田玲，2009. 地膜覆盖花生栽培技术及病虫害防治[J]. 花生学报，38（4）：44-45.
刘珊廷，罗兴录，吴美艳，等，2019. 连作与轮作下木薯产量及土壤微生物特征比较[J]. 热带作物学报，40（8）：1 468-1 473.
刘术新，丁枫华，朱伟清，等，2012. 不同地膜覆盖栽培对李园土壤性状及早熟李果成熟期和品质影响[J]. 浙江农业学报，（5）：158-162.
刘婷如，郑晗玉，张伟，等，2018. 有机肥不同用量对花生土壤田间微环境及产量的影响[J]. 南方农业，12（24）：5-7.
刘小虎，赖鸿雁，韩晓日，等，2013. 炭基缓释花生专用肥对花生产量和土壤养分的影响[J]. 土壤通报，44（3）：698-702.
刘小华，2018. 施用生物炭及炭基肥对细菌多样性及花生产量的影响[D]. 沈阳：沈阳农业大学.
刘兆娜，田树飞，邹晓霞，等，2019. 土壤紧实度对花生干物质积累和产量的影响[J]. 青岛农业大学学报：自然科学版，36（1）：37-43.
娄伟平，吴旭江，2005. 地膜覆盖栽培对小京生花生土壤温湿度的调控及其生物学效应[J]. 中国农业气象，26（1）：58-60.
卢锦钊，王克勤，赵洋毅，等，2018. 不同EM菌剂浓度对花生种植的红壤性状及产量影响[J]. 西南林业大学学报（自然科学），146（4）：59-64.
陆岩，孟繁鑫，2011. 辽西地区秸秆还田对花生产量与土壤水分利用效率的影响[J]. 现代农业科技（2）：298-299.
罗兴录，黄秋凤，郑华娟，2010. 不同地膜覆盖方式对土壤理化性状和木薯产量的影响[J]. 中国农学通报（22）：382-385.
马迪，2018. 连续施用改良剂对花生连轮作土壤理化性质和产量的影响[D]. 沈阳：沈阳农业大学.
聂军，杨曾平，郑圣先，等，2010. 长期施肥对双季稻区红壤性水稻土质量的影响及其评价[J]. 应用生态学报，21（6）：1 453-1 460.
庞建新，2019. 不同灌溉方式对土壤性质及夏花生生长发育的影响[J]. 农业科技通讯（6）106-108，112.
彭现宪，2011. 长期不同种植模式下东北黑土理化性状和有机碳稳定性的差异研究[D]. 南京：南京农业大学.
屈志敏，2019. 马铃薯膜下水肥一体化滴灌技术分析[J]. . 农业与技术，39（15）：107-108.
曲杰，庞建新，程亮，等，2018. 不同材质地膜覆盖对土壤性状及夏花生产量形成的影响[J]. 花生学报，47（1）：64-68.
饶庆琳，胡廷会，成良强，等，2019. 油菜秸秆还田与复合肥配施对花生生长及产量的影响[J]. 贵州农业科学，47（7）：18-20.

沈浦，孙秀山，王才斌，等，2015. 花生磷利用特性及磷高效管理措施研究进展与展望[J]. 核农学报，29（11）：2 246-2 251.
石峰，2014. 秸秆还田对风沙半干旱区土壤养分及花生产量的影响[J]. 农业科技通讯（2）：88-90.
石彦琴，陈源泉，隋鹏，等，2010. 农田土壤紧实的发生、影响及其改良[J]. 生态学杂志，29（10）：2 057 -2 064.
司贤宗，张翔，毛家伟，等，2016. 起垄覆盖秸秆对土壤理化性质及花生产量和质量的影响[J]. 花生学报，45（2）：38-43.
佀国涵，赵书军，王瑞，等，2014. 连年翻压绿肥对植烟土壤物理及生物性状的影响[J]. 植物营养与肥料学报（4）：905-912.
苏君伟，王慧新，吴占鹏，等，2012. 辽西半干旱区膜下滴灌条件下对花生田土壤微生物量碳、产量及WUE的影响[J]. 花生学报，41（4）：37-41.
孙仕军，朱振闯，陈志君，等，2019. 不同颜色地膜和种植密度对春玉米田间地温、耗水及产量的影响[J]. 中国农业科学，52（19）：3 323-3 336.
孙巍，2013. 辽西秸秆还田对花生土壤微生物量碳与产量的影响[J]. 吉林农业（10）：15.
孙鹰翔，王明伟，2019. 有机无机复混肥对花生生长和品质的影响[J]. 土壤，51（5）：910-915.
孙兆强，2020. 膜下滴灌技术在中西部地区农田灌溉中的运用研究[J]. 黑龙江水利科技，48（4）：158-160.
谭帅，2018. 微咸水膜下滴灌土壤盐调控与棉花生长特征研究[D]. 西安：西安理工大学.
唐文雪，马忠明，魏焘，2016. 不同厚度地膜连续覆盖对玉米田土壤物理性状及地膜残留量的影响. 中国农业科技导报，18（5）：126-133.
唐晓雪，刘明，江春玉，等，2015. 不同秸秆还田方式对红壤性质及花生生长的影响[J]. 土壤，47（2）：324-328.
唐秀梅，黄志鹏，吴海宁，等，2020. 玉米/花生间作条件下土壤环境因子的相关性和主成分分析. 生态环境学报，29（2）：223-230.
万书波，2003. 中国花生栽培学[M]. 上海：上海科学技术出版社.
王才斌，朱建华，2000. 小麦秸秆还田对小麦，花生产量及土壤肥力的影响[J]. 山东农业科学（1）：34-35.
王道中，花可可，郭志彬，2015. 长期施肥对砂姜黑土作物产量及土壤物理性质的影响[J]. 中国农业科学，48（23）：4 781-4 789.
王改兰，段建南，贾宁凤，等，2006. 长期施肥对黄土丘陵区土壤理化性质的影响[J]. 水土保持学报，20（4）：82-86.
王慧新，颜景波，何跃，等，2010. 风沙半干旱区秸秆还田对间作花生土壤酶活性与产量的影响[J]. 花生学报，39（4）：9-13.
王亮，李艳，王桥江，等，2015. 滴灌条件下花生单粒播种密度对产量及其相关性状的影响[J]. 安徽农业科学（30）：380-382.
王晓波，车威，纪荣婷，等，2015. 秸秆还田和保护性耕作对砂姜黑土有机质和氮素养分的影响[J]. 土壤，47（3）：483-489.
王以兵，雒天峰，张新民，等，2010. 干旱区垄作不同覆盖条件对花生水分利用的影响[J]. 水土保持通报，30（2）：75-78.
王振民，梁春英，黄丽萍，等，2020. 我国水肥一体化技术研究现状与发展对策. 农村实用技术（3）：85-87.
王振振，2012. 地膜覆盖影响甘薯块根形成和膨大的生理基础[D]. 泰安：山东农业大学.
王震宇，徐振华，郑浩，等，2013. 花生壳生物炭对中国北方典型果园酸化土壤改性研究[J]. 中国海洋大学学报：自然科学版，8：90-95.

温延臣，李燕青，袁亮，等，2015. 长期不同施肥制度土壤肥力特征综合评价方法[J]. 农业工程学报，2015，（7）：91-99.
吴崇海，1993. 山丘棕壤性土改良培肥技术研究[J]. 干旱地区农业研究，11（3）：37-42.
吴金桐，马青艳，李晓迪，等，2015. 不同覆膜方式对花生生长及产量的影响[J]. 农业科技通讯（5）：41-43.
吴正锋，林建材，冯昊，等，2016. 生物降解膜对花生农艺性状及花生荚果产量的影响. 花生学报，45（3）：57-60.
伍玉鹏，彭其安，郝蓉，等，2014. 秸秆还田对土壤微生物影响的研究进展[J]. 中国农学通报，30（29）：175-183.
修俊杰，张伯岩，2018. 单粒精播模式下密度对花生产量及干物质积累的影响[J]. 农学学报（11）：9-15.
徐蒋来，胡乃娟，朱利群，2016. 周年秸秆还田量对麦田土壤养分及产量的影响[J]. 麦类作物学报，36（2）：215-222.
徐庆全，李默，王振国，等，2019. 种植密度对土壤水分及高粱生长发育的影响[J]. 北方农业学报，47（1）：28-32.
徐小林，吴昌强，李大明，等，2017. 稻草覆盖对花生木薯间作系统产量和土壤性状的影响[J]. 中国农业通报，33（29）：19-24.
徐尧，2015. 小麦秸秆还田对麦茬花生的影响分析试验[J]. 种子科技，33（7）：46-47.
许小伟，樊剑，陈晏，等，2014. 不同有机无机肥配施比例对红壤旱地花生产量、土壤速效养分和生物学性质的影响. 生态学报，34（18）：5 182-5 190.
杨富军，赵长星，闫萌萌，等，2013. 栽培方式对夏直播花生叶片光合特性及产量的影响[J]. 应用生态学报，24（3）：747-752.
杨果，张英鹏，魏建林，等，2007. 长期施用化肥对山东三大土类土壤物理性质的影响[J]. 中国农学通报，23（12）：244-250.
杨静，2018. 农田灌溉用水高效利用管理研究[J]. 农业科技与设备（2）：58-59.
杨瑞吉，2017. 密度与氮量对复种油菜土壤肥力性状的影响[J]. 西南大学学报：自然科学版，39（7）：44-49.
杨文龙，2018. 林下种植模式对核桃林土壤物理和生物化性质的影响[D]. 成都：四川农业大学.
杨晓娟，李春俭，2008. 机械压实对土壤质量、作物生长、土壤生物及环境的影响[J]. 中国农业科学，41（7）：2 008-2 015.
尹飞虎，2018. 节水农业及滴灌水肥一体化技术的发展现状及应用前景[J]. 中国农垦（6）：30-32.
尹光华，佟娜，郝亮，等，2012. 不同材料膜覆盖对地温和花生叶片光合作用的影响[J]. 干旱地区农业研究（6）：50-55.
战秀梅，彭靖，王月，等，2015. 生物炭及炭基肥改良棕壤理化性状及提高花生产量的作用[J]. 植物营养与肥料学报，21（6）：1 633-1 641.
张海焕，王月福，张晓军，等，2016. 控释肥用量对花生田土壤养分含量及产量品质的影响[J]. 花生学报，45（2）：27-32.
张俊，王铭伦，于旸，等，2019. 不同种植密度对花生群体透光率的影响[J]. 山东农业科学（10）：52-54.
张诗雨，2017. 长期施肥对连作花生土壤肥力及微生物多样性的影响[D]. 沈阳：沈阳农业大学.
张向前，黄国勤，卞新民，等，2012. 间作对玉米品质、产量及土壤微生物数量和酶活性的影响[J]. 生态学报，32（22）：7 082-7 090.
张晓红，李玉华，王慧新，等，2009. 风沙半干旱区地膜覆盖技术对花生产量与光合特性的影响[J]. 河北农业科学（4）：10-11，16.

张雪娇，2015. 施用新型微生物肥料对土壤养分及花生生长发育和产量的影响[D]. 沈阳：沈阳农业大学.
张艳侠，2006. 外源甜菜碱改善花生抗旱性的研究[D]. 泰安：山东农业大学.
章家恩，高爱霞，徐华勤，等，2009. 玉米/花生间作对土壤微生物和土壤养分状况的影响[J]. 应用生态学报，20（7）：1 597-1 602.
赵海超，刘景辉，张星杰，2012. 春玉米种植密度对土壤有机碳组分的影响[J]. 生态环境学报（6）：65-70.
赵继浩，李颖，钱必长，等，2019. 秸秆还田与耕作方式对麦后复种花生田土壤性质和产量的影响[J]. 水土保持学报，33（5）：272-287.
赵坤，李红婷，2011. 不同密度和氮肥水平对花生苗期根的影响[J]. 农业科技与装备（6）：15-16.
郑亚萍，孙秀山，成强，等，2011. 缓释肥对旱地花生生长发育及产量的影响[J]. 山东农业科学（8）：68-70.
庄秋丽，黄玉波，姜秀芳，等，2019. 农作物秸秆还田及其有效还田方式的研究进展[J]. 中国农学通报，35（22）：38-41.
JIA W S AND ZHANG J H，2008. Stomatal movements and long-distance signaling in plants[J]. Plant signaling and behavior，3（10）：772-777.
JONGRUNGKLANG N，TOOMSANA B，VORASOOTA N，et al.，2011. Rooting traits of peanut genotypes with different yield responses to pre-flowering drought stress[J]. Field Crops Research，120（2）：262-270.
KAISER M，ELLERBROCK R H，2005. Functional characterization of soil organic matter fractions different in solubility originating from a long-term field experiment[J]. Geoderma，127（3-4）：196-206.
KASHIWAGI J，KRISHNAMURTHY L，CROUCH J H，et al.，2006. Variability of root length density and its contributions to seed yield in chickpea（*Cicer arietinum* L.）under terminal drought stress[J]. Field Crops Research，95：171-181.
KATO Y，OKAMI M，2010. Root growth dynamics and stomatal behaviour of rice（*Oryza sativa* L.）grown under aerobic and flooded conditions[J]. Field Crops Research，117：9-17.
LYNCH J P，1995. Root architecture and plant productivity[J]. Plant Physiology，109：7-13.
PALTA J A，CHEN X，MILROY S P，et al.，2011. Large root systems：are they useful in adapting wheat to dry environments? [J] Functional Plant Biology，38：347-354.
PANTALONE V R，REBETZKE G J，BURTON J W，et al.，1996. Phenotypic evaluation of root traits in soybean and applicability to plant breeding[J]. Crop Science，36（2）：456-459.
PURUSHOTHAMAN R，KRISHNAMURTHY L，UPADHYAYA H D，et al.，2017. Genotypic variation in soil water use and root distribution and their implications for drought tolerance in chickpea[J]. Functional Plant Biology，44：235-252.
ROSOLEM C A，FOLONI J S S，TIRITAN C S，2002. Root growth and nutrient accumulation in cover crops as affected by soil compaction[J].Soil Tillage Research，65，109-115.
STREDA T，DOSTAL V，HORAKOVA V，et al.，2012. Effective use of water by wheat varieties with different root system sizes in rain-fed experiments in Central Europe[J]. Agricultural water management，104：203-209.
THANGTHONG N，JOGLOYA S，PENSUK V，et al.，2016. Distribution patterns of peanut roots under different durations of early season drought stress[J]. Field Crops Research，198：40-49.

第八章　花生抗土壤紧实胁迫的品种筛选与利用

土壤紧实胁迫是制约花生生长发育及产量形成的重要因素，合理的耕作、田间管理等农艺操作是消减土壤紧实的途径之一，但不能从作物自身解决问题，筛选培育抗紧实土壤的新品种是最为经济和有效的途径（万书波，2008；张智猛等，2011；党现什，2018）。土壤紧实度较高情况下，地下结实的花生，比油菜、大豆等地上结实作物的响应更为敏感，影响花生整个生育期果针的形成、入土、荚果发育、膨大和干物质积累，造成产量品质下降（沈浦等，2015）。筛选高抗紧实相关品种资源，挖掘其抗性机理，培育高抗土壤紧实胁迫品种，同时加强抗紧实品种资源利用等，是应对当前土壤紧实状况日益加重、紧实胁迫面积加大等威胁的重要选择与手段。

第一节　花生抗土壤紧实胁迫的品种差异与鉴定

不同品种花生产量及品质状况对田间管理措施的响应存在一定的差异（张佳蕾，2013）。目前，有关土壤紧实胁迫对花生生长发育和产量影响的国内外研究还比较少，筛选与鉴定适宜的高抗土壤紧实胁迫品种，对消减土壤紧实胁迫和开展花生生产有重要意义。

一、花生抗土壤紧实胁迫的品种差异特征

基于田间小区耕作与免耕试验处理，研究不同花生品种在土壤紧实与非紧实下荚果产量、蛋白质、含油量、籽粒特性等的差异状况，以明确花生品种对紧实胁迫的响应差异特征，为筛选高抗紧实品种做准备。

（一）不同品种花生产量对土壤紧实胁迫的响应差异

花生田管理措施中，耕翻与免耕能够造成土壤非紧实胁迫与紧实胁迫条件（杨晓娟等，2008；石彦琴等，2010；李景等，2014）。一般而言，土壤紧实胁迫下花生整个生育期间果针形成和入土、荚果膨大和干物质积累都会受到不利影响，而不同品种花生荚果产量对土壤紧实胁迫的响应也存在差异现象（图8-1）。刘璇等（2019）发现非紧实胁

迫下，鲁花11、日本花生的亩产最高，均在300kg以上；BL亩产仅为148.5kg，低于其他花生品种。紧实胁迫下，小花生品种间产量水平最高是日本花生，其非紧实胁迫的亩产高于BL和花育39；大花生品种产量以鲁花11最高。紧实胁迫与非紧实胁迫下，各品种的花生产量变化有很大差异，小花生品种（BL、花育39和日本花生）产量对紧实胁迫的响应不显著，而大花生品种（鲁花11、花育22和中花24）产量对土壤紧实胁迫有显著响应（$P<0.05$），与紧实土壤相比，非紧实胁迫下大花生品种的单产可增加15.94%～25.88%。采取适宜的耕作管理措施有助于消减土壤紧实胁迫，维持良好土壤疏松环境，促进花生的生长发育及提高花生产量状况（Leskovar et al.，2016；王凯等，2018）。大、小花生对紧实胁迫的敏感程度不同，可能是引起其对土壤紧实状况响应差异的原因，大花生品种更易受到土壤紧实胁迫的抑制作用，造成减产现象。

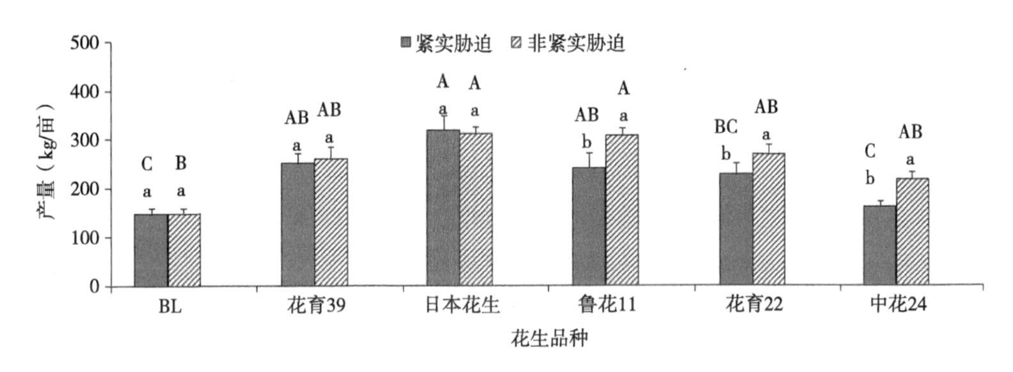

图8-1 不同品种花生产量对土壤紧实胁迫的响应差异（刘璇等，2019）

注：不同大写字母表示同一紧实处理不同品种间差异，不同小写字母表示同一品种不同紧实处理间的差异。

（二）不同品种花生蛋白质对土壤紧实胁迫的响应差异

花育39、日本花生、鲁花11、花育22、中花24之间的蛋白质含量没有显著差异（27.33%～29.29%），均显著高于BL（22.79%～22.84%）（图8-2）（刘璇等，2019）。不同紧实度同一品种花生的蛋白质含量没有表现出显著差异，然而，大花生品种蛋白质产量对不同紧实度的响应则表现出显著差异，为非紧实胁迫处理 > 紧实胁迫处理，小花生品种蛋白质产量则响应不显著。花生产量与蛋白质含量关系表现为，单量低于300kg时，两者呈显著正相关；单产超过300kg时，蛋白质持平在28%左右或略有下降。从大、小花生品种来看，大花生蛋白质含量总体保持平稳，随产量增加没有显著变化，小花生随产量增加蛋白质含量呈明显增加趋势。司贤宗等（2016）研究发现花生蛋白质含量主要与品种的遗传差异和不同的肥料运筹等管理方式相关，与土壤的紧实胁迫程度无显著关系，且进一步证明大花生品种与小花生品种间蛋白质产量对土壤紧实度的响应有显著差异。这可能与大、小花生对土壤紧实胁迫的敏感程度有关，大花生品种更易受到土壤紧实胁迫的抑制作用，造成减产。

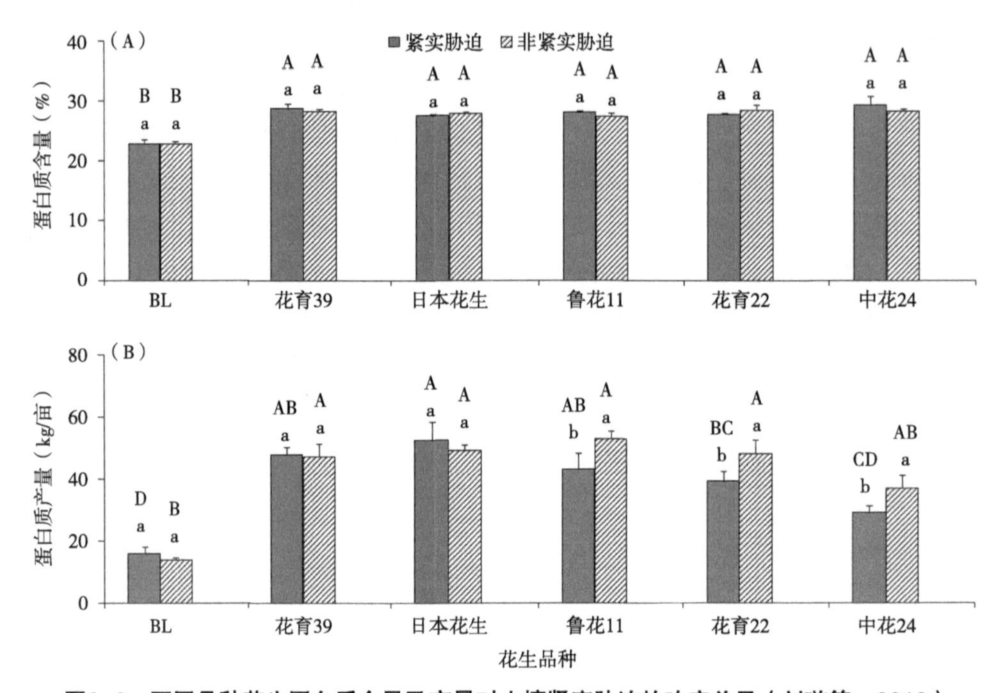

图8-2　不同品种花生蛋白质含量及产量对土壤紧实胁迫的响应差异（刘璇等，2019）

注：不同大写字母表示同一紧实处理不同品种间差异，不同小写字母表示同一品种不同紧实处理间的差异。

（三）不同品种花生含油率对土壤紧实胁迫的响应差异

花生蛋白质含量与含油率呈极显著负相关（$P<0.01$），蛋白质含量每增加1%，含油率下降0.67%。但是，蛋白质产量与产油量两者却呈现极显著正相关，每亩蛋白质产量每增加1.0kg，产油量将增加1.8kg（$P<0.01$）。与蛋白质含量变化不同，蛋白质含量低的BL其含油率（57.59%～58.65%）显著高于其他花生品种（53.67%～55.75%）；而同一品种的含油率在不同紧实度下没有表现出显著差异。同一大花生品种的产油量显著受不同紧实度的影响，也表现为非紧实胁迫处理＞紧实胁迫处理（图8-3）。花生产量与含油率也呈曲线关系，单产低于280kg时，含油率随之下降，而后维持在55%左右。小花生品种含油率随产量呈下降趋势，大花生品种含油率总体保持平稳。花生产量与产油量均呈极显著正相关（$P<0.01$），花生单产每增加100kg，同面积产油量分别增加37kg。花生高产与优质协同是栽培研究的热点问题，产量与品质的关系往往较为复杂。不同类型的花生对紧实胁迫的响应有显著差异，也验证了大、小花生及不同品种对土壤紧实胁迫的敏感程度不同，大花生品种更易受到土壤紧实胁迫的负面影响。与此同时，国内外研究虽然对花生籽仁中油脂等积累特征规律有一定的了解，但还缺乏对不同品种花生抗紧实胁迫机制，以及油脂合成机理及酶学机制、油脂中的脂肪酸组分的形成机制等方面的深入研究，这都有待于下一步研究。

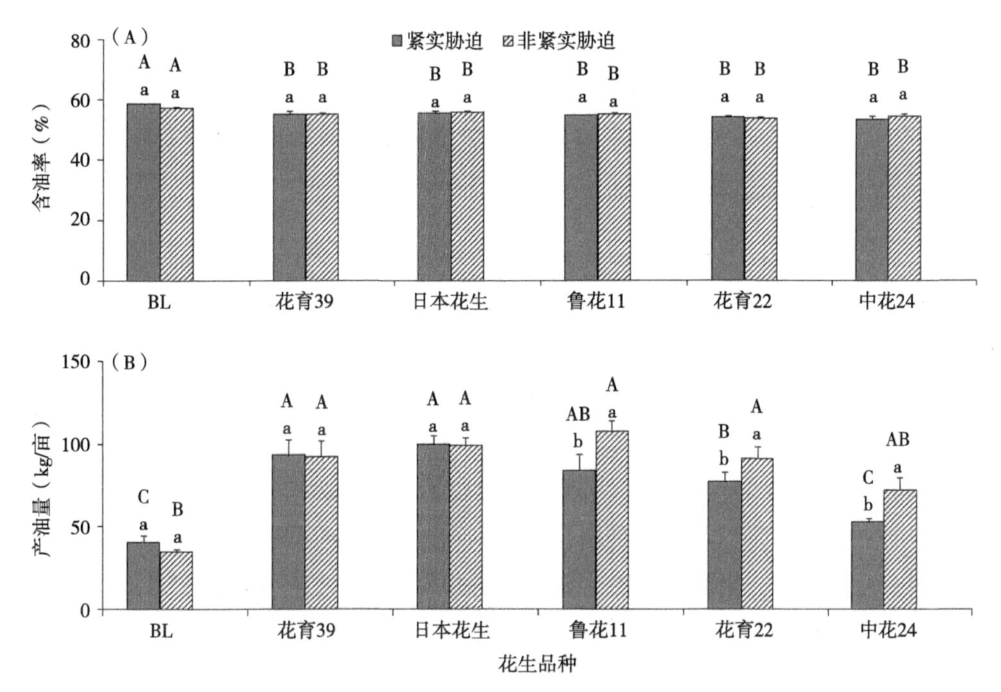

图8-3　不同品种花生含油率及产油量对土壤紧实胁迫的响应差异（刘璇等，2019）

注：不同大写字母表示同一紧实处理不同品种间差异，不同小写字母表示同一品种不同紧实处理间的差异。

（四）不同品种花生根系特性对土壤紧实胁迫的响应差异

土壤紧实胁迫下抑制了根系生长，降低根长度，使根生长量和干重减少，使土壤深层根系数量和比例下降严重（宋自影，2012；崔晓明等，2016）。紧实度过大抑制花生根系IAA、GA3和CTK的生成，严重阻碍了根系的生长、分布以及吸收功能，不利于根系活力活性的提高，同时易造成根系的无氧呼吸，产生大量乙醇和乳酸，引起次生危害（邹晓霞等，2018）。干旱引起的土壤紧实胁迫对花生根系长度存在显著影响，另外，花生品种间也存在较大差异（丁红等，2013）。在干旱引起的紧实胁迫条件下，花育22号单株总根长呈先升后降的趋势；在各生育期，干旱紧实胁迫均会减小花育23号根系长度，随生育期的推进，减小程度逐渐降低，在花针期、结荚期和饱果期较对照分别减小17.3%、10.7%和5.3%。在各生育时期，花育22号花生，干旱条件下根系表面积呈先升后降的趋势，且较花育23号有较强的抗干旱紧实胁迫能力。

（五）不同品种花生叶片及光合特性对土壤紧实胁迫的响应差异

土壤紧实胁迫能降低花生功能叶片叶绿素含量，抑制叶绿体发育，光合效率降低，生长迟缓，导致花生干物质积累少，同时土壤紧实胁迫可诱导植物体内产生对自身生长有害的活性氧，活性氧对植物细胞的膜系统进行氧化，导致膜系统损伤，植物的活性氧产生和清除平衡系统受到影响（张艳艳等，2014；田树飞等，2018；张亚如等，2018）。不同抗紧实胁迫能力花生品种叶片性状有显著差异，抗性强的花生种质的叶片组织结构紧密度、栅栏组织厚度及其与海绵组织厚度比值等参数均较高，这有利于维持体内较高的水分状态；气孔开度较大，利于维持较高的光合作用。抗紧实胁迫强的山花9号等花生品种中SOD、POD和CAT等抗逆性酶活性显著提高，抗氧化能力增强，从而降低MDA的积累，防止氧化伤害。

（六）不同品种花生养分吸收对土壤紧实胁迫的响应差异

花生对养分的吸收需求总体表现为：氮（163～223kg/hm^2）>钾（52.5～67.8kg/hm^2）>钙（33.3～40.7kg/hm^2）>镁（28.2～36.8kg/hm^2）>磷（20.7～27.8kg/hm^2）>铁（2.0～2.5kg/hm^2）>锌（0.13～0.16kg/hm^2）>铜（0.04～0.06kg/hm^2）；荚果中氮、磷吸收量平均占植株总吸收量的80%以上，其次钾、铜、锌为45.8%～67.6%，再次镁为24.2%，而荚果中钙、铁吸收量仅为3.0%～6.9%（沈浦等，2018）。紧实胁迫下，土壤速效养分含量会减少，进一步影响花生养分的吸收利用。不同品种花生养分吸收利用对土壤紧实胁迫的响应存在差异，一般而言，根系扎根能、抗旱能力强等特性明显的品种，花生抗紧实胁迫能力也会加强。根据有关品种筛选结果表明，花生营养及生长发育良好、较为适宜旱薄地生产种植的山花9号、花育33号和丰花3号，相比山花7号、青花5号、丰花1号可能更适宜紧实度较高的土壤。

二、花生抗土壤紧实胁迫的品种鉴定

近年来，一些科研工作者通过不同的技术条件，筛选出一些与抗土壤紧实胁迫相关的品种，这为深入研究花生抗紧实机理、培育农艺性状优良的抗性品种提供基础。参考花生耐酸、抗旱等抗逆境相关研究（黎穗临，2004；禹山林，2008；陈茹艳等，2016），初步建立花生抗紧实胁迫的鉴定方法和评价标准。

（一）花生抗土壤紧实胁迫的鉴定方法

通过研究不同花生品种在盆栽培养和大田试验条件下花生植株形态学特征、生理特性、产量品质性状对土壤紧实胁迫的反应，发现花生大多数性状均可受到土壤紧实胁迫的影响，建立了盆栽和大田调节下人工土壤紧实胁迫的两种处理方法，一是选用质地均匀的沙壤土，在有防雨、浇水、透光等条件的大棚开展盆栽试验，播种前分别设置土壤紧实与非紧实条件；二是在花生田间通过免耕和耕作形成的紧实与非紧实土壤条件，开展不同品种花生的种植试验。花生收获后重点考察单株果数、荚果产量、荚果大小、出仁率、根重量、根系长度、根系体积、株高、分枝数等指标，分析各种性状受土壤紧实胁迫的影响程度的差异，各种性状在土壤紧实胁迫下的平均表现定义为“综合抗紧实系数”，作为综合评价花生抗土壤紧实胁迫的指标，同时确定花生荚果产量对土壤紧实胁迫的响应等级，初步建立的抗土壤紧实胁迫5级评价标准如表8-1所示。

表8-1　花生抗土壤紧实胁迫的评价分级标准（沈浦等，待发表）

等级	花生受紧实胁迫影响程度	类型
Ⅰ级	产量下降10%以内，未达到显著水平	高抗紧实胁迫型
Ⅱ级	产量下降10%～20%	抗紧实胁迫型
Ⅲ级	产量下降20%～30%	中抗紧实胁迫型
Ⅳ级	产量下降30%～50%	敏感型
Ⅴ级	产量下降50%以上	高度敏感型

（二）花生品种抗土壤紧实胁迫的分级结果

根据上述花生抗土壤紧实胁迫的评价标准，对一些不同品种抗土壤紧实胁迫情况进行鉴定（表8-2），结果表明：小花生与大花生抗土壤紧实胁迫的等级有显著差异，3个小花生品种日本花生、花育39、BL在紧实胁迫下产量没有显著下降，仅花育39下降4.0%，因而被鉴定为Ⅰ级，即高抗紧实胁迫型；花育22受土壤紧实胁迫影响，产量下降15.9%，被鉴定为Ⅱ级，即抗紧实胁迫型；鲁花11和中花24两个大花生品种受土壤紧实胁迫，产量下降22.0%～25.9%，被鉴定为Ⅲ级，即中抗紧实胁迫型。

表8-2　不同花生品种抗土壤紧实胁迫的分级结果（沈浦等，待发表）

花生品种	种子大小	受紧实胁迫影响程度	类型	等级
日本花生	小花生	产量基本持平	高抗紧实胁迫型	Ⅰ级
花育39	小花生	产量下降4.0%	高抗紧实胁迫型	Ⅰ级
花生BL	小花生	产量下降0.5%	高抗紧实胁迫型	Ⅰ级
花育22	大花生	产量下降15.9%	抗紧实胁迫型	Ⅱ级
鲁花11	大花生	产量下降22.0%	中抗紧实胁迫型	Ⅲ级
中花24	大花生	产量下降25.9%	中抗紧实胁迫型	Ⅲ级

对花育33大花生品种在不同年份、不同地点响应土壤紧实胁迫的情况进行鉴定（表8-3），结果表明，在同一年份在不同地点的花生受土壤紧实胁迫的影响有显著差异，第一年试验点二受土壤紧实胁迫危害较小，被评价为Ⅱ级，而试验点一和试验点三为Ⅲ级。第二年试验点一和试验点二为Ⅱ级，而试验点三受土壤紧实胁迫的危害加重，被评价为Ⅳ级。同一试验点在不同年份其受土壤紧实胁迫的影响有差异，试验点一和试验点三受年份波动较大，试验点一由第一年的Ⅲ级降到第二年的Ⅱ级，而试验点三由第一年的Ⅲ级升到了Ⅳ级；试验点二两年之间没有显著差异，均维持在Ⅱ级。

表8-3　花育33不同年份不同地点土壤紧实胁迫的分级结果（沈浦等，待发表）

年份	地点	受紧实胁迫影响程度	类型	等级
第一年	望城点	产量下降26.39%	中抗紧实胁迫型	Ⅲ级
	夏甸点	产量下降19.47%	抗紧实胁迫型	Ⅱ级
	齐山点	产量下降26.27%	中抗紧实胁迫型	Ⅲ级
第二年	望城点	产量下降14.25%	抗紧实胁迫型	Ⅱ级
	夏甸点	产量下降19.20%	抗紧实胁迫型	Ⅱ级
	齐山点	产量下降34.78%	敏感型	Ⅳ级

鉴于不同品种（生物学特性存在差异）、不同年份（温度降水存在差异）、不同地点（土壤生态类型存在差异）花生对土壤紧实胁迫的响应存在显著差异，以及一些花生品种对土壤紧实胁迫的响应不敏感，但其产量不高、品质不优，也不能在生产中广泛使用和大面积推广。今后利用各种物理、生理生化和分子遗传等技术，进行花生新资源创制，加强对花生材料的抗紧实性鉴定与评价，发掘筛选抗紧实性花生新种质，为充分利用花生资源，培育高产、优质新品种有重要意义。

总之，根据干旱等非紧实胁迫危害下不同类型花生品种的形态结构和生理生化变化的响应差异，花生种质的抗紧实胁迫能力与花生的植物学类型有关（厉广辉等，2014；谭忠等，2016），中间型抗性系数较高，其次为龙生型，再次为普通型、珍珠豆型，多粒型最低。

第二节　花生抗土壤紧实胁迫的品种选育技术

目前，由品种选育角度探究土壤紧实胁迫对花生生长发育和产量影响的国内外研究还比较少，有关抗紧实胁迫花生新品种的培育进程相对缓慢。针对市场及生产需求，亟须适宜的品种选育技术，有针对性地培育抗土壤紧实胁迫的花生新品种，将对促进花生高质量生产和农民增收有重要意义。现将抗土壤紧实胁迫相关的花生品种选育技术介绍如下。

一、引种

引种是指把外地或国外的新品种、研究用资源材料引入当地，直接用于栽培生产或进行科学研究用，进而促进不同地理起源的物种和人工育成新品种的广泛传播和交流。我国各地区间引种，可以直接用于生产，如山东省选育的伏花生，20世纪60年代开始，先后被各省（市）引进试种并大面积推广利用，全国累计推广面积居所有品种之首，达720万hm^2。20世纪80年代开始，海花1号先后被我国北方地区引种试种，并大面积推广，累计推广面积达467万hm^2，居第二位。为减少引种的盲目性，增强可预见性，应注意以下问题。一是注意各产区选育的花生品种均适应选育地区的生态条件。如长江流域花生产区有着相似的生态条件，区内引种极易成功；又因花生生育期间的温度、降水及种植花生的土壤与东南沿海产区更为接近，所以广东品种引入该区更易成功，如汕油27在江西、湖南、湖北均有种植。二是要注意品种生态型。全国花生品种资源分为耐寒型、砂壤型、耐旱型、黏土型、中间型5个生态类型，每一生态类型品种适应一定的生态条件（白秀峰等，1982）。例如，黏土型品种生育期126～137天，生育期总积温3 147.12℃±263.16℃，对土壤要求不严格，具有耐受黏重土壤的特性。只要生态条件能满足某一生态型品种的要求，引种成功的可能性就大。如我国北方广大地区的生态条件均能满足耐黏型品种的要求，20世纪70年代引入南方育成的该类型品种白沙1016，在北方得以大面积推广。

二、系统育种

系统育种，即利用现有品种群体，选择农艺性状优良的自然变异单株，按株系、品系、品种的系统，逐代进行观察、鉴定、比较，从中选出最好的系统育成新品种。系统育种是从现有品种的自然变异中选择优良变异单株，不需要人为地利用杂交，诱变等其他方法去创造变异，所以，此法简便易行。全国育成推广的花生新品种中，系统育种育成推广的品种占15%以上，例如，山东省育成的伏花生是从地方品种系统自然变异株中系统育种育成的，累计推广面积占全国推广品种之首；广东省育成的粤油116是从粤油551系选育成的，累计推广面积居全国第六位。系统育种方法主要包括单株选种法和混合选种法。

（一）单株选种法

单株选株对象，即自然群体材料，是系统育种成败的关键。例如，广东省育成的狮选64是从地方品种狮头企系选育成的；山东省育成的鲁花10号是从杂交品种花17系选育成的。具体步骤如下。

（1）选株。第1年在花生高产田、原种繁殖田、大面积生产田或育种原始材料圃中进行选株，根据综合性状和目标性状识别是否为优良变异株。

（2）株行比较。第2年选留产量和其他性状好的株行为初选株行，再经室内考种予以决选。

（3）株系比较试验。第3年重点考察各株系的经济性状，如产量性状、品质性状、抗性等，选留表现好的株系。

（4）品系比较试验。第4年进入品系比较，连续进行2年，第2年还可设多点试验，以了解当选品系的适应性和稳产性。由品系比较试验选出的优良品系，即可作为新品种进行生产试验，第6年至第8年申请参加省（大区）花生品种区域试验和生产试验，第9年即可以进行品种审定与推广。

（二）混合选种法

该方法与单选法基本相同，不同的是在株行圃或株系圃将变异性状基本一致的株行或株系进行混合，成为混选系，再与对照品种或其他品系、株系进行比较，选出最优良的混选系。例如，四川南充地区农业科学研究所育成的南充混选1号，是从罗江鸡窝品种中混选育成的，在生产上大面积推广利用。这种方法与良种繁育中的选优提纯标准不同。系统育种是根据育种目标选择具有新变异的优良个体，改进原有品种的缺点，培育成新品种；而良种繁育生产原种则是从现有推广品种中选择具有该品种典型性状的优株，也就是说，所选的全部单株性状，是和原品种相同的"典型"优良单株，是为了提纯复壮原有品种，保持优良品种的优良性状，充分发挥优良品种的增产潜力。

三、杂交育种

杂交育种是通过不同基因型的亲本进行杂交，经基因重组、基因互作和基因累加效应，为杂交后代提供丰富的基因型变异条件，使杂交后代出现不同的变异类型，再通过人工选择，培育成新品种。目前已成为国内外应用最普遍、成效最突出的方法。我国育成、推广的花生新品种，70%以上是通过杂交育种育成的。根据亲本之间亲缘关系的远近将杂交育种分为3种："品种间杂交育种"，如山东省花生研究所育成的花17是用2个普通型品种杂选4号和姜格庄半蔓杂交育成的；"变种间和亚种间杂交育种"，如中国农业科学院油料作物研究所育成的鄂花1号，是用连续开花亚种珍珠豆型变种伏花生与交替开花亚种普通型变种北京大花生杂交育成的；"种间杂交育种"，如通过国家审定的远杂9102，是用白沙1016×*A.chacoense*育成的，远杂9307是用白沙1016×（福青×*A.chacoense*）育成的。

（一）亲本的选择

根据育种目标和品种性状表现，选用适当的亲本，配置合理的组合。其直接关系到杂交后代能否出现好的变异类型和选出好的品种。要选配优良亲本，必须对育种原始材料进行详细的观察研究，掌握一批综合性状和特殊性状优良的亲本，同时研究掌握各性状的遗传规律，尤其是主要性状的一般配合力和特殊配合力等，这样才能较主动地做好亲本选配工作。一般需要注意以下几点。

1.亲本优良或优点突出，主要性状的优缺点能够互补

花生许多重要性状都属数量性状，杂种后代群体各性状的平均值大多介于双亲之间，因此，双亲的平均值大体上可决定杂种后代的表现趋势。如果亲本的优点较多，其后代性状表现的总趋势会较好，出现优良重组类型的机会就较多，双亲的优缺点互补，即亲本一方的优点能有效地克服对方的缺点。

2.亲本中一般要选用一个当地推广品种

当地推广品种，对当地自然、栽培条件有一定的适应性，综合性状也较好，用它作为

亲本之一，是杂交育种成功的希望。

3.选用生态型差异较大、亲缘关系较远的品种或材料作亲本

不同生态类型、不同地理起源和不同亲缘关系的品种或材料，它们的遗传物质基础差异较大，其杂交后代的遗传基础将更为丰富，分离更为多样。除有明显的性状互补作用外，常会出现一些超亲的有利性状。

4.选用一般配合力高的品种或材料作亲本

一般配合力是由亲本品种的累加基因决定的。一般配合力高的品种和材料，与其杂交的所有组合都表现很好。

（二）杂交方式

1.单交

用两个亲本进行杂交。在搭配组合时，一般以对当地条件适应性强，综合性状好的亲本作母本，某些涉及细胞质或母性遗传的性状，选择母本就更重要；以具有某些突出互补性状的亲本作为父本。例如，豫花7号是用适应性强的地方农家品种开封大拖秧作母本，中熟高产品种徐州68-4作父本杂交育成的，克服了母本成熟晚、高产潜力不足的缺点。

2.复交

选用两个以上的亲本进行两次以上的杂交。这种方式，育种进程比单交有所延长。一般做法是先将两个亲本组成单交组合，再将两个单交组合相互配合，或者用某一个单交组合与其他亲本相配合。一般遵循的原则是，综合性状好，适应性和丰产性好的亲本应放在最后一次杂交和占有较大的比重，以增大杂交后代优良性状出现的概率。

3.回交

用两个亲本杂交后，子一代或早期世代，再与双亲之一重复杂交就是回交，可以回交一次或多次。例如山东花生所育成的花生新品种8130，系用（鲁花4号 $\times RP_1$）$F_1 \times RP_1$回交方法育成的。亲本鲁花4号，基本是符合我国传统大花生出口要求的高产品种，但有的籽仁存在种皮裂纹、口味一般等缺点。因此，选用种皮无裂纹、口味甜等优点的RP_1作轮回亲本，克服了鲁花4号的不足之处，育成了比鲁花4号更优良的高产优质出口大花生新品种8130。

（三）杂种后代选择

花生杂种后代处理的方法，国内外主要都是采用系谱法、混合法、派生系统法和“一粒传”混合法等方法。

1.系谱法

也称为多次单株选择法，是国内外花生杂交育种最常用的一种方法。杂交后按组合种

植，从杂种第一次分离世代（即单交F_2、复交F_1）开始选单株，并按单株种成株行，每株行成一个系统（株系），以后各分离世代都在优良系统中继续选择优良单株，继续种成株行，直至选育成整齐一致的稳定优良株系，然后将这个株系混收成为品系，进行产量比较试验，最后育成品种。

2.混合法

按杂交组合混合种植，不进行选择，只淘汰劣株，直到杂种性状基本稳定的世代时，稳定单株数达80%左右（在F_5~F_8代），进行一次性单株选择，进行株系实验，然后选择优良株系进行品比试验鉴定。

3.派生系统法

又称早期世代测定法，在第一次分离世代（单交F_2、复交F_1）进行一次株选，以后各代混播这次入选单株的派生系统（即混合群体）并进行产量和品质等性状的测定作为选系的参考，保留的优良系统不再选株，只淘汰劣株后混收，下年混播，直到主要性状趋于稳定时（F_5~F_8）再进行一次单株选择，下年种成株系，然后选择优良株系进行产量鉴定试验。

4.“一粒传”混合法

从F_2代开始，收获时把同一组合的所有单株都摘一个或几个荚果，混合，供下年种植，直到F_5或F_6选择基本纯合稳定的单株，下年种成株系，再从株系选拔少数优系进入产量鉴定。此外，还有集团混合法、多系品种法、双列选择交配法和聚合杂交法等，在花生育种中均取得一定成效。

四、诱变育种

诱变育种是指用物理、化学因素诱导动植物的遗传特性发生变异，再从变异群体中选择符合育种要求的单株，进而培育成新的品种或种质的育种方法。该技术20世纪60年代初我国才开始利用该技术进行育种，并创制了大量有利用价值的突变体，并育成30多个花生新品种。根据诱变因素的不同可分为物理诱变和化学诱变两类。

（一）诱变处理方法

诱变育种的方法分为4类。

1.外照射

采用外来辐射源对花生的照射。如X射线、γ射线和快中子等，可以处理干种子、湿种子、发芽种子、幼苗、花粉、果针以及植株等。如鲁花7号是用250Gy处理临花1号干种子诱变育成的。

2.内照射

利用放射性同位素，如^{32}磷（^{32}P）、^{35}硫（^{35}S）和^{14}碳（^{14}C）等，配置成溶液进行浸

渍种子或其他组织，或施入土壤使花生吸收，或注射花生茎、叶、花、芽等部位等。如花生品种辐狮是用^{32}P浸渍狮选64种子诱变育成的。

3.激光处理

激光是基于物质受激辐射原理而产生的一种高强度的单色相干光。目前应用于实验的有钕玻璃激光（波长1 060nm）、红宝石激光器（波长694.3nm）氮分子激光器（波长337.1nm）、氦—氧激光器（波长632.8nm）和CO_2激光器（波长10.6μm）。如鲁花11号，系用YAG激光器（波长266nm）聚焦照射（花28×534-211）F_1干种子诱变育成的。

4.化学药剂处理

化学诱变剂的种类很多，主要是一些烷化剂，如甲基磺酸乙脂（EMS）、硫酸二乙酯（DES）、亚硝基乙基脲（NEH）等。例如，鲁花12号是用0.1%EMS处理（伏花生×新成早）F_1果针诱变育成的。

（二）诱变后代的选育

花生诱变育种与常规杂交育种的种植程序和选择方法相似，但也有些要注意的问题。

1.经诱变处理的当代生长的植株称为第一代，以M_1表示

M_1因诱变处理引起生物学损伤，播种后出苗率低，有的存活不结实。因此，处理的种子（或其他部位）相对要多点，并注意选择较好的种植条件和精心管理，以确保M_2代的群体。处理种子等多细胞材料后所生长的植株，由于是个别细胞引起突变形成的组织一般是隐性突变，植株本身是嵌合体，在形态上又不易显露出来，M_1不进行选择。但个别的也出现显性突变，如禹山林等（2002）用γ射线照射花生良种花27干种子，M_1代就出现1株叶脉明显的特异突变体mBq，因此，应注意观察对个别显性突变材料加以选择。

2.第二代（M_2）与第三代（M_3）是诱变处理的主要变异世代，也是选择的主要世代

变异性状有外观性状变异与内在性状变异。田间主要注意外观性状的选择，应特别注意主要经济性状微小的变异。因性状的变异程度有较突出差异，有的是大突变，多数性状不同于原种，出现特异性状或创新性状，有的是微突变，外观性状与原种差不多，但内在品质或产量性状略有变异。

五、生物技术育种

生物技术育种是指通过细胞、组织和器官培养等细胞工程技术或分子水平的技术对生物体进行遗传改良的育种方法。该方法是解决花生栽培种遗传基础狭窄，利用外源优良基因，加速育种进程，提高选择效率，创造新种质的有效手段。

（一）基因工程

一个完整的遗传工程体系通常由3部分构成：一是寻求获得可利用的目的基因或总

DNA，二是将外来遗传物质引入良好受体的转化系统，三是合适的筛选、鉴定转化体的方法。

1.目的基因的分离

从蛋白质、mRNA或DNA出发均可分离基因。最常用的方法是利用其他生物来源的同源核酸探针筛选文库，前提是需要对相关DNA序列有一定程度的了解。尽管现已克隆了若干相关基因，但迄今用于花生遗传转化的目的基因如*CpTI*、*Cry IA*（*c*）、*TSWV-np*等基因均来自其他生物。Sheikh从花生中克隆出编码富含蛋氨酸多肽亚基MRP-2的cDNA，即将用于转化。山东省花生研究所（2001年）已从花生栽培种和野生种*A.glabrata*中克隆出*RS*、*DES*两个基因片段，为获得全长cDNA进而改良花生品质性状创造了条件。

2.外源遗传物质转入受体

国内主要采用不需要组织培养的转化方法，其优点是不依赖于受体基因型，而且容易获得后代种子，包括花萼管注射法、柱头浸滴法、农杆菌介导法、基因枪法等方法。

3.后代鉴定

目前主要进行有限几个基因的遗传转化，后代稳定快，处理起来比较简单。农艺性状选择照常规，但首先要肯定外源基因已整合入受体基因组，了解基因是否表达也是必要的。在转化体初步筛选上，禾谷类植物已建立了利用抗生素或除草剂涂叶或喷叶筛选技术，据报道与分子杂交结果表现出很好的一致性；另外直接PCR技术可能有一定利用价值。

（二）细胞和组织培养

目前，细胞和组织培养在花生品种改良上主要有3个应用领域：胚胎培养、体细胞杂交和细胞突变体筛选。

1.胚胎培养

花生种间杂交不亲和性常常表现为受精延迟和胚败育。国际半干旱热带作物研究所曾利用胚、胚珠培养拯救花生杂交胚，虽获得了杂种苗，但其胚珠仍需培养，不亲和性未得到彻底克服。山东省花生研究所早在20世纪70年代就建立了花生栽培种果针离体培养技术，并于20世纪80年代末培养野生种自交果针和花生栽培种与不亲和野生种*A.glabrata* Benth杂交果针获得成功，在国际上首次获得可育杂种。

2.原生质体培养和体细胞杂交

Li等（1995）运用看护培养法成功地由多年生野生种*A.paraguariensis*原生质体获得再生植株。从细胞悬浮培养物分离原生质体，采用琼脂糖小块法与看护细胞共培养，3周内20%原生质体形成小愈伤组织。愈伤组织转至再生培养基上，2个月内即可产生芽丛。

3.细胞突变体筛选

细胞培养过程中加以诱变处理，诱变数量大，诱变概率高。与处理种子相比，从细胞水平上诱发突变，重复性和稳定性好。

（三）分子标记辅助选择

性状优异的种质、多态性分子标记是开展分子标记辅助选择育种的基础。分子图谱可以为分子标记辅助选择提供便利。利用分子标记辅助选择，如前景选择、背景选择、聚合育种等，可提高育种工作的针对性和效率，但分子标记辅助选择在花生上的应用刚刚起步。美国得克萨斯农工大学从花生栽培种和野生种杂种回交群体中选出了抗根结线虫（*M.arenaria*）材料，鉴定出与之相关的3个RFLP标记，可进行间接选择，已应用于抗线品种选育。分子标记研究的日益深化对于花生遗传改良的意义是极其重大的。

六、新品种的选育程序

为了使整个育种过程更有效更顺利地进行，程序一般分为亲本材料圃、组合与处理圃、选种圃、品系鉴定圃、品种比较试验、品种区域试验和品种登记等程序。

（一）亲本圃

亲本材料包括生产上推广的品种、种质资源以及其他优异材料等。田间种植，依株型顺序排列，每品种（或材料）为一小区，每隔9个小区设一个正在推广的同类型良种做标准种。在生长发育过程中，对每一品种（或材料）的性状与特性，进行必要的观察记载，而对抗紧实、抗旱、耐涝、抗病虫等特性。收获晒干后，除留出一定种子量供第二年育种利用外，余者分别装在密封的容器里保存。

（二）杂交圃

根据每年不同育种方法的要求，从亲本材料圃中，选出所需的亲本搭配组合或进行处理。杂交育种种于杂交圃；生物技术育种，外源DNA导入种于DNA导入材料圃，组织培养种于组培材料圃；诱变育种，种于诱变圃。根据工作需要，也有的将亲本材料种于温室或进行盆栽，也有的在培养皿中培养或进行试管培养等。

（三）选种圃

选种圃主要是将各育种方法获得的后代，一般是从第一代到第四代（有的可能还要高一些世代）在田间种植，根据育种目标，选择优株和优良株系。种植时，各世代均要按组合编号排列，一般行长6m、行距40cm或43cm、穴距17～20cm，单粒播种，并在适当位置上种植对照品种，必要时种植亲本以便比较。试验地要地力均匀，各种栽培措施要一致。各世代所选材料，均应分别单收，并按组合或处理顺序编号，以免混乱。各世代，具体的处理选择方法同杂交育种系谱法。

（四）鉴定圃

主要任务是对采用各种育种方法中选出的品系（株系）进行产量和性状一致性的比

较鉴定，并繁殖优良品系的种子，以供下一步品种比较试验用种。生育期间和收获后，要进行必要的观察记载和测定。个别品系若仍出现分离，还应加以选择，去掉劣株，余下混收，其他品系和对照，分别混合收获晒干，然后称产及考种。经1~2年鉴定，达标的品系便可升入品种比较试验。

（五）品种比较试验

主要任务是对各参试品种的产量、熟性、品质和抗性等进行更详细更全面的试验鉴定。在生育过程中，对各参试品种的长势、抗性和生育期等主要性状进行观察记载；收获时，随机取样考察植株性状和荚果性状等；晒干后计产，并考察籽仁性状，必要时进行内在品质鉴定。最后，根据田间观察、抗性、品质鉴定以及产量表现等，选出最优良的品种参加区域试验。

（六）品种区域试验

我国花生品种区域试验有国家区域试验和省级区域试验。国家花生品种区域试验由国家种子管理机构负责，委托花生专业研究机构主持实施。省级区域试验由省种子管理机构负责。根据地理位置及生态条件国家花生品种区域试验分成3个协作区：北方协作区，包括山东、河北、辽宁、豫东北、晋南、陕南、苏北及皖北等地区，由山东省花生研究所负责组织实施；长江流域协作区，包括四川、贵州、湖北、湖南、赣北、苏南、浙江、皖南及豫南等地区，由中国农业科学院油料作物研究所负责；南方协作区，包括广东、海南、广西、福建、云南、赣南等地区，由广东省农业科学院作物研究所负责。每轮区域试验，在完成一个年度或一轮试验后，要按统一方案规定，各试点将试验结果进行数据统计分析，评定各参试品种（系）的优劣。

（七）品种登记

为了加速花生新品种的不断更新和推广，防止品种多、乱、杂，杜绝“一品多名”，并促进品种区域化布局，经品种区域试验鉴定表现优良的品种，各单位和个人均可按规定程序，申报新品种登记（孙海艳等，2018）。申请花生品种登记，申请者向省级农业主管部门提出品种登记申请，填写《非主要农作物品种登记申请表——花生》，提交相关申请文件；省级书面审定符合要求的，再通知申请者提交种子样品。

第三节　花生抗土壤紧实胁迫的品种资源利用

植物对土壤紧实胁迫表现出的抗逆能力差异与其所属物种不同有关，即使同一物种，其不同品种的基因型也会影响对紧实胁迫能力（Rosolem et al.，2002；Arvidsson et al.，

2014；李毅杰等，2017）。选育抗紧实胁迫花生品种能够有效预防土壤胁迫带来的损失，既经济又有效。然而品种的适应性有地区性，并要求配套的栽培方法，且品种的利用有时间性，因而需要不断地选育出新的品种进行更新，并继续加强所筛选出来的优良抗紧实胁迫的品种资源利用。

一、加强花生品种资源利用，实现抗土壤紧实胁迫的品种目标

高产、优质、抗性强、适应农业机械化是国内外作物育种永恒的重要目标。在品种选育方面，在重视抗土壤紧实胁迫特性的同时，还要结合国内外花生商业对种子品质、特性需求，培育抗土壤紧实胁迫的新品种。

（一）抗性强

新选育的抗紧实胁迫品种的等级要达到Ⅱ级以上，最好是Ⅰ级，即高抗紧实胁迫型，那么花生产量性状等受土壤紧实胁迫影响不显著。另外，我国花生多数种植在没有灌溉条件下的丘陵旱薄地上，花生生育期间，经常遇到贫瘠、干旱或出现涝害。因此，为了获得花生高（丰）产稳产，要选育抗旱、耐瘠、耐涝和兼抗（耐）品种（孙庆芳，2016）。花生抗逆性品种的选育，是保证花生稳产性的重要条件，稳产性与抗逆性密切相关。当前危害花生的病虫害较多，为害比较严重的病害有叶斑病、线虫病、枯萎病、锈病、网斑病、病毒病和黄曲霉等；主要虫害有蚜虫、棉铃虫、蛴螬、地老虎、蓟马、金针虫等。制定育种目标时要由选育单抗品种逐步转变为选育兼抗或多抗品种（黎穗临，2004；廖俊华，2019），这样会更有利于生产和社会发展的要求。

（二）产量高

高产是对花生育种的最基本、最普遍要求。花生高产品种，应该具有合理的株型和良好的光合性能，能充分利用水、肥、光、温和二氧化碳等，高效率地合成光合产物并运转到荚果和籽仁中去，且具有很好的结果性状。

1.株型合理

我国以往对花生种植管理的经验，株型直立、紧凑的品种高产潜力较大（李新国等，2013；彭振英等，2019）。而随着生产管理技术的提高，种植半蔓型花生品种因其适合单粒精播种植，单株产量大，用种量少，其经济效益比直立型花生更高（邢会花等，2019，潘丽娟等，2019）。品种选育还要注意选择根系发达，根瘤较多的品种，这样有利于获得高产稳产。

2.光效高

主要表现为植物进行光合作用时将太阳光转化为化学能而贮存于光合产物中的效率高，对花生来说就是可将更多的光合产物转移到籽仁中去（张玲丽等，2003；魏彤彤，

2013）。总体来说应具备：植株高度适中、茎枝粗壮、抗倒伏、叶片上举、叶色深绿、着生合理、叶型侧立、绿叶保持时间长等；光补偿点低、二氧化碳补偿点低、光呼吸少、光合效率高、光合产物运转率高、对光不敏感等（杨富军等，2013）。

3.结果性状好

主要包括单株结果数、荚果大小、双仁（或多仁）果率、饱果率、荚果整齐度以及出仁率等特性。产量的构成因素包括土壤单位面积的株数和单株生产力。单株结果数多，果大，双/多仁率、饱果率和出仁率，荚果和籽仁整齐度好，单株生产力就高，反之则低。

（三）品质优

花生是我国的传统出口商品，提高花生品质可以不断增强在国际市场的竞争力，因此选育品质优良的花生品种非常重要。花生用途比较多，主要有油用、食用、出口和药用等，不同用途其优质的含义也有所不同。

1.油用

我国过去一段时间80%以上的消费用于榨油，目前虽有明显下降，但仍占50%左右。但花生油品质优良，营养丰富，气味清香，含有人体所必需的脂肪酸——亚油酸，因此选育高含油量的品种，也是花生增产增值的重要方面（董文召等，2004；孙春梅等，2005）。目前生产上推广的品种，一般含油量为50%～52%，选育目标，应该达到55%以上，脂肪酸的组成方面，依不同要求有所侧重，但总的要求是提高不饱和脂肪酸含量。目前，市场上推广的高油酸品种已受到广泛关注。

2.食用

花生种子中蛋白质是极易被人体吸收的优质蛋白源。花生食用方式很多，主要包括鲜食花生（直接食用或煮食）、烘烤花生、咸酥花生、炒食花生和深加工等。鲜食品种要求含糖量5%以上（孙大容，1998），蛋白质30%以上（赵志强等，1996）。烘烤花生、咸酥花生和炒食花生等对质量需求主要包括种皮粉红色，果形细长，果皮相对较厚硬，甜度高。花生深加工专用型品种要求其荚果整齐，双仁率>80%，蛋白质含量>30%，脂肪含量<45%，赖氨酸、色氨酸等氨基酸含量越高越好（张吉民，1989）。

3.外贸出口

随着国际花生市场竞争的加剧与发展，对出口花生的外形与内在品质的要求更高更严，一般指标包括外观美、口味好、耐贮性和安全性高，重金属、黄曲霉毒素的限量不超标。另外，还要注意选育高蛋白质、高氨基酸、高含糖量等品种，以提高市场竞争力。

（四）适于机械化

花生产业的快速稳定发展离不开机械化，在制订育种目标时，逐步加强适宜机械化种植管理和收获脱壳等品种的选育。从收获过程看，需要完成起挖、清土、放铺、晾晒、摘果、剥壳、清选等多个工序。其中，花生起挖、清土环节容易造成鲜湿花生的果柄拉断，导致荚果掉落；田间晾晒后，果柄变脆，更容易掉荚果（胡向涛，2019）。因此，适宜田间机械管理，要选择株型直立紧凑、坚韧不倒的品种，适宜机械收获，要选择结果集中，果柄短不易落果、果壳坚韧的品种，适宜机械脱壳，要选择荚果成熟一致、整齐、籽仁不易破碎的品种等。

此外，根据生产和市场发展的要求，选育早熟花生新品种为主，搭配选育中熟和超早熟品种是花生育种的主攻目标之一。随着市场经济的发展和人民生活水平的提高，市场竞争力度会进一步加大，名优特稀产品必定会长期占市场优势。

二、建立系统性鉴定体系，开展抗紧实胁迫种质资源多样性保护

花生抗土壤紧实胁迫程度评价需要建立一套系统的鉴定体系，目前有关品种抗逆的评价方法主要有大田直接鉴定法、人工控制鉴定法、实验室模拟鉴定法3种。大田直接鉴定法是指在田间正常生长条件下，以自然逆境胁迫条件或通过人为调控，形成不同程度的逆境胁迫，以供试品种的产量、生物量或阶段干物质积累量来鉴定品种的抗逆级别，生产上主要以该方法筛选品种的抗旱性（敬礼恒等，2013；黎裕，1993；郭龙彪和钱前，2003）。人工控制鉴定法是指采取盆栽、池栽、模拟气候箱等种植方式，利用遮雨棚防雨，人工控制造成不同程度的逆境梯度，研究不同生育时期逆境胁迫对物质生产、生理生化特性及产量的影响，进而鉴定不同品种的抗逆性（杨守萍等，2005；王贺正等，2007）。实验室法是指利用添加化学合成物质等模拟花生种子或幼苗受到逆境胁迫，引起一系列生长发育及生理生化变化，用常规栽培条件做对照，考察种子萌发、幼苗生长，或测定相关的形态及生理性状来鉴定品种早期的抗逆性（梁银丽和杨翠玲，1995；张明生等，2001）。虽然前期参考抗旱、耐酸等逆境胁迫鉴定方法，花生抗紧实胁迫仍需要系统化鉴定体系，一方面更加准确地评价花生受土壤紧实胁迫的程度，另一方面还要建立花生早期、中期及后期相适应、相配套的评价方法。

在全国不同土壤类型、地质条件区域进行多年多点鉴定评价，研究不同性状表达程度的分布和变异特征，分析形态性状与分子性状间的相关性，确定花生种质资源性状分级范围，合作制定国家标准和种质资源描述规范，进一步完善国内花生新品种特异性、一致性和稳定性测试标准。当前，有一些科研工作者对已有花生资源、种子通过田间直接实验筛选确定出一些抗紧实胁迫和其他抗逆性强的种质。刘璇等（2019）以花生抗紧实胁迫状况，比较了不同花生品种产量及品质状况，分析得出日本花生、花育39等小花生对紧实胁迫不敏感，同时花生产量较高、含油率较高的品种；而鲁花11、中花24、花育22等大花生品种对土壤紧实胁迫响应相对较为敏感。这些鉴定出来的品种，进一步完善了国家花生资源数据库。

今后，应从研究这些花生种质资源核心种质入手，制定并验证核心种质分层构建指

标，构建抗紧实花生核心种质，并用于抗紧实相关资源引进与保护中。根据综合农艺性状和抗紧实特性的地理分布（陈剑洪等，2013），以及抗性反应酶、SSR多样性和基因表达的时空变化特点，明确重点引进地区与目标，收集引进或有针对性地创制花生新种质资源。然后，根据各种质、品种特性，建立繁殖更新程序，保证花生抗紧实种质的遗传完整性，从而形成系统化的多样性保护技术。

三、发掘新基因新资源，建立花生抗紧实资源共享平台

选育优良品种，不仅需要明确的育种目标，适当的方法措施，还必须有丰富的育种资源，即基因资源。基因资源是人类的宝贵财富，是选育优良品种的物质基础，无论常规育种，还是诱变育种，甚至遗传工程，都离不开基因资源。基因资源越丰富，越能满足育种目标的需求，选育出所期望的品种（梁能，1979；王晓宇等，2009；邹养军等，2007）对于花生来说，利用已鉴定的抗紧实花生种质，通过多点多年田间实验，借助现代分子生物学技术，发掘抗紧实胁迫相关基因、蛋白质酶或分子标记，对于理解花生抗紧实胁迫分子遗传机制，指导花生抗紧实胁迫育种具有极大的帮助。

抗紧实胁迫是受多基因控制的数量性状，与基因型、农艺性状及生理生化性状密切相关，而产量的形成就是植株整体生理生态机制对紧实响应的结果。结合国内外花生抗逆有关分子机制研究，可以推测与抗紧实胁迫相关的基因，包括抗氧化保护剂（SOD、POD、CAT、抗坏血酸过氧化物酶、谷胱甘肽过氧化物酶、单脱氢抗坏血酸还原酶、脱氢抗坏血酸还原酶、谷胱甘肽还原酶等）、分子伴侣（晚期胚胎发生丰富蛋白，水通道蛋白等）、转录因子（AP2/EREBP、MYB、bZIP、NAC）以及蛋白激酶类信号因子（受体蛋白激酶、促分裂原活化蛋白激酶、核糖体蛋白激酶、转录调控蛋白激酶、钙依赖而钙调素不依赖的蛋白激酶等）等（韩丽等，2009；王凯悦等，2019）。利用这些已知和新开发的基因资源，通过有效应用作物基因和基因组新知识，以及对基因的控制和表达，来提高花生抗紧实改良效率，为培育优良品种奠定了基础。另外，我们还需要加强对花生抗紧实相关基因资源及信息的管理，开发高效的基因资源和信息的收集、评估和管理方法，从而为快速、有效地利用基因资源指导抗性育种建立平台基础。

我国是全球生产花生消费和生产最多的国家，2018年，我国花生种植面积达到6 930万亩，总产1 733万t以上，占全球花生总产的40%以上（刘芳等，2019），在油料方面具有重要经济效益。由于我国耕作模式和土壤自然条件的问题，我国广大花生种植区，花生均受到不同程度的紧实胁迫。国内外研究指出，土壤过度疏松或紧实，都可造成作物减产，其减幅可达10%～30%（贺明荣等，2004；刘晚苟等，2002）。花生抗紧实胁迫新品种、新资源的筛选、利用，建立花生抗紧实胁迫资源共享平台并开展相关信息的共享，对于提高种植户的收益、提高社会经济效益具有重要意义。

参考文献

白秀峰，栾文琪，朱忠学，1982. 花生品种资源生态分类及引种规律的研究[J]. 山东农业科学（4）：24-29.
陈剑洪，郭陞垚，肖宇，等，2013. 花生抗旱耐瘠品种筛选试验[J]. 中国农学通报，29（36）：119-124.
陈茹艳，郭陞垚，施爱玲，等，2016. 福建新育花生品种鉴定及产量与性状的相关分析[J]. 南方农业学报，47（10）：1 664-1 670.
崔晓明，张亚如，张晓军，等，2016. 土壤紧实度对花生根系生长和活性变化的影响[J]. 华北农学报，31（6）：131-136.
党现什，2018. 不同粒型花生品种养分吸收分配及产量品质形成规律研究[D]. 沈阳：沈阳农业大学.
丁红，张智猛，戴良香，等，2013. 干旱胁迫对花生生育中后期根系生长特征的影响[J]. 中国生态农业学报，21（12）：1 477-1 483.
董文召，汤丰收，张新友，2004. 花生育种目标的市场诱导创新因素[J]. 中国农学通报（3）：97-99.
郭龙彪，钱前，2003. 栽培稻抗旱性的田间评价方法[J]. 中国稻米（2）：26-27.
韩丽，李春雷，吴文静，等，2009. 花生抗旱育种研究进展[J]. 现代农业科技（24）：13-14.
贺明荣，王振林，2004. 土壤紧实度变化对小麦籽粒产量和品质的影响[J]. 西北植物学报（4）：649-654.
胡向涛，2019. 花生机械化收获特点及收获机械市场现状和发展趋势[J]. 农业机械（10）：97-101.
敬礼恒，刘利成，梅坤，等，2013. 水稻抗旱性能鉴定方法及评价指标研究进展[J]. 中国农学通报，29（12）：1-5.
黎穗临，2004. 花生种质资源及抗性鉴定对广东花生育种的基础作用[J]. 广东农业科学（S1）：54-56.
黎裕，1993. 作物抗旱鉴定方法与指标研究[J]. 干旱地区农业研究，11（1）：91-99.
李景，吴会军，武雪萍，等，2014. 长期不同耕作措施对土壤团聚体特征及微生物多样性的影响[J]. 应用生态学报，25（8）：2 341-2 348.
李新国，郭峰，万书波，2013. 高产花生理想株型的研究[J]. 花生学报，42（3）：23-26.
李毅杰，梁强，董文斌，等，2017. 土壤压实对宿根甘蔗出苗及根系形成的影响[J]. 西南农业学报，30（9）：2 041-2 047.
厉广辉，张昆，刘风珍，等，2014. 不同抗旱性花生品种的叶片形态及生理特性[J]. 中国农业科学，47（4）：644-654.
梁能，1979. 作物基因资源在育种上的利用[J]. 广东农业科学（4）：19-22.
梁银丽，杨翠玲，1995. 不同抗旱型小麦根系形态与生理特性对渗透胁迫的反应[J]. 西北农业学报，4（4）：31-36.
廖俊华，何泽民，敬昱霖，等，2019. 花生晚斑病抗性育种研究进展[J]. 中国油料作物学报，41（6）：961-974.
刘芳，张哲，王积军，2019. 推动高油酸花生产业发展助力结构调整质量兴农[J]. 中国农技推广，35（11）：14-16.
刘晚苟，山仑，邓西平，2002. 不同土壤水分条件下土壤容重对玉米根系生长的影响[J]. 西北植物学报（4）：107-114.
刘璇，许婷婷，沈浦，等，2019. 不同品种花生产量与品质对耕作方式的响应特征[J]. 山东农业科学，51（9）：144-150.
潘丽娟，王通，韩鹏，等，2019. 高油酸新品种花育917在花生主产区的展示试验[J]. 花生学报，2019，48（1）：62-65.
彭振英，单雷，张智猛，等，2019. 花生株型与高产[J]. 花生学报，48（2）：69-72.

沈浦，冯昊，罗盛，等，2015. 油料作物对土壤紧实胁迫响应研究进展[J]. 山东农业科学（12）：111-114.
沈浦，吴正锋，郑亚萍，等，2018. 不同耕作方式下花生必需营养元素的吸收特征[C]//中国作物学会油料作物专业委员会第八次会员代表大会暨学术年会·中国作物学会油料作物专业委员会第八次会员代表大会暨学术年会综述与摘要集. 北京：中国作物学会：241.
石彦琴，陈源泉，隋鹏，等，2010. 农田土壤紧实的发生、影响及其改良[J]. 生态学杂志，29（10）：2 057-2 064.
司贤宗，张翔，毛家伟，等，2016. 耕作方式与秸秆覆盖对花生产量和品质的影响[J]. 中国油料作物学报，38（3）：350-354.
宋自影，2012. 植物根系生长对土壤内部压力的试验研究[D]. 杨凌：西北农林科技大学.
孙春梅，李绍伟，任丽，等，2005. 花生品种品质分析及品质育种方向[J]. 安徽农业科学（11）：2 005-2 006.
孙大容，1998. 花生育种学[M]. 北京：中国农业出版社.
孙海艳，陈应志，史梦雅，等，2018. 非主要农作物品种登记管理[J]. 中国种业（4）：31-33.
孙庆芳，2016. 花生种质资源抗旱性和叶片抗旱性状的研究[D]. 泰安：山东农业大学.
谭忠，张李娜，张明红，2016. 沂蒙地区丘陵花生新品种筛选试验[J]. 现代农业科技（23）：42-43.
田树飞，刘兆娜，邹晓霞，等，2018. 土壤紧实度对花生光合与衰老特性和产量的影响[J]. 花生学报，47（3）：40-46.
万书波，2008. 花生品种改良与高产优质栽培[M]. 北京：中国农业出版社.
王贺正，李艳，马均，等，2007. 水稻苗期抗旱性指标的筛选[J]. 作物学报，33（9）：1 523-1 529.
王凯，吴正锋，郑亚萍，等，2018. 我国花生优质高效栽培技术研究进展与展望[J]. 山东农业科学，50（12）：138-143.
王凯悦，陈芳泉，黄五星，2019. 植物干旱胁迫响应机制研究进展[J]. 中国农业科技导报，21（2）：19-25.
王晓宇，陈志谊，2009. 抗病转基因育种中基因资源的应用与研究进展[J]. 西北植物学报，29（12）：2 576-2 581.
魏彤彤，2013. 两种品质类型花生生理特性差异研究[D]. 泰安：山东农业大学.
邢会花，禹山林，蒋学杰，2019. 新型高油酸花生“花育917”高产栽培技术[J]. 特种经济动植物，22（7）：16-17.
杨富军，赵长星，闫萌萌，等，2013. 栽培方式对夏直播花生叶片光合特性及产量的影响[J]. 应用生态学报（3）：747-752.
杨守萍，陈加敏，刘莹，等，2005. 大豆苗期耐旱性与根系性状的鉴定和分析[J]. 大豆科学，24（3）：176-182.
杨晓娟，李春俭，2008. 机械压实对土壤质量、作物生长、土壤生物及环境的影响[J]. 中国农业科学，41（7）：2 008-2 015.
禹山林，2008. 中国花生品种及其系谱[M]. 上海：上海科学技术出版社.
禹山林，闵平，栾文琪，等，2002. 花生辐射突变体质量性状遗传[J]. 花生学报，31（3）：6-10.
张吉民，1989. 美国的花生加工和利用[J]. 世界农业（1）：54-56.
张佳蕾，2013. 不同品质类型花生品质形成差异的机理与调控[D]. 泰安：山东农业大学.
张玲丽，王辉，孙道杰，等，2003. 两种不同穗型小麦品种光合生理特性研究[J]. 西北农林科技大学学报：自然科学版（3）：51-53.
张明生，谈锋，张启堂，2001. 快速鉴定甘薯品种抗旱性的生理指标及方法的筛选[J]. 中国农业科学，34（3）：260-265.
张亚如，侯凯旋，崔洁亚，等，2018. 不同土层土壤容重组合对花生光合特性和干物质积累的影响[J]. 山东农业科学，50（6）：101-106.
张艳艳，陈建生，张利民，2014. 不同种植方式对花生叶片光合特性、干物质积累与分配及产量的影响[J]. 花生学报，43（1）：39-43.
张智猛，万书波，戴良香，等，2011. 不同花生品种对干旱胁迫的响应[J]. 中国生态农业学报，19（3）：631-638.
赵志强，万书波，束春德，等，1996. 花生的食品加工与综合利用[M]. 北京：中国轻工业出版社.
邹晓霞，张晓军，王铭伦，等，2018. 土壤容重对花生根系生长性状和内源激素含量的影响[J]. 植物生理学报（6）：1 130-1 136.
邹养军，马锋旺，韩明玉，等，2007. 土壤紧实胁迫与植物抗胁迫响应机理研究进展[J]. 干旱地区农业研究（6）：212-215，236.
LI Z，王传崇，1995. 应用看护培养法由*Arachis paraguariensis*原生质体高效再生植株[J]. 国外农学：油料作物，2：1-4.
ARVIDSSON J，HÅKANSSON I，2014. Response of different crops to soil compaction—Short-term effects in Swedish field experiments[J]. Soil and Tillage Research，138，56-63.
LESKOVAR D，OTHMAN Y，DONG X，2016. Strip tillage improves soil biological activity，fruit yield and sugar content of triploid watermelon[J]. Soil and Tillage Research，163（11）：266-273.
ROSOLEM C A，FOLONI J S S，TIRITAN C S，2002. Root growth and nutrient accumulation in cover crops as affected by soil compaction[J]. Soil Tillage Research，65，109-115.

第九章　新型高效抗土壤紧实胁迫栽培技术应用前景

在掌握土壤紧实胁迫下花生生长发育规律及其环境条件关系、有关调节控制措施基础上，通过栽培管理、生长调控和优化决策等途径，改进利用新型高效的单项及综合栽培技术，对于提高花生产品的数量和质量、降低生产成本、提高劳动效率和经济效益等方面，具有重要意义和广阔前景。

第一节　新型土壤疏松机械使用技术

长期以来我国土地耕作方式以铧式犁耕为主，随着土地的利用时间增长和土壤熟化，导致土壤的颗粒结构遭到了严重的破坏，保墒能力下降，土壤板结现象严重。开发和选用新型土壤疏松机械，实施土壤疏松整地作业，能有效地疏松土壤结构，由于只松土而不翻土，不仅使坚硬的犁底层得到了疏松，又使耕作层的肥力和水分得到了保持，建立了松紧适宜的生长环境，改善了土壤的理化性质，促进农作物的生长发育，提高了粮食产量，并具有一定的抗旱保墒、减少水蚀风蚀的作用。

一、新型土壤疏松机械概述

（一）土壤疏松机械的发展情况

从20世纪60年代初我国开始进行土壤疏松机械相关的研究。很多高校、研究院所以及农场等单位做了大量工作，在深松机具的设计和生产方面取得进展。

王文婷（2017）开展了1LH-350型深松机的研制工作，深松机主要由机架、悬挂装置、铲柄、铲尖、碎土耙片及其固定装置等构成。深松铲的侧翼可扩大土壤底层的松土范围，使土壤内部形成较明显的分层，在不翻动土壤的前提下，提高了土壤内部的疏松度，从而提高土壤的透气性及蓄水保墒能力，但加大了工作阻力。通过对深松铲进行合理设计，经田间试验证明，在耕深一定、土壤状况相同的情况下，该深松铲的耕作阻力明显小于同类产品，非常适合黑龙江地区使用。碎土耙片合理选用及布局，使表层土壤的碎土效果明显增强，能够达到播种要求。该机具是大马力拖拉机理想配套机具之一，可提高大马力拖拉机的利用率和工作范围。

沈景新等（2020）设计了一种具有深松深度检测功能的智能深松整地联合作业机，在虚拟建模和需求分析的基础上，完成整机和关键部件结构和参数的设计。采用元线设计法对深松铲柄的曲线进行优化，获得深松铲铲柄的外形曲线，设计了侧曲深松铲；优化旋耕刀的排列方式，降低旋耕刀辊的缠草程度；采用波纹齿辊式镇压机构，对表层土壤进行压实，最大程度减少土壤失墒；建立深松深度监控模型和深松深度滤波算法，并通过试验分析了深松深度监控模型的准确性。大田试验表明该机具能够实现土壤的全方位深松，深松深度25～50cm可调，作业时不打乱土层、不翻土；设计的旋耕装置能够细碎、疏松中上层土壤，形成有利于播种作业的土壤结构；整机作业速度为4.5km/h的作业速度时，深松深度测量误差最大为4.4%。该机具一次下地即可实现深松、旋耕、镇压及深松深度实时监测等功能，作业后地表平整，满足我国北方地区深松整地技术的要求。

李传峰等（2018）根据新疆地区的农艺要求，设计研发了JZ01-4800型联合整地机。结果表明各田块的碎土率分别为93.18%、96.38%、97.53%，土壤平整度分别为0.49cm、0.41cm、0.35cm。该机能够满足新疆地区播前整地的技术要求，且可有效解决现有整地耙组存在越障能力差、耙片易磨损及损坏等问题，对于减少人力、物力资源的浪费，以及少耕区域的二次补耕具有较大的经济意义和社会意义。

吕振邦（2013）设计了一种空间曲面式深松部件以及多功能深松整地机，整个深松部件主要由3部分组成，分别为铲柄上部、铲柄和铲尖。深松铲耕幅宽度为150～180mm，刀片厚度为25～30mm。空间曲面式深松部件的深松性能较好，深度稳定性分别为98.89%、99.57%、99.45%和98.97%，均符合国标的规定。

郑侃（2018）设计了一种深松、旋耕作业次序可调节的联合作业机，其深松铲采用折线破土刃深松铲。田间试验表明优化后深松旋耕、旋耕深松作业次序的联合作业机，比优化前振动加速度分别降低29.62%和35.83%、作业功耗分别降低14.21%和15%，同时防缠效果明显。联合作业机作业后的地表平整度、土壤膨松度、植被覆盖率、碎土率及耕深相关测试均满足国标要求。经对玉米产量分析得出，深松旋耕联合作业次序处理、旋耕深松联合作业次序处理玉米产量高于单一深松处理。

针对拖拉机耕作难以实现深耕深松和长期过量使用化肥农药导致的土壤板结、地力下降等突出问题，广西壮族自治区农业科学院发明了粉垄耕作技术，并联合企业开发了新型粉垄深耕深松机（Wei et al.，2017）。粉垄耕作技术深耕又深松，不改变土层，而且活化调动尚未充分利用的深层土壤资源，促进光温水气等资源的高效利用。粉垄机械带动螺旋形钻头垂直入土深旋耕，一次性可根据作物种植需求进行深度深垦深松，耕作层比拖拉机耕作加深一倍或一倍以上，且不扰乱土层；螺旋形钻头高速切割土壤时，产生瞬间高温，加上旋磨过程中的空气氧气快速进入以及土壤酶的作用，土壤中的氮磷钾及其他矿物元素得以释放，养分有效性增加10%～30%，如此一来土壤中氧气充沛，更有利于好氧微生物的活动，促进肥料利用率的提高。

（二）不同类型深松机介绍

深松机是一种与大马力拖拉机配套使用的耕作机械，主要用于行间或全方位的深层土壤耕作的机械化翻整，是疏松土壤的主要机具类型。使用深松机作业有利于改善土壤耕层结构，打破犁底层，提高土壤蓄水保墒的能力，促进粮食增长。国内外对深松机具进行了常年的研究，且研究已经相当完善。目前，国外新型的土壤深松机具主要有侧弯刀式深松机、振动式深松机和深松整地联合作业机等，一般与大功率拖拉机相配套，其特点是深松深度大、作业速度快，适用于全面深松。

侧弯刀式深松机有40°～50°的倾角和抛物曲线形状，前进时刀体使土里自然破碎并下落到松土刀后方，不打乱土层。侧弯深松刀入土位置可以避开播种行，有益于提高播种质量；不同偏斜方向深松刀的相对位置和深松刀之间的间距可调，用以调整松土位置和松土范围。作业后细土层和作物残茬保留在上面，从而降低了土壤流失、侵蚀的风险。法国GREGOIRE-BESSON公司的HELIOS-LM-900深松机，是其中代表类型之一，其特种钢材制造的薄壁深松齿，深松效果均匀，不混乱上下土层结构，作业阻力小，牵引动力消耗少，工作效率高。弯刀型深松齿在土壤中通过时，形成一个波浪效应，使得整个工作深度上的土壤形成开裂，但在土壤表面不留深刻痕迹，不会将板结土块弄上来。采用直齿羽翼式深松齿，下面配置的宽大羽翼板，增强深松效果，并且有效切割上季作物根系。配备全悬固定式/弯刀式深松齿LM，作业深度45cm，并且可以选配限深轮、后置设备（鼠笼式整平辊、双排缺口耙片、双排波状耙片）等。

振动式深松机有一个与拖拉机动力输出轴连接的传动曲轴，它能使振动杠杆牵引臂带动深松机振动，作业时振动能有效减少牵引阻力，改善作业效果。振动式深松机日本研究较早，技术先进。其中代表机型是日本川边农研产业株式会社开发生产的SVS-60型多功能振动式机械。该机是日本独家生产的专利，处于世界领先水平，主要由万向轴、振动源、松耕铲、减振器、机架等组成，关键技术为振动源和“L”形松耕铲。作业时机具产生一定频率的振动，使土壤疏松，从而达到减少阻力的目的。SVS-60型多功能振动式机械结构简单、紧凑，安装使用方便，使用成本低，功能多并且可以节省能源，最大入土深度为70cm。

深松整地联合作业机一次进地即可完成深松、整地、施肥、播种等多项作业，既可保证深松作业效果，还可完成其他田间作业环节。目前，国外主要的联合作业机有两种常见的模式，一类是由深松部件与其他工作部件组成的整体式联合耕作机具，如美国的深松整地联合作业机，配置圆盘耙片、浅松铲、深松铲、合墒圆盘和碎土平整辊等多种部件，一次即可完成耙茬、浅松、深松合墒、平整压实等工序的联合作业。其代表产品为约翰迪尔2730联合整地机。另一类是由深松机与其他机具组成的组合式联合作业机具。例如德国的深松机与圆盘犁组成的深松—浅翻联合作业机具，深松机与圆盘耙或动力耙组成的深松—整地联合作业机具，深松机与播种机组成的深松播种联合作业机具，代表产品有德国雷肯（LEMKEN）公司的Smaragd联合整地机，卡拉特Karat9KU多功能整地机。

（三）现阶段深松机械应用情况

当前我国研制的深松机械包括凿式深松机、可调翼铲式深松机、振动式深松机以及深松整地联合作业机等，多种类别的深松机械共同推动了农业的发展。不同深松机具因结构特点不一，作业性能也有一定差异，适用土壤及耕地类型也有一定的变化。目前我国土壤疏松机械生产厂家有很多，正处于高速发展状态，最新整地机械主要有以下型号。

1.大华宝来公司深松机械

大华宝来1S-460型深松机，配套动力154.4～191.1kW，工作幅宽460cm，深松铲采用特种弧面倒梯形设计，作业时不打乱土层、不翻土，实现全方位深松，松后地表平整，保持植被的完整性，经过重型镇压辊镇压提高保墒效果，可最大程度地减少土壤失墒，更利于免耕播种作业。

大华宝来1SZL-420型深松整地联合作业机，配套动力154.4～191.1kW，工作幅宽420cm，采用可调行距的框架结构和高隙加强铲座，适用于不同质地及有大量秸秆覆盖的土壤。根据配套动力还可选择小、中、大三种深松铲，适宜深松深度为25～50cm。深松与旋耕整地工作深度可独立调节，也可更换免耕播种、起垄等机具进行深松联合作业，减免机组多次进地。重型镇压辊与新式可调整刮泥板组合，保证镇压质量的同时，还起到承重机具作用，以此提高作业效率。

2.东方红公司深松机械

东方红1S-350型翼铲式深松机，标配7组翼铲式深松部件，完美配套130～280马力①拖拉机；铲尖采用特殊材料和热处理工艺，双面可耕作超过4 000亩；四组翼铲安装位置，可根据配套动力及耕作需求调整翼铲安装位置，以获得最佳耕作效益；紧固螺栓均采用8.8级以上高强度螺栓，细节处彰显品质。

东方红1SZL-250联合整地机，该机结构合理，性能优越，整机技术处于世界先进水平。可以实现深松、碎土、平整土地等功能，是实现保护性耕作的理想机具。主要特点：该机配有两排独立的圆盘犁片，起到打碎土壤并将土壤翻转的作用。该机后部配有压辊，具有碎土及平整土地的作用。前后深松腿采用安全螺栓保持装置，当碰到土壤中的石块、树根等障碍物时，有自动保护功能。该机配有液压保护装置，可双重保护各关键零部件。该机配置纵向液压折叠装置，运输方便、可靠。

3.开元刀神公司深松机械

开元刀神1S-300全方位深松机，配套功率125马力，工作幅宽300cm，连接形式为悬挂式，可以对土壤进行全方位的深松、打破多年浅耕形成的犁底层，彻底解决耕地板结问题，改善土壤耕层结构，提高土壤的蓄水保墒能力和土地的透气性，减少水肥流失，促进农作物根系发达，加强农作物抗倒伏能力，增加农作物的产量。

---

① 1马力≈0.735kW。全书同

开元刀神1SZL-300深松整地联合作业机，可以深松、旋耕，镇压一次完成；节约动力，提高机具效率，减少拖拉机碾压次数，有利于保护土地。其中耕幅3m以上的深松整地联合作业机是为了适用于大地块作业，由大马力拖拉机悬挂进行操作，可大大提高作业效率，是在普通深松机基础上进行框架加强等工艺改进生产的。

4.雷沃公司深松机械

雷沃ISSH-270深松机，配套功率119马力，工作幅宽270cm，全方位深松作业，打破犁底层，上下土层基本不乱，属保护性耕作。采用机器人焊接，定位精准，焊缝质量好，强度高，坚固耐用。耐磨深松铲的铲柄、铲尖采用28MnB5耐磨材料制作，使用寿命长。框架采用龙门框架式立体机架。

雷沃GS3050深松联合整地机，主要技术特点：加强型整体机架，贯穿式横梁，结构强度高；采用机器人自动焊接，焊缝高度一致，焊接强度高；铲尖、翼铲由特殊耐磨材料制作，经久耐用；深松单元设有安全螺栓，机具作业更安全；铲尖、翼匀、铲柄均可单独更换，维修更方便；深松单元采用凿型铲翼式结构组合，单铲幅宽可达26cm，深度可达33cm。翼铲高度可调，可满足不同耕作需求；传动轴工作夹角小，故障率低，传动更稳定；整机入土角度优化设计，可调限深机构，作业稳定、耕深稳定性90.6%以上。

5.亚澳公司深松机械

亚澳1GZN-420深松起垄联合耕整机。是由拖拉机后动力输出轴驱动的一种三点悬挂式耕整地机具，可与60~180马力级多种型号拖拉机配套。该机用于未耕地或已耕地上的耕整作业，一次近地可完成深松、施耕、起垄、灭茬等多项作业的综合效果。

二、新型土壤疏松机械操作要点

（一）深松机使用前准备工作

随着农业机械的不断扩大以及农机深松技术的推广，深松机械保有量不断增加，掌握新型疏松土壤机具的使用操作方法是确保深松高效优质作业的前提。在操作深松机前，农机手应当仔细阅读操作守则，熟悉深松机的性能，了解其结构和各个操作点的调整方法。在深松机工作前，必须检查各部件是否齐全，有无变形或损坏，各调整机构是否灵活，各螺母是否紧固。特别是链接螺栓、易损件等部位，以免在操作中出现螺栓松动的现象，发现易损部位磨损较为严重时应当先更换再操作。

（二）深松机运作时操作要点

在深松机启动时，拖拉机应当低速行驶，要注意先要缓慢结合离合器，使深松机的铲柱和翼铲慢慢插入土内，再缓慢加大油门，不要刚刚起步就快速进行机器入土的操作。作业过程中应当进行匀速、直线行驶，使深松机在耕作时能够保持间隔距离得以一致。在深松机作业过程中，不允许进行各项调整。作业一段时间后要进行检查，如发现不正常现象，应当立即将发动机熄火，进行检查，排除故障后方可继续工作。深松机作业结束后，应将深松机降落到地上，不可悬挂停放，应及时清除深松机上的泥土、杂草，检查零件有无损缺。

在进行深松作业时，不要急转弯，以避免在急转弯时由于重力挤压导致零件的损害。在不同田间耕作转移时，若距离较远则应拆下深松机万向节，或者是将锁紧装置和旋耕机固定于某个位置上，以确保旋耕机不掉落。在作业中还应对深松机进行适当调整，使深松机能够根据不同的耕地土壤情况进行作业。深松机在作业时，未提升机具前机组不得转弯和倒退。在机组进入作业之前，应将深松机调整到正确的工作状态。

在深松机使用前，要进行调整使深松机能够根据不同的耕地土壤情况进行作业。纵向调整时可以将深松机的悬挂装置与拖拉机的上下拉杆相连接，通过调整拖拉机的上拉杆（中央拉杆长度）和悬挂板孔位，使得深松机在入土时有3°～5°的倾角，到达预定耕深后应使深松机前后保持水平，使松土深度一致。深度调整时，可以改变限深轮距深松铲尖部的相对高度。调整拖拉机后悬挂左右拉杆，使深松机左右两侧处于同一水平高度，调整好后锁紧左右拉杆，这样才能保证深松机工作时左右入土一致，左右工作深度一致。

（三）注意事项

使用土壤深松机时要注意以下事项。

（1）深松机须有专人负责维护使用，熟悉深松机的性能，了解机器的结构及各个操作点的调整方法和使用。

（2）深松机工作前，必须检查各部位的连接螺栓，不得有松动现象。检查各部位润滑油，不够应及时添加。检查易损件的磨损情况。

（3）深松作业中，要使深松间隔距离保持一致。作业应保持匀速直线行驶。

（4）作业时应保证不重松、不漏松、不拖堆。

（5）作业时应随时检查作业情况，发现机具有堵塞应及时清理。

（6）机器在作业过程中如出现异常响声，应及时停止作业，待查明原因解决后再继续进行作业。

（7）机器在工作时，发现有坚硬和阻力激增的情况时，应立即停止作业，排除不良状况后再进行操作。

（8）为了保证深松机的使用寿命，在机器入土与出土时应缓慢进行，不要对其强行操作。

（9）设备作业一段时间，应进行一次全面检查，发现故障及时修理。

三、新型土壤疏松机械的应用前景

农田是开展农业生产的基础，土壤是农业生产的基础，土壤耕层结构直接关系到农作物的高产稳产。自然土壤经过人类长期的耕作以及其他因素的作用形成了农业耕作的土壤。由于近些年来，人们以旋耕为主整备土壤，长期使用此种方法，使土壤结构紧实，土壤质量下降。土壤紧实是目前农业生产的重要威胁之一，是影响土壤理化性质及农田作物生长的重要限制因素之一。土壤紧实度是一个合成指标，主要由土壤摩擦力、抗剪力和压缩力等构成，也可用土壤穿透阻力或土壤硬度表示，可以用来衡量土壤抵抗外力的压实和破碎能力。

土壤紧实对土壤有很多负面的影响，例如增加土壤容重、降低孔隙度、使根系在土壤中的生长受阻。土壤紧实也会以直接或间接方式影响作物的健康生长，且涉及的利用机理比较复杂。土壤紧实影响作物对养分的吸收，从而导致土壤化学性质产生变化。土壤过分紧实，也会影响微生物活动。要提高农业种植物产量就必须改善土壤结构，疏松土壤。深松机是耕地机具中的重要工具，可以改善耕层较浅的土壤，打破犁低层，使土壤变得疏松，还可以对耕地局部松土，使耕层结构得以优化。

农业部（现农业农村部）2016年发布的《农业综合开发区域生态循环农业项目指引（2017—2020年）》中，在农田保育设施条目中，明确提到了推广土壤深耕、覆盖免耕、有机无机肥料配合应用等技术，改善土壤环境，丰富土壤生物多样性，提升土壤微生态功能。农业农村部办公厅也印发了《全国农机深松整地作业实施规划（2016—2020年）》（以下简称《规划》）的通知，要求各省、自治区、直辖市及计划单列市农业、农机局（厅、委、办），新疆生产建设兵团农业局，黑龙江省农垦总局、广东省农垦总局，要紧紧围绕保障国家粮食安全和改善农田生态环境、增加农民收入、促进农业可持续发展的目标，积极开展农机深松整地。要争取各级财政支持，落实农机深松整地作业补助，充分调动广大农民、农机手和农机服务组织的积极性，认真完成《规划》确定的目标和任务。有着国家各种政策的大力支持，新型疏松土壤机具具有广阔的应用前景。

目前我国各科研院所和企业对疏松土壤机具开展了广泛的研究，取得了很多研究成果，新型机具如雨后春笋般涌现出来，但是也存在一些问题。我国地大物博，幅员辽阔，土地类型各异，土壤状况也有许多，这对深松机具的选择提出了很多要求，深松机需要根据耕地的土质、土壤的墒情、深松的深度匹配机械。此外，深耕深松土壤时，土地表面经常覆盖秸秆，机械作业过程中刀头容易被缠，这也是需要解决的问题。目前市场上深松机械品种多种多样，但是大多数产品都是企业自行设计，针对某一种特定土壤类型，国家没有统一的标准进行规范约束，导致深松机械的质量水平存在较大的差距。

新型疏松土壤机具的发展方向应当从以下几个方向开展：一是结构设计创新，减少深松机具耕作过程中的阻力以及作物对刀具的缠绕，提高深松机具的作业效果和工作效率；二是提高产品的制造工艺水平，努力保证整机及工作部件质量，提高深松机具工作可靠性，延长零部件的使用时间；三是进行标准化和规范化深松机具的设计和生产工作，制定统一的深松机具的技术分类、制造标准和验收标准，便于推广普及；四是信息化的应用、提高和发展。农机化和信息化的融合是农机行业发展的大势所趋，深松机组可以安装远程信息化监控终端设备，实现深松作业远程信息化检测，有效保证了作业质量和作业面积，提高作业效率和深松机具的利用率。

目前国家对农业生产的重视程度越来越高，土壤保育成为重要的研究内容之一。国家也加大了对土壤改良的政策支持，这对于新型疏松土壤机具的发展具有重要的影响。长远来看，国家可以不断改进深松机械的作业方式，统一机械生产的标准。同时继续出台政策鼓励农民进行土壤疏松工作，提高我国土地质量，发展现代化新型农业。相信在未来的疏松土壤机具的发展过程中，将会更加便利，更加信息化，不断推动现代农业的可持续发展。

第二节　免耕秸秆覆盖栽培技术

免耕秸秆覆盖栽培技术的概念国内外说法还不完全统一。狭义的免耕又称零耕，是指作物播种前不用犁耙整理土地，作物生长期间不使用农具进行土壤管理，并全年在土壤表面留下作物残茬的种植方式。广义的免耕栽培是将免耕、间耕、秸秆还田、化学除草及机播、机收等技术综合在一起的配套技术体系。免耕秸秆覆盖栽培技术是相对于传统翻耕的一种新型耕作技术，能够保持土壤肥力、提高土地抗逆性、减少化肥用量，并且提升作物生产效益和秸秆综合利用率，最终达到保护生态环境、促进农业可持续发展的目的。

一、免耕秸秆覆盖栽培技术概述

我国免耕栽培技术大致分为3个阶段。一是试验探索阶段（20世纪70年代），最早在新疆阿克苏地区农垦六团开始试验研究，之后各地相继开展试验和示范。二是试验示范阶段（20世纪80—90年代），各地通过试验示范积累了一些经验，但是由于免耕配套器具的缺陷和农民认识上的误区，推广速度比较缓慢。三是完善提高和全面推广阶段（20世纪末至今），为适应农业发展的新形势，各地积极推广免耕栽培技术，在各类主要农作物上广泛推广应用。

目前我国免耕秸秆覆盖栽培技术的研究结果多为增产，雷金银等（2008）的研究表明保护性耕作措施覆膜、免耕、秸秆覆盖均可以较翻耕对照提高作物产量，其增幅为4.44%～19.26%。Wang等（2007）对我国北方地区保护性耕作的文献综合分析后认为，在干旱年份，少耕和免耕条件下作物产量等同于或高于传统耕作方式，但在多雨年份，保护性耕作条件下的作物产量则较传统耕作下降10%～15%；谢瑞芝等（2007）对国内保护性耕作研究分析后提出了相似的结果，认为保护性耕作条件下大部分是增产或平产报告，平均增产幅度为12.51%。然而，也有保护性耕作减产数据的报道，其减产幅度在10.92%。有研究认为，秸秆还田会对土壤肥力产生负影响，致使土壤有机质下降。刘巽浩等（2001）通过14年长期秸秆还田定位试验表明，土壤总隙度、毛管孔隙度、容重和结构系数等性状上无显著变化；孙伟红（2004）针对长期秸秆还田的改土培肥效应进行研究，发现秸秆还田能够改善土壤的通气状况，降低容重和pH值，协调土壤水肥气热等生态条件。唐晓雪等（2015）研究发现，秸秆还田配施化肥不仅降低了土壤速效养分还降低了酶活性。由此说明，秸秆还田对土壤性质的影响还受很多因素的影响。可见，在尚未深入开展秸秆还田试验的土壤类型上，针对一定的作物，探究秸秆使用对土壤物理、化学性状的影响十分必要。

据有关资料统计，我国秸秆储备量巨大，每年全国产出量高达6.2亿t，并且每年都有上升的趋势。但是，随着生活水平提高，农民很少将产出的秸秆回收再利用，更多的是将其焚烧，这样不仅浪费资源，还污染环境。而发达的农业国家对秸秆的利用则非常重视，他们对农田的施肥主要是来自农家肥和秸秆还田，这两种方式占到施肥总量的2/3。美国、英国秸秆还田量已经达到生产量的68%和73%，日本不仅将秸秆还田，并且还研发秸秆分解技术，制造秸秆肥料。国外免耕技术的发展大体也经过了3个阶段。一是迅速兴起阶段（20世纪30—40年代），针对传统的机械化翻耕技术在水蚀和风蚀方面存在的弊端，对土壤耕作农机具和耕作方法进行改良，提出免耕和深松耕等保护性耕作法。美国在黑风暴过后成立了土壤保护局，大力研究改良传统翻耕耕作方法，研制不翻土的农机具，免耕技术成为当时的主导技术。二是缓慢发展阶段（20世纪50—70年代），也是机械化免耕技术与保护性植被覆盖技术同步发展阶段。在免耕技术大面积推广应用过程中，许多研究证实了各种类型的机械化保护耕作对减少土壤侵蚀有显著效果，但也出现不少因杂草蔓延等技术原因使作物严重减产的例子，使得该项技术推广很慢。三是完善提高和推广普及阶段（20世纪80年代至今），由于耕作机械的改进、除草剂的迅速发展与使用以及作物种植结构的调整，免耕法逐渐发展起来，逐渐在全球范围内推广应用，且面积不断扩大。

（一）免耕秸秆覆盖栽培技术优势

1.保持水土，提高水分利用率

常规的传统耕作方式过度扰动土壤，破坏土壤结构，一定程度上加剧了农田土壤的水分胁迫。秸秆覆盖则避免了降水对地表的直接冲击，使土壤团粒结构稳定，疏松多孔，因而土壤的导水性增强，降水就地入渗快，地表径流减少，有效减少地表的龟裂和板结。并且秸秆覆盖地表，可以减少土壤水分扩散和蒸发，增大了土壤储水量，进一步增强土壤保墒能力。据有关部门在华北地区的多年研究，免耕比传统耕作增加土壤蓄水量10%，减少土壤水分蒸发量40%左右，耗水量减少15%左右，水分利用效率提高10%左右，具有明显的节水作用。

2.培肥改土，增强土壤肥力

秸秆的合理利用不仅能很好地保护土壤物理结构，还能提升土壤有效养分和微生物种群活力。研究表明，长期免耕后稻田土壤微生物生长条件稳定、季节性不明显，自身固氮菌与纤维素分解菌之间相互促进，有利于有机质的累积。秸秆中含有机质和氮、磷、钾及微量元素，秸秆中含氮量不高，但是碳氮比值高，氮素被固定，形成全氮。秸秆还田后不仅能增加土壤耕层钾素含量，还能显著提高土壤钾素的有效性，且还田后对土壤的供钾能力与肥料相当。并且秸秆还田后，使土壤紧实度降低，从而维持土壤适宜的碳氮比，激发微生物活性，提高土壤生物肥力。

3.减少焚烧，保护生态环境

秸秆覆盖可以减少露天焚烧的现象，通过免耕和秸秆覆盖栽培，及时补充由于渗漏流失和收获作物带去的养分，使秸秆养分全部归还土壤，并且秸秆的遮阴和机械压力，阻碍杂草的发芽率和生长势，降低田间杂草的生长量和生长强度。这样可以防止焚烧作物秸秆和杂草造成的环境污染，从而保护生态环境实现农业的可持续发展。

4.节本增效，社会效益显著

据资料显示，免耕栽培与常规栽培相比，用工减少50%～60%，劳动力成本降低40%～80%，经济效益提高20%～30%。免耕栽培与机械化技术相结合，提高了作业效率，缩短了农忙时间，缓解了季节和劳动力的矛盾，达到不误农时、适时播种的目的。因此，免耕栽培有效地延长了作物生长发育时间，增加熟制，提高了作物产量和经济效益。同时免耕栽培减轻了劳动强度，提高了劳动效率，有效地缓解了农村劳动力紧张的矛盾，对推动农村劳动力转移具有现实意义。

（二）免耕秸秆覆盖栽培技术存在的问题

1.土壤温度低，幼苗质量差

秸秆覆盖使太阳光不能直接照射到地面，在作物生长期，10cm土层的温度，常规耕作土壤白天比免耕土壤高出1～3℃（而夜间相反），这样会影响作物的出苗率及苗期的生长速率。并且秸秆覆盖不均匀，碎秆掺杂土壤中，导致种子播深不一致，分布不均，也会影响出苗。另外，出苗率的下降，苗期生长的延迟，会造成群体结构不合理，进而造成减产。

2.病虫草害严重

免耕使土壤耕作减少，容易滋生杂草和病虫害，并且秸秆残茬为病虫草害提供了越冬场所，增加田间病虫草害的发生，这会导致农药施用量的增加，对土壤及环境造成一定程度的危害。并且在多雨年份土壤湿度会加大，除草效果差，杂草危害较严重，影响作物的生长，因此防治病虫草害也是免耕技术体系的重要内容。

3.施肥方法问题

实行免耕栽培以后，由于不能深施基肥，造成肥效不能持久，部分地区把用作基肥的化肥和有机肥，施在土壤表层，造成肥料养分挥发快，流失多；而有的地区不施底肥，重施苗肥，造成作物后期脱肥早衰，产量降低。免耕栽培普遍存在有机肥施用困难，导致土壤有机质含量下降、地力衰退等问题。推广应用缓释和控释肥料，可以在一定程度上解决施肥问题。目前主要的解决方法是研制配套肥料产品及其相应施肥方法和技术。

4.专用机具配套问题

缺少先进、适用的免耕农机具是目前免耕技术难以大面积推广的主要原因之一。存在的问题主要有3方面。一是产品性能尚不能满足生产需要。如小麦免耕播种机性能尚未完全过关，存在对土壤条件要求高、机具通过能力不强、可靠性差的问题。二是产品少，不配套。如我国现有的耕作机具以小型、单机作业为主，缺少与大中型拖拉机配套的机具和联合作业机具。产品集中在深松、播种和秸秆粉碎还田机具上，少免耕所需要的表土整地机具、除草机具、喷药机具等比较缺乏。三是免耕农机具还没有形成完整的产业。目前，国内生产免耕农机具的专业厂家少，产品开发能力较弱，现有的产品在数量和质量上都不能满足生产需要。因此，免耕农机具产业具有广阔的市场前景，其发展需要国家在产业政策上给予扶持。

5.免耕栽培技术体系问题

现行的栽培技术体系都是基于常规耕作的高产栽培配套技术，免少耕栽培技术的优越性还不能充分发挥，还需研究和规范。因此，制定免耕栽培技术发展规划，尽快形成适合不同生态区域、不同作物以及不同耕作制度特点的免耕栽培技术体系，进一步规范免耕栽培技术，加大研究力度，加快免耕栽培技术组装配套，尽快应用于生产，促使免耕栽培技术为粮食增产、农民增收和农业增效发挥应有的作用。

二、免耕秸秆覆盖栽培技术要点

花生免耕覆盖高效栽培技术可以减少花生田耕作次数，减少到保证不影响粮食产量的程度，最大限度地简化作业环节，将秸秆均匀覆盖在地表，实现养地、保土与保水的目的，从而实现黑土地可持续利用，达到降低生产成本提高综合效益目的。其生产过程的关键点就是免耕播种，使用高性能免耕播种机作业，一次进行施肥与播种等各个工序。

花生免耕覆盖高效栽培技术要点主要有以下几方面。

1.选择优良品种

选择适合当地的花生优良品种。播种前7～10天剥壳，剥壳前晒种2～3天。剥壳时随时剔除虫、芽、烂和杂果。剥壳后将种子筛选分级，分级的同时剔除与所用品种不符的杂色种子和异形种子。选用籽仁大而饱满的种子播种，种子精度99%、纯度99%、发芽率在85%以上。

2.测土配肥

根据所测得的土壤养分含量和目标产量来计算土壤施肥量，选择缓（控）释肥料，并且进行一次性施肥。

3.抢时早播

墒情不足的要灌溉造墒播种或干播湿出。选用黑色膜、双色膜起垄覆膜，使种植积温足够。非旱区也可不覆膜起垄种植，规格为垄距80cm、垄面宽50～55cm、垄高10～20cm。垄上播2行花生，垄上行距30～35cm。花生穴距14～15cm，每亩播1.0万～1.2万穴，每穴播2粒种子。

4.提高播种质量

从小麦收获到花生播种不翻动、不深松土壤的条件下，播种机械要一次性完成灭茬覆秸、精量播种、测深施肥、开沟、覆土、镇压等多种工序。

5.病虫害防治

选择高性能植保机械，保证喷药质量以发挥药效。选择优质高效低毒的农药和适宜的喷药时机。若进行苗前除草作业，应在播种后出苗前进行，若进行出苗后作业，则应选择在晴天进行，并且作业后6小时不得有降雨出现，否则需要重喷。

三、免耕秸秆覆盖在生产中的应用前景

耕作制度的发展和演变总是继承了原来耕作技术中合理的部分并将其融入新的技术中，并且与新的生产条件、社会经济条件相适应。花生生产过程中，用工量大、成本高。免耕技术简便低耗、省工节能，并且适应性广、前景广阔，特别是在经济发达的主产区和生态环境脆弱地区，应先发展起来。同时，随着免耕作业机具的不断改进，适于不同类型的各类免耕配套技术体系，将日臻完善并逐渐部分替代传统的翻耕技术。

免耕栽培具有降低能耗、保护环境、减轻劳动强度、节本增效等基本特征，体现了现代农业的内在要求（沈浦等，2017）。目前保护性耕作制度在全国范围内的发展较为缓慢，需要建立适用于不同化生产区的配套保护性耕作技术体系及规范。主要体现在以下几个方面：保护性耕作制与区域种植制度匹配性差，部分地区实施保护性耕作技术后，作物产量反而下降，要保障在保护性耕作条件下农作物产量稳定并获得良好经济效益的创新技术；在农机具方面缺少适合不同地区、不同种植制度的保护性耕作专用的配套机具，而且已有的机具性能不完善，影响了保护性耕作技术的应用推广。此外，在保护性耕作技术的基础及应用基础研究方面，对土壤水分、养分的影响机理，不同区域免耕及轮耕下的土壤结构改良以及节水培肥机理等都需进一步深入的研究。

2019年中央一号文件指出要夯实农业基础，保障重要农产品有效供给，主要内容有稳定粮食产量、完成高标准农田建设任务、调整优化农业结构、加快突破农业关键核心技术、实施重要农产品保障战略。应从我国国情出发，加快该项技术的发展，要以免耕为主体，加上轻简栽培、秸秆利用3方面同步推进。这将对保护生态环境、提高农业综合生产能力、实现区域农业的可持续发展具有重要意义。

第三节　花生单粒精播栽培技术

花生的种植密度对土壤紧实状况有显著的影响。前文研究表明，随花生种植密度的增加，土壤含水量变化较小，土壤容重呈降低的趋势。传统花生播种一般采用两粒或多粒播种，虽然有利于确保播种密度，提高花生田光热资源的效率及土地利用率，然而同穴双株或多株，易引起单株发育差、潜力难发挥，同时花生生长前期容易徒长，后期容易早衰。因而，需要开发精量播种栽培技术体系，在节省种子节省投入同时，维持良好的土壤结构和紧实状况，并促进花生生长发育，提高花生产量与品质。

一、花生单粒精播技术概述

单粒精播技术是一种节本增效措施，通过少个体、壮群体，搭配高产优质品种条件下，有效提高单株增产增效潜力，突破花生生长前期与后期矛盾，实现花整齐、针结实、果饱满，实现产量、品质与效率提升效果（李安东等，2004；万书波和曾英松，2016）。大量试验研究表明，花生单粒精播栽培条件下，根系生长具有优势，根干物质累积量增加；个体农艺性状改良，叶面积、主茎、侧枝等发育指标优于双粒或多粒播种；控制酶活性调控代谢水平，延缓后期衰老；促进花生地下养分吸收，以及向荚果及籽粒转移，提高品质等优点（郑亚萍等，2011；冯烨等，2013；张佳蕾等，2016）。发展单粒精播技术，在节省用种20%～30%基础上，能够增产5%～10%，增效经济效益10%～15%。从2011年开始，这项技术被列为山东省主推技术，近年来已被列入农业农村部主推技术（张佳蕾等，2018）。

二、花生单粒精播技术要点

花生单粒精播技术要点及流程如下。

1.土壤选择

选择土层深厚、排灌良好、土壤肥力高、保水保肥性能好的沙壤土或壤土，选好茬口，与玉米、谷子、禾本科作物轮作。

2.品种选用和种子处理

选用产量潜力大、综合抗性好，通过国家或省登记（审定、鉴定、认定）的品种，如花育22、花育36、丰花9号等。精选籽粒饱满、活力强，大小均一，且发芽率超过95%的种子，确保种子纯度和质量。播种前选择合适药剂进行拌种，防治根腐病、蚜虫及地下害虫等。

3.耕地与施肥

冬前耕地，早春顶凌耙耢，或早春化冻后耕地，随耕随耙耢。耕地深度一般年份20～25cm，深耕年份30～35cm，每隔2～3年进行深耕一次。根据土壤肥力状况，采用配方施肥，使得养分能够供给全面。增施有机肥，精准施用缓控释肥，注意深施、全层匀施。

4.单粒精播

土壤水分以田间最大持水量的65%～70%为宜，有墒抢墒播种，无墒造墒播种。春花生在4月底、5月初，秋花生在立秋至处暑，麦套花生在麦收前10～15天，夏直播要抢收抢种早播。建议起垄种植，规格为垄距80～85cm，垄面宽50～55cm，垄高4～5cm。垄上播2行花生，垄上行距30～35cm。大花生穴距10～11cm，每亩播13 500～14 500穴，小花生穴距9～10cm，每亩播14 500～15 500穴，每穴播1粒种子。可选用性能优良的播种一体机，一次完成起垄、播种、喷施除草剂、覆膜、膜上覆土等。

5.田间管理

尽早进行调查苗情的工作，对明显缺苗的田块要及早进行补苗，经常查田护膜，发现刮风揭膜或地膜破口透风，要及时盖严压固，确保增温保墒作用。待幼苗两片真叶展现时，及时撤土清棵，4片复叶至开花期及时抠出膜下侧枝。

花生生育期间注意防治青枯病、根腐病、叶斑病、炭疽病、角斑病等病害，对于枯萎病、叶斑病等要用多菌灵或甲基托布津、代森锰锌等交替防治即可有效控制。注意防治红蜘蛛、蚜虫和地下害虫等。可用硫化钡可湿性粉剂或吡虫啉、菊酯类农药等防治红蜘蛛、蚜虫。

花生生长关键时期，注意防旱排涝，保证土壤墒情适宜。适时开展中耕培土，以促进花生果针入土结实。生长中后期，如植株生长过大，要适时化控，确保不旺长；如植株缺乏营养元素，要及时喷施叶面肥，确保不脱靶。

6.适期收获

花生70%以上荚果果壳硬化，网纹清晰，果壳内壁呈青褐色斑块时，及时收获。收获后及时晾晒，将荚果含水量降到10%以下。

三、花生单粒精播技术在生产中的应用前景

花生是我国重要的油料作物，对稳定食用植物油自给率作用重大。20世纪早中期，为了降低生产成本，单粒播种被提出和应用，在江苏涟水县农场优先开展花生单粒条播试验与示范，产生了明显的增产效果。20世纪90年代，山东省花生研究所提出花生覆膜高产条件下单粒精播种植模式，壮苗有利于形成高产壮株，群体结构动态发育合理出苗后叶面积发展稳健，对花生增产增效起到积极作用。进入21世纪，山东省农业科学院创新性引入竞争排斥原理，提出“单粒精播、健壮个体、优化群体”技术思路，研究建立了以充分发

挥单株潜力、构建合理群体结构为核心的花生单粒精播技术，创建出单粒精播高产栽培技术，在山东平度、莒南、招远、宁阳、冠县等多地进行花生单粒精播技术试验示范，取得了良好的示范效果。2015年在平度市古岘镇的春花生单粒精播技术高产攻关田进行了实打验收，每公顷产量达到11 739kg，创全国花生高产新纪录，改变了“只有一穴双粒创高产”的传统认识。花生是用种量较大的作物，一般花生用种量为225～375kg/hm^2，大花生用种量高于小花生，全年用种的花生170万t左右，约占全国花生总产的10%。花生单粒精播技术节本增效显著，技术应用前景广阔，尤其对一些长期沿用多粒穴播的地区，节种与增产的现实意义更为重要。

第四节　花生膜下滴灌栽培技术

合理供应水分能有效改变土壤物理性状及疏松状况，促进花生的生长发育。随着农业节水意识不断加强，大水漫灌式的水分管理措施难以适应新形势要求。滴灌系统省水省时省工，提高作物产量增加水分利用率。花生地膜覆盖技术是用塑料薄膜覆盖在土壤表面，是提高产量的重要农业技术措施之一，具有增墒、保墒、防杂草的作用。膜下滴灌是覆膜栽培和滴灌相结合的节水灌溉技术，它能根据花生等作物的根系分布进行局部灌溉，并有效地保持土壤团粒结构，防止水分深层渗漏和地表流失，同时又具有保温、保墒及减少地表蒸发，提高水分利用效率的作用（马富裕等，2002）。

一、膜下滴灌栽培技术概述

滴灌是将具有一定压力的水，过滤后经管网和出水管道（滴灌带）或滴头以水滴的形式缓慢而均匀地滴入植物根部附近土壤的一种灌水方法。滴灌系统下灌溉水湿润部分土壤表面及作物根部附近土壤，可有效减少土壤水分的无效蒸发和防止杂草的生长。地膜覆盖控制了土壤毛管水的土面蒸发，地膜内的小环境水气达到过饱和状态，当土壤温度降低时凝结成水珠，滴落在膜下土壤上，渗入下层土壤中，这种模式循环进行，达到保墒作用。另外，地膜覆盖使地表土壤温度升高，达到增温的目的，同时由于土壤热量梯度的存在，土壤内深层水分会向上移动，使土壤上层达到饱墒的作用。

膜下滴灌技术将滴灌滴头铺设在膜下，可以使可溶性肥料随水一同滴施入土壤，水肥能够直接灌到作物根系区域，满足植株的水肥要求（邵光成等，2001）。与常规灌溉施肥处理相比，膜下滴灌水肥一体化条件下用水量和用肥量减少，提高水肥利用率。膜下滴灌后土壤水分主要分布在0～10cm土层，此土层是根系集中层，根系对肥料的吸收更直接，肥料利用率显著提高。膜下滴灌技术使水、肥、光、热得到合理利用，作物的光合效率及光合产物积累趋向最大，达到节水、节肥、丰产、优质、增效的目的。膜下滴灌技术在20

世纪70年代初期引进我国，90年代随着我国科技、经济的发展，在国家的重视和支持下，新疆进行了大田棉花膜下滴灌试验并取得成功。目前对花生、玉米、棉花、蔬菜、果树、烤烟等作物的膜下滴灌技术已有较多研究，覆膜滴灌改变了棉花田间水分环境，为作物的生长创造了良好的水、肥、气、热条件，有利于作物生长发育（刘建国等，2005；刘一龙等，2010；王洪云等，2011；周顺新等，2014；丁红等，2014）。

膜下滴灌施肥系统一般由水源工程、首部枢纽、输配水管网、灌水器及主要配套设备、地膜等组成。输水主管道连接水泵的出水口，水泵入水管口应加过滤网，避免颗粒杂质堵塞滴头。滴灌肥料选择溶解度和纯净度高，肥料间相容性好，混合时无沉淀物形成，养分含量高，pH值相对稳定，腐蚀性小的肥料进行滴灌。其中大量元素肥料选用尿素、磷酸一铵、磷酸二氢钾、氯化钾等；中量元素肥料选用硫酸镁、硝酸钙；微量元素用螯合态微肥以及各种滴灌专用肥（刘文国等，2019）。

二、花生膜下滴灌栽培技术

1.因地制宜选择花生品种，精细包衣播种

选用中晚熟、产量潜力大、综合抗性好，并已通过山东省农作物品种审定委员会审定或认定的抗旱高产品种，如花育25号、唐科8号、白沙1016、花育17号等抗旱型高产品种。

播种前种子进行精选，播种前10～15天带壳晒种，7～10天剥壳，剥壳时随时剔除虫、芽、烂果，剥壳后将种子分成1级、2级、3级，选用1级、2级种子播种，1级2级种子分开播，先播1级种，再播2级种。

在茎腐病发生较重的地区，将种子用清水湿润后，用种子量0.3%～0.5%的50%多菌灵可湿性粉剂拌种，在地下害虫发生较重的地区，用种子量0.2%的50%辛硫磷乳剂，加适量水配成乳液均匀喷洒种子，晾干后播种。

2.调整播种时期

播种时，大花生要求5cm土层日平均地温稳定在15℃以上，小花生稳定在12℃以上。可通过调整播种期，使花生的水分敏感期避过当地干旱发生频率高的时期，以减轻干旱的危害。适播期内遇有小雨时，趁雨后土壤水分较多，空气潮湿，蒸发量小，及时抢播，能起到一播全苗的效果。

3.耕翻加厚活土层

冬前耕地，早春顶凌耙耢；或早春化冻后耕地，随耕随耙耢。深耕打破坚硬的“犁底层”，加厚活土层，可增加土壤孔隙度，降低土壤容量，改善整个土体的通透性。降水或灌溉时能够接纳和储蓄较多的水分，在干旱时供给花生吸收利用。耕地深度一般年份25cm左右，深耕年份30～33cm，每3～4年进行1次深耕。

4.基肥施用

亩产水平为300～400kg左右的地块，每亩施土杂肥2 000～3 000kg，氮（N）10～12kg，磷（P_2O_5）4～5kg，钾（K_2O）8～10kg，钙（CaO）8～10kg。亩产水平为400～500kg左右的地块，每亩施土杂肥3 000～4 000kg，氮（N）12～14kg，磷（P_2O_5）5～6kg，钾（K_2O）10～12kg，钙（CaO）10～12kg。根据土壤养分丰缺情况，适当增加锌、铁等微量元素肥料的施用。

5.水肥合理排灌

花生苗期适量进行干旱胁迫，土壤含水量保持田间持水量的50%左右。花针期和结荚期，如果天气持续干旱，花生叶片中午前后出现萎蔫时，应进行补充灌溉，控制灌水量为150m^3/hm^2，使0～20cm土层土壤含水量达到饱和状态停止灌水。结荚后如果雨水较多，应及时排水防涝。饱果期（收获前1个月左右）遇旱应小水润浇，每亩控制灌水量为6m^3。生育中后期植株有早衰现象的，花针期每亩可随滴灌水施入尿素3～4.5kg，施入磷酸氢二钾4～6kg。也可喷施适量的含有氮、磷、钾和微量元素的其他肥料。

6.科学化控

结荚初期当主茎高度达35cm，每亩用5%的烯效唑40～50g（有效成分2.0～2.5g），加水40～50kg进行叶面喷施，防止植株徒长或倒伏。施药后10～15天如果主茎高度超过40cm可再喷施一次。

7.综合防治病虫害

始花后当植株叶斑病叶率达到5%时，每隔10～15天，叶面喷施50%多菌灵可湿性粉剂800倍液，或25%戊唑醇可湿性粉剂1 000倍液，每亩喷施40～50kg，连喷2～3次。

防治棉铃虫和蛴螬等地下害虫，每亩用40%毒死蜱乳油，或50%辛硫磷乳油等药剂，按有效成分100g拌毒土，趁雨前或雨后土壤湿润时，将药剂集中而均匀地施于植株主茎处的表土上，可以防治取食花生叶片或到花生根围产卵的成虫。若地下害虫为害严重，每亩可用35%辛硫磷微胶囊悬浮剂800～900g，加水50kg灌墩。

8.收获与晾晒

植株主茎剩下3～4片复叶，地下70%以上荚果果壳硬化，网纹清晰，果壳内壁呈青褐色斑块时便可收获。收获后及时晾晒，1周内将荚果含水量降到8%以下。

三、膜下滴灌技术在花生生产中的应用前景

种植抗旱节水优质高产花生品种，可以提高水分和肥料利用效率，花生产业得以可持续发展，大大提高水分和肥料利用效率、经济效益、生态效益和社会效益，形成具有中国特色的可持续发展农业。我国北方花生产区大部分处于降水量较少的地区，农业生产用水的严重匮乏是制约花生产量提高的关键因素。在北方大多地区，春季与初夏干旱频繁出现

对花生播种与生育前期生长造成较大影响。而总降水量充足地区，可能会在花生整个生育期内出现降水较少时期。花针期与结荚期是花生需水量较大时期，也是敏感时期，此时期易与北方干旱半干旱地区降水量较少时期出现重合，造成花生阶段性干旱胁迫。

花生作为养地作物，具有较大旱薄地花生产区，旱薄地土壤供肥供水能力差，花生前期营养生长不足、植株弱小，制约花生高光效群体建立，且由于面积集中、不易换茬、连作病虫害严重而造成花生产量低而不稳。旱薄地土壤贫瘠和供肥保水能力差而导致养分利用率低，造成生长后期脱肥早衰而使产量和品质下降。生育后期早衰和病虫害严重，进一步限制了荚果的充实，导致花生减产严重、品质下降。传统花生生产采用大水漫灌、大量施用化肥的生产模式。这种不合理灌溉、施肥造成的肥料淋失，已成为影响水体的主要污染源。在花生生育后期利用膜下滴灌水肥一体化技术随水追肥，按照肥随水走、少量多次、分阶段拟合的原则，将花生总灌溉水量和施肥量在不同的生育阶段分配，制定灌溉施肥制度，包括基肥与追肥比例、不同生育期的灌溉施肥的次数、时间、灌水量、施肥量等。膜下滴灌水肥一体化技术可满足花生不同生育期水分和养分需要，延缓生育后期花生早衰提高产量的同时改善籽仁品质。实施花生膜下滴灌水肥一体化高产栽培技术，有利于提高水肥利用效率，减少环境污染，提高花生产量和产出效益，保护环境，节约能源和资源。

第五节　盐碱地花生高效栽培技术

随着粮食作物种植面积的逐渐扩大，油料作物与粮食作物争地的矛盾日益突出，近年来花生种植面积有所下降。土地盐碱化是世界性的资源环境问题，我国土壤盐碱化现象也越来越严重，这些盐碱地基本上都处于待开发状态。花生属于中等耐盐作物，种植管理轻简，可获得较高产量，经济效益较好，可成为盐碱地种植的主要经济作物。然而，盐碱地土壤易板结，紧实、透气性差等状况严重危害花生的生长发育，需要建立满足花生耐盐、抗紧实的高效栽培方法，从而发展盐碱地花生生产，扩大花生种植面积、缓解粮油争地矛盾。

一、盐碱地花生发展现状概述

盐碱地地温低、积盐重，土壤板结，对花生“苗全、苗齐、苗壮”极为不利（张智猛等，2013）。盐碱地花生栽培中存在缺苗断垄、出苗不齐、苗黄苗弱、种植方式不合理、水肥管理不科学、群体密度和调控措施协调等诸多问题亟待解决。山东省花生研究所率先开展了滨海盐碱地花生高产栽培调控技术研究，从盐碱地花生品种筛选（王传堂等，2016）、播期（祝令晓，2015）、种植模式（赵海军等，2016）、肥料施用（史晓龙等，2017；田家明等，2019）等方面进行了单项技术突破。以盐碱地花生高效优质生产关键技术为重点，研发集成花生耐盐避盐栽培调控技术，通过培创盐碱地花生增产增效技术样板田和示范方，开展大面积示范推广。在中轻度盐渍土壤上达450kg以上高产水平，在中重度盐渍土壤平均产量达400kg以上高产水平。薄录吉等（2018）亦研究了施肥对黄河三角洲盐碱地作物产量及其构成因素的影响，盐碱地花生栽培技术的研究成果在解决花生盐碱地生产和管理方面有广阔的应用前景，为盐碱区域花生生产和产业发展提供强有力的技术支撑。

二、盐碱地花生高效栽培技术

1.整地压盐

大部分盐碱区域冬春少雨雪，夏秋之交雨水较为集中，一年中形成春季和秋末两个地表积盐期。一般轻度盐碱地应进行冬耕，可抑制盐分上升。春季结合灌水压盐后再进行春耕。一般选择在播种前20～30天（3月下旬）灌水压盐，可起到造墒作用。

2.合理施肥

依据盐碱地花生目标产量和土壤肥力特征进行施肥。在测定土壤养分含量的基础上，根据花生的产量指标，按100kg荚果约需氮（N）5.5kg，磷（P_2O_5）1kg，钾（K_2O）3kg，计算各种肥料施用量。一般在播种前结合耕翻整地，一次性施足基肥，以满足全生育期对肥料的需求。同时，尽量多施农家肥或有机肥，一般亩施300～500kg。另外，花生不提倡施用种肥，特别是硼肥作基肥时，严禁施入播种沟内，避免烧种烧苗。

3.品种选择及处理

（1）品种选择。选用优质、抗病、适应性广、耐盐碱的花生品种，如花育22号、花育25号、花育28号、花育31号、冀花5号等品种。

（2）种子播前处理。播前要带壳晒种，选晴天上午，摊厚10cm左右，每隔1～2h翻动一次，晒2～3天。剥壳时间以播种前10～15天为好。剥壳后选种仁大而整齐、籽粒饱满、色泽好，没有机械损伤的一级、二级大粒作种，淘汰三级小粒。播种前，对病虫害重发地块可选择高效低毒的药剂拌种或包衣，拌种或包衣应按照产品使用说明书进行，拌后即播。

4.播种

（1）播种时期。花生的播期要根据地温、墒情、品种、土壤及栽培方法等综合考虑，灵活掌握。一般当5cm地温稳定在12℃时，便可播种。因盐碱地地温偏低，春播覆膜花生应适期晚播，在4月底至5月上旬播种为宜。要足墒播种，播种时播种层适宜的土壤水分为田间最大持水量的70%左右。如墒情不足，应采用造墒或播种沟溜水等抗旱措施。

（2）播种密度。覆膜起垄一般垄距85～90cm，垄顶宽55～60cm，垄高10cm，垄顶整平，一垄双行。垄上小行距35～40cm，穴距15～16cm，每亩9 000～11 000穴，每穴播2

粒。覆膜平作按此规格种植，不起垄即可。

（3）播种方式。选用厚度0.004～0.005mm、幅宽90cm聚乙烯地膜。覆膜前每亩用50%的乙草胺乳油75mL，对水50～75kg均匀喷在地面上。推荐应用花生多功能机械化播种覆膜技术，实现起垄、播种、喷除草剂、覆膜一次作业完成。覆膜时应做到铺平、拉紧、贴实、压严。播深3～5cm，要求播种时镇压或播后镇压，具有减轻散墒和返盐的效果，可达到全苗壮苗。

5.田间管理

根据花生不同生育时期生长情况采取相应措施进行管理。前期（苗期）应加强管理，扎好根，防治病虫害，促苗早发。中期（花针到结果期）主要是控制地上枝叶生长，促进地下果针和幼果发育。后期（成熟期）是荚果膨大籽仁充实期，注重抗旱和排涝防止烂果，防治病虫害防止早衰。

（1）及时开孔放苗。当花生幼苗长到1～2片真叶时，在10：00前或16：00后在播种穴上方开孔放苗，以免因气温、土温过高而灼伤幼苗。由于种子大小、活力、播深和土壤墒情不匀等因素的影响，引苗要持续3～7天，确保齐苗全苗。

（2）排涝和灌溉。每年7月、8月、9月3个月份，降水比较集中，正值花生生长中后期，如果雨水较多，应及时排水防涝。在开花下针期和结荚期如久旱无雨，应及时浇水补墒。花生田浇水提倡膜下滴灌技术，或采取垄沟灌水，要小水润浇，避免大水漫灌。

（3）喷施叶面肥。结荚期每亩叶面喷施0.2%磷酸二氢钾溶液50kg，或其他叶面肥。可有效防止花生早衰，也可防治叶片病害。

6.病虫草害防治

6月上旬用25%的吡虫啉防治花生蚜虫并用50%多菌灵稀释适当倍数后灌根防治根腐病、白绢病。6月下旬至7月中旬每亩用联苯菊酯乳油200mL对水50kg叶面喷雾，防治棉铃虫为害。地膜覆盖后地温升高，草害往往比露地还严重，必须进行化学除草。花生播种盖膜前，每亩用72%的异丙甲草胺乳油100mL，对水50kg在土壤湿润时喷施。喷过除草剂后覆盖地膜。

7.收获

当花生植株中、下部叶片逐渐枯黄脱落，大多数荚果果壳韧硬发青，网纹明显，荚果内海绵组织（内果皮）完全干缩变薄，并有黑褐色光泽，籽粒饱满，果皮和种皮基本呈现本品种固有的颜色时收获。盐碱地花生生育进程较高产田块，成熟较早，应适时早收。一般在9月中下旬收获。

三、盐碱地花生高效栽培技术在生产中的应用前景

花生是我国重要的油料作物和经济作物，抗逆性较强，耐旱、耐涝、耐盐碱、耐贫

瘠，可耐受的盐浓度一般为0.35%～0.55%，最高的可达0.6%。在充分挖掘高产田高产潜力的同时，发展盐碱地花生生产，是缓解粮油争地矛盾、扩大花生种植面积的主要途径。比较而言，花生是粮棉生产很好的倒茬作物，产量高，经济效益好，且管理轻简，农民种植意愿强烈，可成为盐碱地种植的主要经济作物。盐碱地花生种植对于保证粮油生产面积，加大盐碱地的利用，扩大花生种植面积意义重大。扩大盐碱区域花生种植面积，可有效带动盐碱地区花生加工产业的发展和出口创汇能力的提高，对种植业结构调整、保证食用油脂安全、农民增收和农业可持续发展具有重要的促进作用。

参考文献

薄录吉，李彦，罗加法，等，2018. 施肥对黄河三角洲盐碱地作物产量及其构成因素的影响[J]. 江西农业学报，31（12）：44-48.

丁红，张智猛，康涛，等，2014. 花后膜下滴灌对花生生长及产量的影响[J]. 花生学报，43（3）：37-41.

冯烨，郭峰，李宝龙，等，2013. 单粒精播对花生根系生长、根冠比和产量的影响[J]. 作物学报，39（12）：2228.

雷金银，吴发启，王健，等，2008. 保护性耕作对土壤物理特性及玉米产量的影响[J]. 农业工程学报，24（10）：40-45.

李安东，任卫国，王才斌，等，2004. 花生单粒精播高产栽培生育特点及配套技术研究[J]. 花生学报，33（2）：17-22.

李传峰，李坷，雷长军，等，2018. JZ01-4800型联合整地机作业性能试验分析[J]. 农机化研究，40（10）：172-176.

刘建国，吕新，王登伟，等，2005. 膜下滴灌对棉田生态环境及作物生长的影响[J]. 中国农学通报，21（3）：333-335.

刘文国，尚晓峰，赵强，2019. 膜下滴灌施肥技术存在的问题及对策现代农业科技[J]. 18：134-135，137.

刘巽浩，高旺盛，朱文珊，2001. 秸秆还田的机理与技术模式[M]. 北京：中国农业出版社.

刘一龙，张忠学，郭亚芬，等，2010. 膜下滴灌条件下不同灌溉制度的玉米产量与水分利用效应[J]. 东北农业大学学报，41（10）：53-56.

吕振邦，2013. 多功能深松机及其关键部件的设计与试验研究[D]. 长春：吉林大学.

马富裕，严以绥，2002. 棉花膜下滴灌技术理论与实践[M]. 乌鲁木齐：新疆大学出版社.

邵光成，蔡焕杰，吴磊，等，2001. 新疆大田膜下滴灌的发展前景[J]. 干旱地区农业研究，19（3）：122-127.

沈浦，王才斌，于天一，等，2017. 免耕和翻耕下典型棕壤花生铁营养特性差异[J]. 核农学报，39（9）：1 818-1 826.

沈景新，焦伟，孙永佳，等，2020. 1SZL-420型智能深松整地联合作业机的设计与试验[J]. 农机化研究，42（2）：85-90.

史晓龙，戴良香，宋文武，等，2017. 施用钙肥对盐胁迫条件下花生生长发育和产量的影响[J]. 花生学报，46（2）：40-46.

孙伟红，2004. 长期秸秆还田改土培肥综合效应的研究[D]. 泰安：山东农业大学.

唐晓雪，刘明，江春玉，等，2015. 不同秸秆还田方式对红壤性质及花生生长的影响[J]. 土壤，47（2）：324-328.

田家明，张智猛，戴良香，等，2019. 外源钙对盐碱土壤花生荚果生长及籽仁品质的影响[J]. 中国油料作物学报，41（2）：205-210.

万书波，曾英松，2016. 花生单粒精播节本增效[N]. 农民日报，05-25（种植技术·经济作物）.

王传堂，王秀贞，吴琪，等，2016. 花生新品种（系）东营盐碱地种植丰产性初步评价[J]. 山东农业科学，48（10）：69-73.

王洪云，王德勋，单沛祥，等，2011. 烟草膜下滴灌试验研究[J]. 中国烟草科学，32（5）：42-46.

王文婷，2017. 1LH-350型深松机的研制[J]. 农机使用与维修（6）：7-8.

谢瑞芝，李少坤，李小君，等，2007. 中国保护性耕作研究分析——保护性耕作与作物生产[J]. 中国农业科学，40（9）：1 914-1 924.

张佳蕾，郭峰，李新国，等，2018. 花生单粒精播增产机理研究进展[J]. 山东农业科学，50（6）：177-182.

张佳蕾，郭峰，孟静静，等，2016. 单粒精播对夏直播花生生育生理特性和产量的影响[J]. 中国生态农业学报，24（11）：1 482-1 490.

张智猛，慈敦伟，丁红，等，2013. 花生品种耐盐性指标筛选与综合评价[J]. 应用生态学报，24（12）：3 487-3 494.

赵海军，戴良香，张智猛，等，2016. 盐碱地花生种植方式对土壤水盐动态、温度和产量的影响[J]. 灌溉排水学报，35（6）：6-13.

郑侃，2018. 深松旋耕作业次序可调式联合作业机研究[D]. 北京：中国农业大学.

郑亚萍，吴正锋，冯昊，等，2011. 不同种植模式不同类型花生品种单粒精播适宜密度研究[C]//中国作物学会50周年庆祝会暨2011年学术年会. 2011年中国作物学会学术年会论文摘要集. 北京：中国作物学会.

周顺新，王慧新，吴占鹏，等，2014. 膜下滴灌不同肥料种类对花生生理性状与产量的影响[J]. 花生学报，43（2）：27-30.

祝令晓，2015. 播期和密度对盐碱地花生生长发育、产量及品质的影响[D]. 乌鲁木齐：新疆农业大学.

WANG X B，CAI D X，HOOGMOED W B，et al.，2007. Developments in conservation tillage in rainfed ragions of North China[J]. Soil and Tillage Research，93（2）：239-250.

WEI B H，2017. Fenlong cultivation-the fourth set of farming methods invented in China[J]. Agricultural Science and Technology，18（11）：2 045-2 048，2 052.